高等院校计算机基础教育 *新体系* 规划教材

互联网+：
概念、技术与应用

吴功宜 吴英 编著

U0227848

清华大学出版社

北京

内 容 简 介

本书以"互联网＋"为主线,从互联网技术的发展、互联网思维的角度,诠释了"互联网＋"的内涵和《"互联网＋"行动计划》的基本内容;结合当前科学技术发展的热点问题——互联网、移动互联网、物联网、云计算、大数据、智能与网络安全技术,分析了支撑"互联网＋"发展的核心技术;从"互联网＋"协同制造、"互联网＋"现代农业等九大领域,系统地介绍了"互联网＋"与各行各业跨界融合的实例,为大学生描绘了未来信息时代的发展前景,希望能够达到拓宽学术视野、激发学习与创新热情的目的。

本书可以作为大学信息技术导论类课程的教材,也可以作为公选课、通识课的教材。

图书在版编目(CIP)数据

互联网＋:概念、技术与应用/吴功宜,吴英编著. —北京:清华大学出版社,2019 (2023.1重印)
(高等院校计算机基础教育新体系规划教材)
ISBN 978-7-302-53056-5

Ⅰ. ①互… Ⅱ. ①吴… ②吴… Ⅲ. ①互联网络－高等学校－教材 Ⅳ. ①TP393.4

中国版本图书馆 CIP 数据核字(2019)第 098399 号

责任编辑:谢 琛
封面设计:常雪影
责任校对:时翠兰
责任印制:曹婉颖

出版发行:清华大学出版社
  网 址:http://www.tup.com.cn,http://www.wqbook.com
  地 址:北京清华大学学研大厦 A 座   邮 编:100084
  社 总 机:010-83470000   邮 购:010-62786544
  投稿与读者服务:010-62776969,c-service@tup.tsinghua.edu.cn
  质量反馈:010-62772015,zhiliang@tup.tsinghua.edu.cn
  课件下载:http://www.tup.com.cn,010-83470236
印 装 者:北京国马印刷厂
经 销:全国新华书店
开 本:185mm×260mm 印 张:14.75   字 数:341 千字
版 次:2019 年 8 月第 1 版   印 次:2023 年 1 月第 6 次印刷
定 价:39.00 元

产品编号:081315-01

前 言

　　曾经听人讲过这样一个故事:硅谷的 IT 界大腕聚在一起,讨论"互联网发展对社会的影响可以与人类社会哪一项发明相比"的问题。有人说可以与蒸汽机的发明相比,所有的人都说"No,No";有人说可以与电的发明相比,所有的人都说"No,No";有人说可以与火的发现相比,整个会场鸦雀无声,没有人说"Yes"或"No"。因为这确实是一个很难评价的问题,同时也是值得我们深思的问题。互联网对世界经济与社会发展的影响是全局性的和深远的,这一点已经成为世界各国的共识。

　　我国互联网发展的速度是惊人的。从 1994 年 4 月 20 日中国实现了全部功能连接,成为接入互联网的第 77 个国家之日到 2018 年底,历时 24 年,我国的网民数已经发展到8.29 亿人,居世界首位;互联网普及率达到 59.6%,超过世界平均普及率。2007 年我国手机网民数量仅为 0.54 亿人,网民中使用手机访问互联网的比例只占 25.7%;经过 11 年的发展,2018 年我国手机网民规模已经达到 8.17 亿人,网民中使用手机访问互联网的比例上升到 98.6%。互联网正在"由小到大"一步一步地发展、壮大,"由表及里"地渗透到社会的各行各业与各个领域,转变了人们的生活方式、工作方式与思维方式,开启了互联网与传统行业跨界融合的新趋势,按照"互联网+"的模式推动着信息社会的发展。

　　从这些态势中可以看出,无论是在互联网、移动互联网的网民数量、应用的深度与广度,还是在物联网的发展趋势上,我国已经走到世界前列,也使我们清晰地认识到:"互联网不仅是一项技术,也不仅是一个产业,它已经成为一个时代的特征。"

　　在作者的眼里,互联网作为一个跨界融合的创新平台,一手托着云计算、大数据、智能等新技术,一手托着制造业、现代服务业、政府管理、社会公共服务等各行各业的应用,为新技术与各行各业的协同创新提供了千载难逢的机遇,引发了社会各个领域的重大变革。梅宏院士曾经从信息技术对社会发展影响的角度,对当今技术与社会发展的特点做出了很准确的定位。他认为:从基础设施的视角看,这是一个"互联网+"的时代;从计算模式的视角看,这是一个云计算的时代;从信息资源的视角看,这是一个大数据的时代;从信息应用的视角看,这是一个智能化的时代。

　　科技进步与社会发展一定会对大学生的知识结构与能力培养有新的要求,也必然对大学教育产生重大的影响。正因为如此,我们就需要从技术发展趋势的独特视角,告诉刚刚迈入大学的学生们:人类社会已经进入了跨行业、跨领域的协同创新时代。这个时代的中心是"互联网+"。无论你是学习什么专业、将来准备从事哪个行业工作的学生,都必须对这个时代的主旋律有所了解,必须具备适应"互联网+"时代的创新思维能力。道理很容易说,但是当全国计算机基础教育研究会、清华大学出版社和学界的朋友们希望作者和教学团队为大学信息技术导论类课程与大学公选课、通识课编写教材时，作者的第一反应是：这好比是让我在阳光灿烂时看太阳，抬头是"满眼金星"，低头是"什么也看不见"。也就是说，想一想会觉得"内容太丰富了"，但是要将这样一个具有划时代意义的概念、技术与应用凝练出知识点、组织成知识体系，设计好课程结构，并且写出教材来，觉得"无从下手"。

在决定是不是承担这个任务时，作者一直在思考三句话。

第一句话是在一次讨论可穿戴计算设备的会议上，有位专家说：成功的设计要求技术专家要成为业务专家，业务专家要能够理解技术"能做什么，不能做什么"。在设计可穿戴计算设备时，我们往往不是赢在理念上，而是输在细节上。作者认同这个观点。"互联网＋"与各行各业的"跨界融合"，恰恰需要培养出一批复合型创新人才，必然要求计算机课程要与各个专业"跨界融合"。设计"互联网＋"课程难就难在：我们可能是互联网技术方面的专家，但是我们对"跨界"的很多问题并不熟悉。而设计"互联网＋"课程的重点恰恰要放在"探讨互联网与各行各业融合的概念、技术与方法"上，而不能放在我们熟悉的"互联网技术与应用"上。教师要站在非计算机专业学生的角度，帮助学生认识他们即将步入的"互联网＋"时代，希望能够达到"拓宽学术视野，激发学习与创新热情"的目的。如果不能很好地解决这个问题，那么我们也会"赢在理念上，输在细节上"。

第二句话是：运气往往来自正确的选择。择业是每一位大学生必须面对的选择。作为在高等院校工作了半个世纪的老教师，经常有毕业生拿着几个公司或大学的"offer"来询问："老师，我应该选择哪个行业（专业）？"我们一般不敢贸然地给出建议。因为这需要学生自己感知他适合做什么？在学生毕业多年之后，邀请我们参加同学返校聚会时，很多学生会感叹某某的"运气"好。细细听了大家的发言后我们发现：其实"运气"往往来源于当年正确的选择，以及在他们合适的岗位上愉快、努力工作的结果。对于这一点，作者感慨良多。因此，开设"互联网＋"课程的目的，就是希望帮助学生认清未来社会发展的趋势，了解真正的社会需求，增强他们的认知能力、择业能力、创业能力与适应社会的能力。现在"互联网＋"的"运气"已经出现在我们的面前，这就要看我们能不能抓住这个发展"机遇"了。

第三句话是曼德拉说的："It always seems impossible until it is done。"也就是说，当我们没开始做一件事时，它看起来好像是不可能的。"不想，就根本谈不上实现；但想了，实现的路可能会很长。"贴近技术与社会发展，为非计算机专业学生设计出一门新课程，写出一本适合多个专业需要的教科书绝非易事。好在"互联网＋"已经成为大众关注的焦点，具有数以亿计的忠实客户群。开好"互联网＋"课程占有"天时、地利、人和"的优势。

天时：
- 顺应技术发展的大势。
- 顺应社会发展的大势。
- 顺应教育改革的大势。

地利：
- 社会对"互联网＋"应用需求强烈。
- 我国已经出现了很多"互联网＋"应用的成功案例。

- "互联网＋"已凸显出对我国经济与社会发展的重要作用。

人和：

- 政府高度重视。
- 各行各业高度认同。
- 教育界同仁的热情支持。

"互联网＋"可以表述为：以互联网与信息技术为平台，促进互联网与传统产业的深度融合，创造新的发展生态。"互联网＋"涵盖的领域大致可以分成四个组成部分：制造业、现代服务业、政府管理、社会公共服务。作者认为，理解"互联网＋"的概念需要注意以下几个问题：

第一，"互联网＋"不能简单地看作是"互联网及其应用"。

纵观计算机网络的发展历程，它经历了从互联网、移动互联网到物联网的三个重要的发展阶段。计算机与通信技术的独立发展与深度融合形成了计算机网络，互联网是计算机网络最成功的应用。互联网与移动通信网在技术与业务上的高度融合，形成了移动互联网；互联网、移动互联网与感知、控制、数据、智能技术的融合形成了物联网。从技术发展的角度，我们可以清楚地看到"从互联网、移动互联网到物联网"这样一个自然地传承与演进的过程，三者之间在应用领域与功能上有所不同，但是从核心技术、设计思路上呈现出传承、发展的关系，形成了一个密不可分的有机的整体。随着技术的发展，网络应用的面在不断扩大，各行各业应用的深度在不断地增加，涵盖的内容更加丰富，产生的影响更加深远。国务院 2015 年 7 月印发了《关于积极推进"互联网＋"行动的指导意见》（以下称《"互联网＋"行动计划》），明确未来三年以及十年的发展目标。《"互联网＋"行动计划》针对转型升级任务迫切、融合创新特点明显、人民群众最关心的领域，提出了 11 个具体的重点发展领域，既涵盖了制造业、农业、金融、能源等具体产业，也涉及环境、养老、医疗等与百姓生活息息相关的方面。所以，"互联网＋"不能简单地看作是"互联网及其应用"，而是涵盖着互联网、移动互联网与物联网应用的丰富内容。

第二，"互联网＋"不是简单的"互联网＋X 行业＝互联网 X 行业"。

"互联网＋"是执行我国政府在"九五"规划中提出的"用先进的信息技术与互联网技术改造传统产业"方针的具体体现，贯彻了坚定不移地走"信息化与工业化两化融合"道路的发展思路，是向建设"网络强国"迈进的过程。"互联网＋"不是颠覆传统产业，而是通过先进的互联网、信息技术与各行各业的"跨界、融合、创新"，促进企业生产与经营发展模式的转型。要实现"互联网＋"就必然要"跨界"；"跨界"才能实现"互联网"与行业的"融合"；"融合"才能推动行业的"创新、转型和升级"。"互联网＋"不是互联网技术与传统行业的技术、业务简单叠加的"物理反应"，而是改革传统产业的发展形态，创造新业态、重构产业链，改造传统产业发展模式的"化学反应"。"互联网＋"将给传统产业注入新的活力，创造新的发展模式。对于传统产业来说，"互联网＋"既是机遇，更是挑战。因此，我们不能简单地从技术应用的角度去看"互联网＋"，而是需要从更加宏观的"互联网思维"的高度去认识"互联网＋"的丰富内涵。

第三，"互联网＋"是对国家发展战略高度凝练的概括与表述。

"互联网＋"是从国家战略层面对发展思路的一种高度凝练的概括与表述。"互联网＋"发展计划希望推动互联网、移动互联网、物联网、云计算、大数据、智能技术与现代制造业的结合，促进电子商务、工业互联网与互联网金融的健康发展。《"互联网＋"行动计划》提出，到 2025 年网络化、智能化、服务化、协同化的"互联网＋"产业生态体系基本完善，"互联网＋"新经济形态初步形成，"互联网＋"成为经济社会创新发展的重要驱动力量。《"互联网＋"行动计划》明确指出：我国已具备加快推进"互联网＋"发展的坚实基础，但是也存在传统企业运用互联网的意识和能力不足，互联网企业对传统产业理解不够深入，新业态发展面临体制机制障碍，同时面临着跨界融合型人才严重匮乏等亟待解决的问题。在《"互联网＋"行动计划》的"保障支撑"一节中明确提出：鼓励校企、院企合作办学，推进"互联网＋"专业技术人才培训。

传统守旧终究要归位于历史，握手时代才能创造未来。作者从 1986 年开始在南开大学计算机系讲授"计算机网络"课程；1995 年参与天津城市信息基础设施"信息港工程规划纲要"的研究和规划起草工作；1996 年到 1997 年，花了一年的时间在美国考察和研究互联网技术与应用问题；很早就开始跟踪电子商务技术与应用的发展，2000 年合作出版《电子商务基础教程》与《电子商务应用教程》；2008 年编著出版《计算机网络与互联网技术研究、应用和产业发展》；2012 年编著出版了《物联网工程导论》。多年来一直在跟踪互联网、移动互联网与物联网技术与应用的发展，较早参与互联网技术与应用的研究。在 2011 年社会上出现"互联网思维"的概念和术语时，作者并不是很愿意接受的，觉得将一项技术提高到哲学层面，未免太牵强了。但是，现在回头一看会发现：互联网不再只是一项技术和产业，而是像"水和电"一样，渗透到各行各业，融入社会的各个方面。互联网正在悄然地改变着社会的发展模式，潜移默化地改变着人们的生活方式、工作方式与思维方式。因此，"互联网思维"已经不是"有无"和"真假"的问题，而是我们能不能站在"思想方法"的高度，去体会"互联网思维"的真谛。

我非常同意清华大学崔勇教授的看法："互联网的发展历史就是一部创新史。""在互联网创新时代，变化与颠覆一直是行业发展的主旋律。"十多年前，作者曾多次访问过华为、中兴等公司，也访问过美国摩托罗拉公司与芬兰诺基亚公司的总部以及分布在多个国家与地区的研究中心。与当时以"代工"为主的我国手机产业相比，摩托罗拉与诺基亚公司手机研发阵容之强大，让作者感触颇深。但是，再看今天华为、小米等智能手机在国际市场的占有率，我们不能不为手机产业霸主的快速更迭而感慨万千。在互联网时代，如果在技术创新、商业模式创新上，一步跟不上，步步跟不上。中国有一句古话，说一个事物的变化是"三十年河东，三十年河西"。而在"互联网＋"的时代，传统行业的更迭速度用"三年河东，三年河西"来表述都有一点长。

最近这几年，当我们有机会在几个发达国家走一走、看一看、比一比之后，由衷地为我国在互联网应用方面取得的可喜成绩感到骄傲。互联网在过去的二三十年已经给我国和世界带来了巨大的变化，但这仅仅是一个开始。它将继续引领这个充满着创新和变革的时代，也必将对大学计算机教育产生重大的影响。同时，我们不能不深刻地认识到：我国是互联网与信息技术应用的大国，但还不是信息技术的强国，我们还有很长的路要走。创新是一个民族的灵魂。中华民族要屹立于 21 世纪强国之林，必须要培养出一大批学术和技术精英，大学在先进思想与技术普及方面应该走在前面。

近40年来，我国广大从事计算机基础教育的老师们开设了很多门计算机方面的课程，为普及计算机知识和技术，为祖国的教育事业做出了重大贡献。面对新的形势，我们需要研究如何改革计算机基础教育体系，以适应技术与社会发展要求的问题。2016年，作者曾就这个问题请教过教育部计算机教指委副主任、合肥工业大学李廉教授。李廉教授希望加快计算机基础教育改革的步伐，并且提出了未来各个专业的大学生应该具有的四个素养："网络素养、数据素养、智能素养、安全素养"。作者很受启发。但是如何找到培养这四个素养的切入点是很困难的一件事。作者比较了几种方案，决定选择"互联网＋"为切入点，以"互联网＋"为平台将"云计算""大数据""智能科学与技术""网络空间安全"这几颗"珍珠"穿起来，形成一个有机的整体，做成一个体现当代科技发展精髓的、美丽的艺术品——"珍珠项链"奉献给读者。

由于作者近30多年来一直专注于计算机网络、互联网、物联网与网络安全的教学、科研工作，因此从网络技术入手，尝试着探讨如何提高学生"四个素养"培养的途径与方法问题比较得心应手。同时，作者多年担任南开大学信息技术科学学院院长，一直在与计算机、电子、通信、自动化、智能、网络安全等多学科、不同研究方向的老师们交流，学习到很多相关学科的知识，也为这本教材的写作打下了一定的基础。作者决定大胆地迈出这一步，"抛砖引玉"以引起大家的讨论，吸引更多的老师，共同探讨我国大学计算机教育体系改革的问题。

在修改前言时，想起前不久微信上学生发来的一篇短文，题目叫"这就是中国未来的生存法则，再读不懂就晚了！"文章开宗明义：这不是金星撞火星，也不是火星撞地球，而是"新世界"在撞击"旧世界"！先回忆一下前几年发生的事吧：网店革了实体店的命；"滴滴"革了出租车的命；自媒体革了报纸的命；直播革了电视的命；微信革了短信的命；支付宝还要革银行的命。短文的作者感叹道：没有一种商业模式是长久的；没有一种竞争力是永恒的；没有一种资产是稳固的；科技革命、互联网浪潮、经济危机、地区冲突不断加剧，它们争先恐后地给世界洗牌。文章作者的结论是：这是从未有过的革命浪潮，我们身处新旧世界交替的夹缝里求生存。我们不安，我们惶恐，我们期待。非常同意这篇文章作者的观点。借用文章的话，我们要说：这的确是中国未来的生存法则，我国大学计算机教育再不随着改变的确是要晚了。

作者曾经受全国高等院校计算机基础教育研究会的委托，组织编写了《我国高等院校计算机基础教育课程体系 2014》（CFC2014）。在编写过程中，作者就一直在思考CFC2014的课程改革如何"落地"的问题。经过近4年的思考，作者决定用本书作为一种试探，为推动大学计算机教育改革"落地"做一个探索。作者非常感谢一起合作完成CFC2014的四十所大学的老师们；感谢全国高等院校计算机基础教育研究会谭浩强会长、王路江会长、黄心渊会长，以及吴文虎、冯博琴、张森、高林、杨小平、汪慧、李凤霞、张钢、何钦铭、龚沛曾、曲建民、刘贵龙、安志远、李畅等副会长。在与诸位共事的过程中大家成为好朋友，作者也从各位身上学习到很多大学计算机教育改革的宝贵经验。感谢清华大学出版社的大力支持，感谢谢琛编辑的支持和鼓励。

全书由吴功宜规划和统稿，第1、2章由吴功宜教授执笔完成，第3、4章由吴英副教授执笔完成。吴英在新技术发展与应用方面提出了很多很好的建议，并完成了多幅有创意的插图，努力使教材做到"图文并茂"与"通俗易懂"。本书可以作为大学计算机教育中信息技术导论课程的教材，也可以作为大学公选课、通识课的教材。

面对日新月异的"互联网＋"与信息技术，作者无法预料它的发展，更谈不上"把控"这样一个复杂的局面。就在作者整理资料、潜心写作的过程中，新技术、新应用如雨后春笋般地涌现。书中内容涉及多个学科和跨行业的内容，作者对这些学科与行业知识的了解也只是一些"皮毛"。在准备和写作的过程中，作者认真阅读了很多书籍和文献，请教了很多老师。这本教材的内容实际上凝聚了很多智者的心血，作者是将个人能够理解的部分内容，按照自己的思路整理出来。作者在参考文献中列出了一些主要的参考书籍，难免会有疏漏。书中从互联网搜索引擎或专业网站上选择和编辑了一些图片，希望能以图文并茂的方式帮助读者理解知识。在选择图片时，作者考虑了图片的新闻性、正面引用、教学使用与不涉及个人肖像权等问题。

书中对某些方面知识和技术的理解有错误或不准确，以及总结中出现的偏差在所难免，恳请读者不吝赐教。

这本教材出版时正逢南开大学百年华诞，作为在南开学习、生活和工作了50多年的南开人，想将这本体现了南开"允功允能　日新月异"校训与"知中国　服务中国"教育理念的实践成果奉献给母校——百年南开，愿母校越办越好。

吴功宜

wgy@nankai.edu.cn

于南开大学

2019 年 1 月 26 日

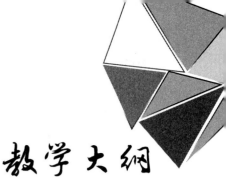

教学大纲

1. 课程的地位、作用和任务

"互联网＋：概念、技术与应用"可以是大学计算机教育第一门信息技术导论类课程，或者是大学公选课、通识类课程。

本课程从互联网技术发展、互联网思维与我国发展"互联网＋"的政策背景出发，诠释了"互联网＋"的内涵和《"互联网＋"行动计划》的基本内容，结合当前科学技术发展的热点问题——互联网、移动互联网、物联网、云计算、大数据、智能与网络空间安全技术发展，分析了支撑"互联网＋"的核心技术，从"互联网＋"协同制造、"互联网＋"现代农业等九大领域，系统地介绍了"互联网＋"与各行各业跨界融合，为大学生描绘了未来互联网社会的前景，培养学习兴趣，开阔学术视野，为后续课程的学习打下坚实的基础。

2. 课程教学的目的和要求

本课程帮助大学生对"互联网＋"的概念、支撑物联网发展的核心技术，以及"互联网＋"与各行各业的跨界融合的应用前景，有比较全面的认识；帮助学生认清未来社会发展的趋势与时代发展的主旋律，了解真正的社会需求，增强他们的认知能力、择业能力、创业能力与适应社会的能力。

3. 课堂教学课时安排与教学建议

总课时：42 学时

章　　　节	主　要　内　容	建议学时
第 1 章　"互联网＋"的内涵	系统地讨论了互联网的形成与发展、互联网的价值与互联网思维，为学习"互联网＋"的核心技术，以及在各行各业的跨界融合应用打下基础	6
第 2 章　我国发展"互联网＋"的政策环境	在分析信息、信息技术、信息产业与信息化的基础上，较为详细地介绍了我国政府制定的《"互联网＋"行动计划》的总体思想、基本原则、发展目标与重点工作	4
第 3 章　支撑"互联网＋"发展的核心技术	以推动"互联网＋"发展为主线，系统地介绍了与"互联网＋"相关的计算模式的演变与发展、集成电路与智能硬件、通信与网络技术、大数据与智能技术以及网络空间安全技术基本概念	16
第 4 章　"互联网＋"应用领域	系统地介绍了"互联网＋"的协同制造、现代农业、便捷交通、智慧电网、智能医疗、绿色生态、电子商务与现代物流，以及普惠金融等领域的应用	16

4. 课程教学的方法与手段

（1）本门课程教学建议结合社会上"互联网＋"的最新发展，与时俱进地完善内容；鼓

励学生积极思考、勇于创新。

（2）本课程要充分利用实践教学基地的企业资源，请企业工程师讲解"互联网＋"行业应用实例与对人才能力培养的需求。

（3）教材各章给出了可以用于自查学生对知识掌握情况的习题，其中结合学生的生活实践，给出了多道思考题，书后附有习题中选择题的参考答案。

（4）建议教师结合自己的专业背景和科研实践，结合教材内容，为学生开一些讲座，或采用翻转课堂等形式，组织学生结合主题讨论与实践。希望将导论课程的学习变成一个"启发式""自主"与"愉快"的探索过程，同学之间"相互学习"、师生之间"教学相长"的过程。

目　录

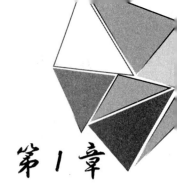

第 1 章

"互联网+"的内涵

计算机网络技术沿着互联网、移动互联网、物联网的历程发展,潜移默化地渗透到各行各业与社会的各个领域,开启了"互联网+"的跨界融合,推动着经济与社会的发展。本章将从互联网、移动互联网与物联网技术特征的角度入手,探讨"互联网思维"的概念,解读"互联网+"的内涵。

1.1 计算机网络的形成与发展

世界上第一台电子数字计算机 ENIAC 出现在 1946 年,而通信技术的发展要比计算机技术早得多。在很长的一段时间中,计算机技术与通信技术之间没有直接的联系,处于各自独立发展的阶段。当计算机技术与通信技术都发展到一定阶段,并且社会上出现了新的应用需求时,人们自然就会尝试将两项技术交叉融合,计算机网络就是计算机技术与通信技术高度发展、深度融合的产物。

20 世纪 50 年代初,由于美国军方的需要,美国半自动地面防空系统(Semi-Automatic Ground Environment,SAGE)将来自世界各地军事基地的远程雷达信号、机场与防空部队的信息,通过有线与无线的通信线路,传送到位于美国本土的一台大型计算机来处理,这项研究开始了计算机技术与通信技术结合的尝试。随着 SAGE 系统的实现,美国军方又产生了将分布在不同地理位置的多台计算机通过通信线路连接成计算机网络的需求。

20 世纪 60 年代中期,世界正处于"冷战"高潮阶段。1957 年 10 月 2 日,一个本应平静的星期六的早晨,美国报纸报道了苏联在拜科努尔航天中心成功地发射了一颗重量为 83kg 的人造地球卫星 Sputnik(史伯尼克),这就意味着苏联在全球争霸的竞争中先行了一步。美国朝野为之震惊,事关国家安全的阴云笼罩着美国。5 天之后,美国总统在记者招待会上表示了"严重不安"。两月后,美国总统向国会提出建立"国防高级研究计划署"(Advanced Research Projects Agency,ARPA)的动议。国会同意组建 ARPA。

在与苏联的军事力量竞争中,美国军方发现需要一个专门用于传输军事命令与控制信息的网络。他们希望这种网络在遭到核战争或自然灾害,部分通信设备或通信线路遭到破坏的情况下,通信网络仍然能利用剩余的部分继续工作,这就是"网络可生存性(network survivability)"研究的出发点。传统的通信线路与电话交换网已经无法满足要求,ARPA 开始筹划开展新一代通信网络技术——分组交换网协议与 TCP/IP 的研究。

分组交换的概念是在 1964 年提出来的,1969 年 12 月第一个采用分组交换技术的计算机网络 ARPANET 投入运行。分组交换技术与计算机网络的出现标志着现代电信时代的开始。ARPANET 是计算机网络技术发展的一个重要的里程碑,它对计算机网络理论与技术发展起到了重要的奠基作用,也为互联网的发展奠定了基础。TCP/IP 成为互联网的核心协议。

互联网是计算机网络最成功的应用。互联网应用的发展大致可以分为三个阶段(如图 1-1 所示)。

第一阶段互联网应用的主要特征是:提供远程登录(Telnet)、电子邮件(E-mail)、文件传输(FTP)、电子公告牌(BBS)与网络新闻组(Usenet)等基本的网络服务。

第二阶段互联网应用的主要特征是:Web 技术的出现,以及基于 Web 技术的电子政务、电子商务、远程医疗与远程教育应用的快速发展。

第三阶段互联网应用的主要特征是:各种新的互联网应用,如搜索引擎、即时通信、社交网络、网络购物、网上交付、网络音乐、网络视频、网络新闻、网络游戏、网络地图、网络导航、微信等风起云涌;移动互联网将互联网应用推向一个新的高潮;物联网应用开始出现。互联网、移动互联网与物联网的应用成为新的产业增长点。

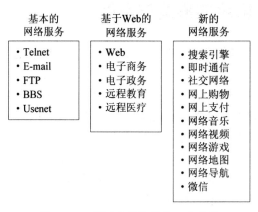

图 1-1   互联网应用发展的三个阶段

1.2   互联网技术与应用的发展

我们可以从不同的角度对互联网技术与应用的发展进行诠释,帮助读者对互联网的过去、现在与未来有一个更为全面的认识。

1.2.1   从信息技术的角度看互联网的发展

计算机网络的广泛应用已对当今社会的科学、教育、经济的发展产生了重大的影响。总结计算机网络技术的发展历程,我们可以清晰地将计算机网络技术的发展经历了三个阶段:从计算机网络到互联网、从互联网到移动互联网、从移动互联网到物联网(如图 1-2 所示)。

要理解这个问题,需要注意以下两点。

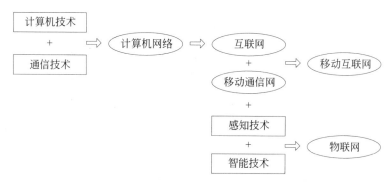

图 1-2　计算机网络技术发展历程

1) 计算机与通信技术的融合

信息通信技术(Information Communication Technology,ICT)是信息技术与通信技术相融合而形成的一个新的概念和新的技术领域。21 世纪初,八国集团在日本冲绳发表的《全球信息社会冲绳宪章》中指出:"信息通信技术是 21 世纪社会发展的最强有力动力之一,并将迅速成为世界经济增长的重要动力。"20 世纪中叶,作为信息技术核心的计算机技术与通信技术的交叉融合产生了计算机网络,进而发展出庞大的互联网产业;20 世纪末,以智能手机为代表的移动通信技术与互联网技术的交叉融合,进一步推动了移动互联网技术与应用的发展,带动了信息产业与现代信息服务业的快速发展。

2) 网络技术与感知技术、智能技术的融合

信息技术的三大支柱是:计算技术、通信技术与感知技术,它们就像人的大脑、神经系统与手脚、眼睛、鼻子、耳朵等感觉器官一样,在人类生活中一个都不能缺少,并且要能够非常协调地工作。互联网、移动互联网与感知技术的交叉融合,催生出很多具有"计算、通信、智能、协同、自治"能力的设备与系统,实现了"人-机-物"的深度融合,使得人类社会全面进入更加"智慧"的物联网时代。

从技术发展的角度,我们可以清晰地看到:计算机网络技术正经历着从互联网到移动互联网、物联网,这样一个自然发展与演变的过程。

1.2.2　从人的思维规律的角度认识互联网的发展

研究技术的发展还可以从人类对技术需求的角度来认识。"人往高处走",当人们的第一个愿望实现之后,一定会希望实现更高的第二个愿望、第三个愿望,这是人的思维一个非常自然的规律。老一辈计算机科学家总结出:计算机网络的发展沿着"$1/N \rightarrow N=1 \rightarrow N>1 \rightarrow N\sim\infty$"轨迹发展的规律(如图 1-3 表示)。

1) $1/N$ 阶段

当早期的计算机还是只能安装在计算中心的庞然大物时,计算机的设计者最有效的办法是采用分时操作系统,将计算机的 CPU 时间分成多个时间片,再把每个时间片分配给每个终端用户。当一台计算机同时为 N 个终端服务时,每个终端用户可以获得的平均计算时间是总计算时间的 $1/N$。随着用户数增多,N 数值增大,每个终端用户可能获得的平均计算时间就会减少。凡是使用过早期分时计算机系统的用户都会有一个深刻的体

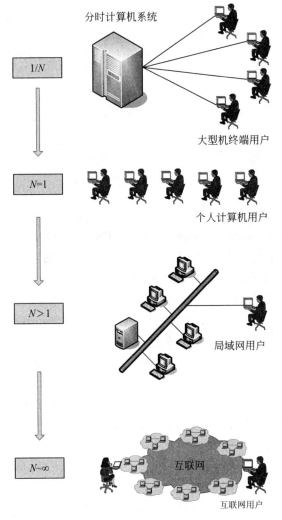

图 1-3 "$1/N \rightarrow N=1 \rightarrow N>1 \rightarrow N \sim \infty$"的发展规律

会,那就是同时使用的终端用户越多,每次输入命令的响应时间会明显加长,完成同样计算任务的时间就会增加。所以当响应时间开始考验人们耐心的时候,人们自然会萌发出一个要求,那就是:如果我一个人使用一台计算机该多好。

2) $N=1$ 阶段

个人计算机(Personal Computer,PC)的出现满足了一个人使用一台计算机的愿望。PC 的应用使得计算机的普及程度大大提高。随着 PC 应用的深入,人们也会发现 PC 的计算能力、软硬件配置、数据资源还是有限的。尤其是将 PC 应用于办公自动化(OA)、计算机辅助设计(CAD)、计算机辅助教育(CAE)等领域时,人们自然会产生更深层次的软硬件与数据资源共享的愿望,将 PC 互联起来的需求就会被提出来。

3) $N>1$ 阶段

如果一个科研实验室有多台 PC,不同的 PC 装有不同的数据处理与作图软件,不同的 PC 存储有不同的实验数据,一些 PC 连接有打印机,那么在这个实验室工作的研究人员就不会满足每个人使用一台 PC 的简单需求。他们会希望能够将这些实验室范围内的多台 PC 连网,实现软件、硬件与数据的共享。这种需求直接推动着局域网技术的研究。当我们将一个实验室、一个教学楼、一个学校、一个办公大楼的 PC 都互连起来,人们就可以共享局域网中互连的 N 台 PC 的资源,实现一个用户可以使用 N 台 PC 资源的愿望。但是,随着计算机网络应用的深入,人们自然会提出更大范围计算机资源共享的需求,这就导致了全球范围计算机网络互联的研究。

4) N~∞ 阶段

如果从网络技术的角度来看,互联网是一个通过路由器实现多个广域网、城域网与局域网互联,覆盖全球范围的大型网际网。如果从用户应用的角度来看,互联网是一个全球范围的信息资源网。接入互联网的所有计算机的资源都可以为其他用户所共享,网络用户可以通过一台接入到互联网的计算机访问网中其他计算机的资源。随着互联网规模的不断扩大,互联网络数量与计算机数量不断增多。现在没有一个人能够说清楚互联网中到底接入了多少台计算机。也许就在用户阅读这段文字的瞬间,又有一批网络和计算机接入到互联网中。因此可以说,当用户将自己的计算机接入到互联网时,用户就享受到访问无穷多台计算机、共享无限的信息资源的能力,接入到互联网的计算机数量 N~∞。

作者曾经用这条规律去启发学生认识计算机网络发展的必然性。但是,后来问题出现了。

- 当研究移动通信的教授问作者,我们用智能手机访问互联网,你把它们算在这个"N"中吗?
- 当研究现代物流技术的教授问作者,现代物流中使用的大量射频标签 RFID 与读写器节点都接入互联网,你把它们算在这个"N"中吗?
- 当研究无线传感器网络 WSN 的教授问作者,我们的无线传感器节点接入互联网,你把这些"智能尘埃(Smart Dust)"算在这个"N"中吗?
- 当研究智能电网的教授问作者,智能电网中大量的智能电表、电站智能测控设备需要接入互联网,你把这些设备算在这个"N"中吗?
- 当研究可穿戴计算技术的教授问作者,我戴的智能眼镜也接入到了互联网,你把智能眼镜算在这个"N"中吗?

当这些例子越来越多时,作者开始认识到:之前将计算机接入互联网,将智能手机接入移动互联网被认为是理所当然的事,那么未来必然会有更多的具有感知、通信与计算能力的"物"互联起来构成物联网。在互联网与移动互联网阶段,只做到了"Everybody over IP";只有到了物联网阶段,才能够做到"Everything over IP"。

当看到一头扎着 RFID 标签耳钉的牛悠闲地在牧场上吃草时,有人指着牛问作者:"它是不是应该算在你所说的'N'中呢?"作者会不假思索地回答说:"当然是了。"

从理解物联网形成与发展的角度,物联网中的"物"是动物还是人,是简单的智能手环还是复杂的工业机器人,是通过有线方式接入还是通过无线方式接入,这些并不重要,重要的是它们都必然要互联成网,构成协同工作的分布式系统,实现我们所需要的智能服务功能。

1.2.3 从信息产业的角度看互联网的发展

互联网是人类历史上发展最快的一种信息技术。从开始商用到用户数达到 500 万，互联网只用了 4 年，有线电视网用了 13 年，无线广播网用了 38 年，而电话网用了 100 年。

在电信产业中最有影响力的国际组织是国际电信联盟（International Telecommunications Union，ITU）。20 世纪 90 年代，当互联网技术快速发展时，ITU 的高层研究人员已经前瞻性地认识到：互联网技术的广泛应用必将深刻地影响电信业的发展。ITU 的研究人员将互联网应用对电信业发展影响作为一个重要的课题开展研究，并从 1997—2005 年发表了七份"ITU Internet Reports"系列研究报告（如图 1-4 所示）。前三份报告是每隔一年发表一份，从 2001—2005 年每年发表了一份研究报告。

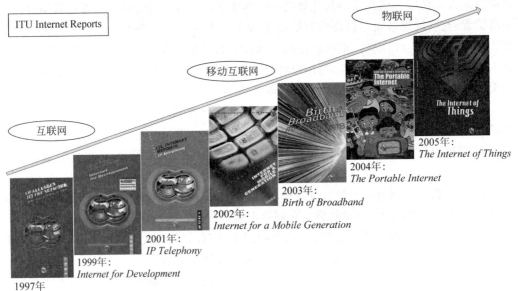

图 1-4　ITU 提出物联网概念的过程

从这七份研究报告的内容，ITU 分析了互联网发展可能对国际电信业带来的影响，提出了物联网的概念并阐述了其出现的背景。

1）1997 年：《挑战网络：电信和互联网》

1997 年 ITU 发布了第 1 个研究报告是《挑战网络：电信和互联网》（*Challenges to the network：Telecoms and the Internet*）。这份报告是为 1997 年 9 月 ITU 在日内瓦举行的电信展示与论坛会议准备的。报告论述了互联网的发展对电信业的挑战，同时指出互联网给电信业带来了重大的发展机遇。

2）1999 年：《互联网发展》

1999 年发布的第 2 个研究报告的题目是《互联网发展》（*Internet for Development*）。报告描述了互联网应用对于未来社会发展的影响，展望了互联网对促进人与人之间交流的作用，并就如何利用互联网帮助发展中国家发展通信事业进行了讨论。

3）2001 年：《IP 电话》

2001 年发布的第 3 个研究报告的题目是《IP 电话》(*IP Telephony*)。报告对 IP 电话技术标准、服务质量、带宽、编码与网络结构及对 IP 电话应用领域、对传统电话业务的影响进行了系统的讨论，同时还讨论了 IP 电话监管的问题。

4）2002 年：《移动互联网时代》

2002 年 ITU 发布了第 4 个研究报告是《移动互联网时代》(*Internet for a Mobile Generation*)。报告讨论了移动互联网发展的背景、技术与市场需求以及手机上网与移动互联网服务。

报告给出了不同国家与地区移动通信/互联网发展指数的排名。移动通信/互联网发展指数排名是根据 26 项不同的指标计算出来的，这些指标分为三类：基础设施、网络使用率以及市场状况。总分为 100 分，其中基础设施占 50 分，其他两项各占 25 分。在考察了 200 多个国家与地区在移动通信、互联网应用以及对未来发展的预测之后，ITU 研究报告公布了移动通信/互联网发展指数的排名，中国香港得分为 65.88 分，位居榜首。

报告指出：单就一门技术而言，移动通信和互联网在过去的 10 年中都是推动电信业发展主要力量，而将两者结合起来就可以构成 21 世纪推动需求的一大主要动力。报告指出：移动通信同互联网的融合，加上 3G 服务的实现，将构筑移动互联网美好的未来。移动互联网的发展将带领我们进入一个移动的信息社会。

5）2003 年：《宽带的诞生》

2003 年 ITU 发布了第 5 个研究报告是《宽带的诞生》(*Birth of Broadband*)。这份报告是专门为 ITU 于 2003 年 10 月在日内瓦举办的 2003 年世界电信展示会和论坛准备的。作为 2003 年电信产业的"热点"之一，宽带成为 2003 年展示会上的一大亮点。报告系统地介绍了宽带技术发展的过程，以及宽带技术对全世界电信业发展的影响。报告介绍了宽带网络发展比较好的国家的成功案例，描述了宽带技术对未来信息社会的影响。同时，报告也讨论了计算机、通信和广播电视网络的三网融合问题，以及未来宽带网络发展动向和新的应用问题。

6）2004 年：《便携式互联网》

2004 年 ITU 发布了第 6 个研究报告是《便携式互联网》(*The Portable Internet*)。这份报告是专门为 ITU 于 2004 年 9 月 11 号在韩国釜山展开的 2004 年 ITU 亚洲电信展和论坛准备的。报告系统地讨论了应用于移动互联网的高速无线上网便携式设备的市场潜力、商业模式、发展战略与市场监管，以及移动互联网技术、市场的发展趋势，未来移动互联网技术的发展对信息社会的影响等问题。

7）2005 年：《物联网》

2005 年 ITU 在突尼斯举行的"信息社会峰会"上发布了第 7 份研究报告——《物联网》(*The Internet of Things*)。报告描述了世界上的万事万物，小到钥匙、手表、手机，大到汽车、楼房，只要嵌入一个微型的传感器芯片或 RFID 芯片，通过互联网就能够实现物与物之间的信息交互，从而形成一个无处不在的"物联网"。世界上所有的人和物在任何时间、地点，都可以方便地实现人与人、人与物、物与物之间的信息交互。报告预见：传感器与 RFID 技术、嵌入式与智能技术以及纳米技术将被广泛应用。

从这七份研究报告讨论的主题与内容中，可以清晰地看出以下 3 个问题：

第一，ITU 从互联网发展对电信产业影响的角度开展了对互联网发展趋势的研究。

第二，ITU 研究人员在跟踪计算机网络技术发展的过程中，逐步认识到计算机网络沿着互联网、移动互联网到物联网的发展轨迹。

第三，ITU 前瞻性地提出互联网、移动互联网与物联网的概念、技术特征，系统地研究了互联网、移动互联网与物联网的技术发展趋势及其对未来信息社会发展的影响。

1.2.4　从物联网的角度看"互联网＋"的发展

1. 物联网发展的背景

我们可以用"智慧地球"研究计划为例，来帮助读者理解物联网的基本概念。2009 年 IBM 公司首次提出"智慧地球"的概念（如图 1-5 所示）。他们认为：互联网＋物联网＝智慧地球。

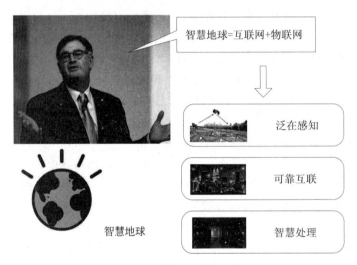

图 1-5　智慧地球的内涵

"智慧地球"涵盖了三个层面的内容（如图 1-6 所示）。

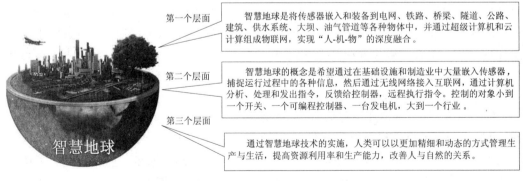

图 1-6　智慧地球涵盖的三个层面的内容

第一个层面：智慧地球是将大量的传感器嵌入和装备到电网、铁路、桥梁、隧道、公路、建筑、供水系统、大坝、油气管道等各种物体中,并通过超级计算机和云计算组成物联网,实现"人-机-物"的深度融合。云计算作为一种新兴的计算模式,可以使物联网中海量数据的实时动态管理与智能分析变为可能,可以促进互联网、物联网与智能技术的融合,从而构成智慧地球。

第二个层面:智慧地球研究试图通过在基础设施和制造业中大量嵌入传感器,捕捉运行过程中的各种信息,然后通过无线网络接入到互联网,通过计算机分析、处理和发出指令,反馈给控制器,远程执行指令。控制的对象小到一个电源开关、一个可编程控制器、一个机器人,大到一个地区的智能交通系统,甚至是国家级的智能电网。通过智慧地球技术的实施,人类可以以更加精细和动态的方式管理生产与生活,提高资源利用率和生产能力,改善环境,促进社会的可持续发展。

第三个层面:智慧地球不是简单地实现"鼠标+水泥"的数字化与信息化,而是需要进行更高层次的整合,实行"泛在感知、可靠互联、智慧处理"。利用网络的信息传输能力以及超级计算机、云计算的数据存储、处理与控制的能力,实现信息世界与物理世界的融合,达到"智慧处理"物理世界问题的目标。

IBM提出将在六大领域开展智慧行动的方案。这六大智慧行动方案分别是:智慧电力、智慧医疗、智慧城市、智慧交通、智慧供应链和智慧银行。

物联网概念的兴起,很大程度上得益于ITU于2005年的互联网研究报告以及2009年IBM公司提出的智慧地球研究计划。物联网已经成为当代世界新一轮经济和科技发展的战略制高点。世界各国制定了物联网发展规划,各个IT公司纷纷布局物联网的研究。我国政府高度重视物联网的研究与发展。2010年10月,在国务院发布的《关于加快培育和发展战略性新兴产业的决定》中,明确将物联网列为我国重点发展的战略性新兴产业之一。大力发展物联网产业已经成为我国一项具有战略意义的重要决策。

2. 物联网的技术特征

物联网是在互联网的基础上发展起来的。物联网是将世界上具有"感知、通信、计算"功能的智能物体、系统、信息资源,连接到互联网或者是用互联网技术构建的物联网网络系统中,形成能够对物理世界"泛在感知、可靠传输、智慧处理"的智能服务系统。

物联网中的"物体(thing)"或者是"对象(object)"是现实社会的人或物,只是给它增加了"感知""通信"与"计算"能力。例如,可以给商场中出售的微波炉贴上RFID标签。当顾客打算购买这台微波炉时,他将微波炉放到购物车上推到结算柜台时,RFID读写器就会通过无线信道直接读取RFID标签的信息,知道这是一款什么型号的微波炉,哪个公司出产的,价格是多少。那么,这台贴有RFID标签的微波炉就是物联网中的一个具有"感知""通信"与"计算"能力的"智能物体(Smart Thing)"或者称为"智能对象(Smart Object)"。在智能电网应用中,每一个用户家中的智能电表就是一个智能物体;每一个安装有传感器的变电器监控装置,使得这台变电器也成为一个智能物体。智能交通应用中,安装在交通路口的视频摄像头也是一个智能物体;安装有智能传感器的自动驾驶汽车也是一个智能物体。智能家居应用中,安装了光传感器的智能照明控制开关是一个智能物体,安装了传感器的冰箱也是一个智能物体。在水库安全预警、环境监测、森林生态监测、油气管道监测应用中,无线传感器网络中的每一个传感器节点都是一个智能物体。在智能医疗应用中,带有生理指标传感器的每一位老人是一个智能物体。在食品可追溯系统中,打上 RFID 耳钉的牛、一枚贴有 RFID 标签的鸡蛋也是一个智能物体。因此,在不同的物联网应用系统中智能物体差异可以很大。智能物体可以是小到用肉眼几乎看不见的物体,也可以是一个大的建筑物;它可以是固定的,也可以是移动的;它可以是有生命的,也可以是无生命的;它可以是人,也可以是动物。"智能物体"是对连接到物联网中的人与物的一种抽象。物联网的技术特征可以从以下几个角度看:

(1) 从空间的角度,物联网将覆盖从地球内部到表层,从基础设施到外部环境,从陆地到海洋,从地表到空间的所有部分。

(2) 从应用领域的角度,物联网将覆盖包括工业、农业、交通、电力、物流、环保、医疗、家居、安防,军事等各行各业,以及智慧城市、政府管理、应急处置、社交服务等各个领域。

(3) 从工作方式的角度,物联网可以在任何时候(anytime)、任何地点(anywhere)与任何一个物体(anything)之间进行通信、交换和共享信息,实现智能服务的功能。

(4) 从技术角度看,物联网具有融合云计算、大数据、智能、控制,以及机器学习与深度学习、增强现实、智能硬件与软件、可穿戴技术与智能机器人等各种新技术,跨各行各业与各个领域的集成创新性特点。

物联网与云计算、大数据、智能技术之间有密不可分的关系。云计算促进了物联网的发展;物联网应用中产生与积累的数据是大数据主要的组成部分,为大数据研究的发展提供了重要的推动力;物联网与大数据研究又进一步对智能技术提出了强烈的应用需求,加速了智能技术应用的发展。

3. 物联网与"互联网+"的关系

"互联网+"是我国政府从国家战略层面对产业与经济发展思路的一种高度凝练的表述。"互联网+"涵盖了物联网应用的内容。这一点可以从以下几个方面去认识。

(1) 从技术发展角度,互联网、移动互联网与物联网技术之间存在着自然的渐进、演变与发展的传承关系,"由小到大"地发展、壮大;"由表及里"地渗透到社会的各个角落。

(2) 从实现技术角度,支撑物联网与互联网发展的核心技术、软硬件与网络系统,以及应用系统设计方法是相同的。

(3) 从应用领域角度,物联网重点发展的智能工业、智能农业、智能电网、智能交通、智能物流等九大行业,涵盖在《"互联网+"行动计划》的"互联网+"智能制造、"互联网+"现代农业、"互联网+"智慧能源、"互联网+"普惠金融等 11 项重点工作中。

(4) 从实现目标上,《"互联网+"行动计划》希望推动互联网、移动互联网、物联网、云计算、大数据、智能技术与现代制造业以及各行各业的结合,促进电子商务、现代制造业与互联网金融的健康发展。

(5) 从应用特点角度,"互联网+"应用侧重于通过固定或移动方式访问互联网,实现即时通信、社交网络、网络购物、网上交付、网络音乐、网络视频、网络新闻、网络游戏、网络地图、网络导航、微信等应用和服务;物联网应用侧重于智能工业、智能农业、智能电网、智能交通、智能物流等行业性、专业性与区域性的应用;"互联网+"应用包括了以上两个方面的内容。

如果说互联网的作用是扩大了信息社会人与人之间信息共享的广度,移动互联网的作用是扩大了信息共享的深度与灵活性,那么物联网利用传感器、无线传感器网络与射频标签 RFID 等感知技术,实现"人-机-物"的融合,使人类对外部世界具有"更全面的感知能力、更广泛地互联互通能力、更智慧的处理能力"。

遵循着"互联网+"的发展模式,互联网、移动互联网、物联网技术将在与各行各业的跨界融合中,推动着我国技术创新与产业发展,在促进我国国民经济与社会发展方式转型中将会发挥重大的作用。

1.3　互联网发展规模与互联网价值

1.3.1　预测互联网发展的新摩尔定律

随着信息技术与互联网的发展,人们提出了十个预测性的定律,其中主要的三个预测性定律是:摩尔定律、吉尔德定律、麦特卡尔夫定律。

第一个定律:摩尔定律。

英特尔公司(Intel)创始人之一的戈登·摩尔(Gordon E. Moore)在 1965 年应邀为《电子学》杂志 35 周年专刊写了一篇题为《让集成电路填满更多的元器件》文章,对未来十年半导体产业的发展趋势做出预言。他对收集的数据进行分析之后,发现了一个集成电路芯片集成度与时间关系的变化规律,被称为著名的"摩尔定律"。经过 1975 年修正后,摩尔定律表述为"每过 18 个月,集成电路的性能将提高一倍,而价格将降低一半",也有人表述为"每过 18 个月,微处理机的处理速度将提高一倍。"这就是人们在描述信息技术,尤其是研究集成电路与计算机硬件技术发展趋势时,常常提到的"摩尔定律"。

计算机界从集成电路芯片集成度对计算机的计算能力影响的角度做出的推论是"每过 18 个月,计算机的计算能力将提高一倍"。这就意味着每 5 年计算机运算速度快 10 倍,每 10 年快 100 倍。同等价位的微处理器将越来越快,同等速度的微处理器将越来越便宜。

第二个定律:吉尔德定律。

1995 年乔治·吉尔德曾预测:在未来 25 年,主干网的带宽将每 6 个月增加一倍。这就是吉尔德定律(Gilder's Law)。乔治·吉尔德认为,20 世纪 70 年代晶体管的价格很昂贵,但在今天却变得非常便宜。与此相同,如今还是稀缺资源的主干网带宽,经过一段时间的发展,人们上网的费用一定会大幅度下降。

吉尔德定律所描述的主干网增长速度比 CPU 增长速度要快。只要将廉价的网络带宽资源充分利用起来,就会给人们带来巨额的回报。未来的成功人士将是那些更善于利用带宽资源的人。这个定律已被很多基于互联网应用所证实。

第三个定律:麦特卡尔夫定律。

大约在 1980 年,以太网的发明人鲍勃·麦特卡尔夫(Bob Metcalfe)指出:网络的价值与网络用户数量的平方成正比。从目前互联网应用的发展情况来看,这个定律已经被 Web、Facebook、Google、Blog 与移动互联网所印证。

新摩尔定律、吉尔德定律、麦特卡尔夫定律三个定律并非数学、物理定律,而是对信息技术发展趋势规律的一种预测性定律。在最近的几十年来,计算机、计算机网络与互联网、移动互联网、物联网的发展证实了这些预见的正确性。这些定律对于计算机、互联网与信息技术的发展有着重要的指导意义,因此受到了产业界与学术界的重视。

1.3.2 我国互联网的发展

1．我国互联网网民规模与应用的增长

我国互联网发展的速度是惊人的。从 1994 年 4 月 20 日我国通过一条 64kb/s 的国际专线实现全部功能连接,成为接入互联网的第 77 个国家之日算起,到 2018 年底,我国的网民数已经发展到 8.29 亿人,居世界第一;互联网普及率达到 59.6%,超过世界平均普及率。图 1-7、图 1-8 分别给出了 2000—2018 年我国网民人数与普及率增长的趋势图。

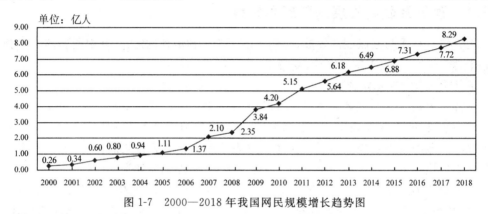

图 1-7　2000—2018 年我国网民规模增长趋势图

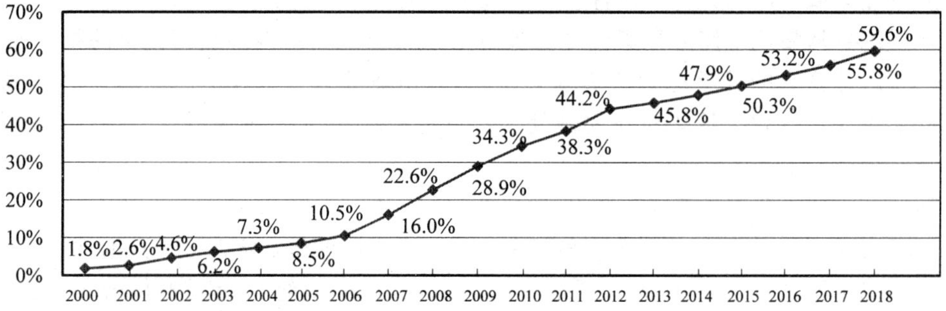

图 1-8　2000—2018 年我国互联网普及率增长趋势图

根据中国互联网络信息中心(CNNIC)发布的第 43 次《中国互联网络发展状况统计报告》,2018 年 12 月我国互联网应用的网民规模排序如表 1-1 所示。

表 1-1　2018 年互联网应用的网民规模与使用率排序

排序	应　　用	用户规模/万人	网民使用率/%
1	即时通信	79172	95.6
2	搜索引擎	68132	82.2
3	网络新闻	67437	81.8

排序	应用	用户规模/万人	网民使用率/%
4	网络视频	61201	73.9
5	网络购物	61011	73.6
6	网上支付	60040	72.5
7	网络音乐	57560	69.5
8	网络游戏	48384	58.4
9	网络文学	43201	52.1
10	网上银行	41980	50.7
11	旅游预订	41001	49.5
12	网上外卖	40601	49.0
13	网络直播	39676	47.9
14	微博	35057	42.3
15	网约专车或快车	33282	40.2
16	网约出租车	32988	39.8

截至 2018 年底,我国网络购物用户规模达 6.10 亿,年增长率为 14.4%,网民使用率为 73.6%。网上支付、网上银行发展迅速。即时通信稳居第一;网上搜索引擎的使用超过网络新闻,位居第二;网络视频、网络音乐、网络游戏、网络文学发展稳定;旅游预订、网约专车或快车、网约出租车等便民服务发展迅速。

据统计,截至 2018 年 12 月我国在线政务服务用户规模达 3.94 亿,占整体网民的 47.5%。2018 年,我国"互联网+"政务服务深化发展,各级政府依托网上政务服务平台,推动线上线下服务相结合的服务方式,实现网上申报、排队预约、反馈审批审查结果服务;加强建设全国统一、多级互联的数据共享交换平台;各地相继开展县级网上信息发布服务,更好地传递政务信息,推动惠民服务。

2．我国移动互联网网民规模与应用的增长

近年来随着智能手机、笔记本计算机、平板电脑、各种移动终端设备的快速发展,以及 WiFi、3G/4G 技术的大规模应用,互联网用户表现出越来越显著的移动性。互联网用户通过无线网络可以随时、随地、方便地访问互联网,使用互联网的各种服务。智能手机等各种移动终端设备在处理器芯片、操作系统、应用软件、存储、屏幕、电池与服务的不断完善,正在改变着用户的上网方式与人机交互方式。这种改变表现在以下三个方面:

第一,移动互联网已经成为用户上网的"第一入口"。

第二,移动互联网应用正在悄然地推动着计算机、手机与电视机的"三屏融合"。

第三,移动阅读、移动视频、移动音乐、移动搜索、移动电子商务、移动支付、移动位置服务、移动学习、移动社交网络、移动游戏等各种移动互联网服务发展迅速。

图 1-9 给出了 2008—2012 年通过台式计算机访问互联网的流量与通过移动互联网

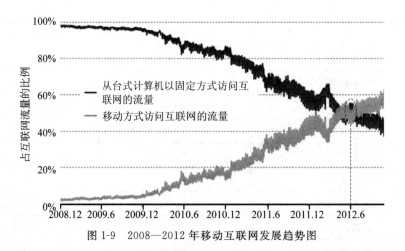

图 1-9   2008—2012 年移动互联网发展趋势图

设备访问互联网的流量对比图。从图中可以看出，从 2008 年 12 月到 2012 年 6 月，用户从台式计算机访问互联网的流量在下降，而通过移动设备访问互联网的流量在上升。在 2012 年 6 月，从台式计算机访问互联网的流量与通过移动设备访问互联网的流量相等。

一个国家手机网民的数量与手机网民占总网民的比例直接反映出该国移动互联网应用规模与普及的程度。图 1-10 与图 1-11 分别给出了 2007—2018 年我国手机网民规模与手机上网普及率增长的趋势。

图 1-10   2007—2018 年我国手机网民规模增长趋势图

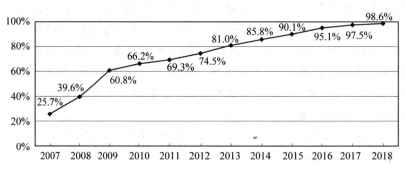

图 1-11   2007—2018 年我国手机上网普及率增长趋势图

从图 1-10 和图 1-11 中可以看出,2007 年我国手机网民数量仅为 5400 万人,网民中使用手机访问互联网的比例只占 25.7%。经过 11 年的发展,2018 年我国手机网民规模已经达到 8.17 亿人,增长了近 15 倍;网民中使用手机访问互联网的比例上升到 98.6%。

根据中国互联网络信息中心(CNNIC)发布的第 43 次《中国互联网络发展状况统计报告》,2018 年 12 月我国移动互联网应用的网民规模排序如表 1-2 所示。

表 1-2　2018 年移动互联网应用的网民规模与使用率排序

排序	应　用	用户规模/万人	网民使用率/%
1	手机即时通信	78029	95.5
2	手机搜索	65396	80.0
3	手机网络新闻	65286	79.9
4	手机网上购物	59191	72.5
5	手机网络视频	58958	72.2
6	手机网上支付	58339	71.4
7	手机网上音乐	55296	67.7
8	手机网络游戏	45879	56.2
9	手机网络文学	41017	50.2
10	手机旅行预订	40032	49.0
11	手机网上外卖	39708	48.6
12	手机在线教育课程	19416	23.8

截至 2018 年 12 月,我国手机网上购物用户规模达到 5.9 亿,手机网民使用率达到 72.5%;手机网络支付用户规模达 5.83 亿,手机网民使用率达 71.4%。手机即时通信、网络搜索、手机网络新闻、网络视频、网络旅游预订用户规模持续稳定发展,手机在线教育课程应用异军突起。

移动互联网应用的主要特点是:随时、随地与永远在线。正是由于移动互联网具有这样的特点,使得社交网络类的应用以超常规的速度向各行各业、各个方面渗透,对人们社会生活与经济生活产生了重大的影响。社交网络是一种由多个节点和节点之间构成的社会结构。其中,节点可以是一个人,也可以是社交网络的参与人。多个节点通过在互联网上交换信息、共享资源、购买和提供服务等活动,建立起节点之间网状结构的社交网络。社交网络可以链接微信的一个群,可以链接偶尔聊天的几个陌生人,可以链接购物网站与客户,可以链接政府管理者与政府服务对象,也可以链接有血缘的家庭成员。基于互联网的社交网络已经成为互联网时代维系社会关系和信息共享的重要社会结构。研究社交网络问题将涉及计算机、社会学、传播学、管理学与心理学等多个学科,是当今社会一个重要的研究课题。

3. 行业互联网的发展过程

在过去 20 年里,互联网的应用正在改变传统的零售行业、娱乐行业、传媒行业、金融行业、通信行业与服务业的产业结构与运行方式，改变着人与人的信息交互方式、购物方式、工作方式、生活方式与思维方式。产业界将这一类应用称为"消费类互联网应用"，简称为"消费互联网"。"消费互联网"的发展推动了基于互联网的现代服务业快速发展。

随着互联网应用的深入以及支撑互联网应用的云计算、大数据、智能技术的发展与应用，互联网应用将进一步渗透到制造业、农业、交通、医疗、电力、环保、能源、政府管理等各行各业行业应用。产业界将这一类互联网应用称为"产业类互联网应用"，简称为"产业互联网"。产业互联网可以细分为工业互联网、农业互联网等。

普通的互联网用户对消费互联网的发展过程都比较清楚。20世纪70年代，世界上第一个分组交换网 ARPANET 逐渐演变成互联网；20世纪80年代初互联网核心协议 TCP/IP 成熟和广泛应用；20世纪90年代中期 Web 技术的出现将互联网的应用大大地推进了一步；之后出现了搜索引擎技术、电子商务与社交网络应用；21世纪初随着移动通信网技术的成熟与手机的广泛应用，推动了移动互联网的发展，移动网上购物、移动支付大大方便了网民的生活；随之而来的是云计算、大数据与智能技术的应用，使得互联网能够为广大网民提供更加智能的服务。

产业互联网的应用滞后于消费互联网的发展。以工业互联网为例，互联网在制造业的应用是建立在计算机在制造业应用基础上的。

计算机在制造业应用的发展过程是漫长的。早在20世纪70年代单机数控机床就出现了，70年代中期更为智能化的数控机床得到了应用。为了进一步提高制造业的水平，经过我国"九五""十五"与"十一五"3个五年计划的建设，很多工业设计部门甩掉了传统的设计图板，使用计算机辅助设计(Computer Aided Design，CAD)软件开展产品设计，配合计算机辅助制造(Computer Aided Manufacturing，CAM)系统的应用，推动了生产过程自动化的发展。之后，生产线上开始大量使用工业机器人，并通过计算机网络互联起来，构成了一个由原材料供应的运输车、搬运机器人、数控机床、焊接机器人、安装机器人、喷漆机器人、检测机器人等智能设备组成的现代化生产流水线。

同时在生产管理自动化方面，开始研究与应用产品数据管理(Product Data Management，PDM)软件、企业资源计划(Enterprise Resource Planning，ERP)软件、制造执行系统(Manufacturing Execution System，MES)软件。PDM 软件专门用来管理所有与产品相关信息，如零件信息、配置、文档、CAD 文件、结构、权限信息等，以及所有与产品制造过程相关的文件和资料。ERP 软件的核心是供应链管理，它包括各种业务应用系统，如财务、物流、人力资源管理。MES 软件的设计思想是在 ERP 的基础上，进一步将企业的高层管理与车间作业现场控制单元，如可编程控制器、数据采集器、条形码、各种计量及检测仪器、机械手等集成在一个系统之中，进一步提高企业的生产自动化程度与生产效率。

随着技术的发展，将生产过程自动化与生产管理自动化集成为一体的计算机集成制造系统(Computer Integrated Manufacturing Systems，CIMS)技术应运而生。CIMS 是综合运用现代管理技术、制造技术、信息技术、自动化技术、系统工程技术，将企业生产全部过程中涉及的人、技术、经营管理三要素及其信息流与物流，有机集成并优化运行的系统。CIMS 作为制造自动化技术的最新发展、工业自动化的革命性成果，代表了工业自动化的最高水平。

当 CIMS 技术发展到一定阶段,随着虚拟设计、远程运行维护、网络制造、云制造概念与技术的产生,信息化与制造业的融合发展到"互联网＋制造业"的阶段。

在推进信息化与工业化融合的过程中,人们认识到:物联网可以将传统的工业化产品从设计、供应链、生产、销售、物流与售后服务融为一体,可以最大限度地提高企业的产品设计、生产、销售能力,提高产品质量与经济效益,促进传统工业生产从粗放型向资源集约型的方向发展,能够极大地提高企业的核心竞争力。这样,应用"互联网＋"技术改造传统产业就覆盖了从产品设计、研发到生产装备与生产过程的自动化、智能化,从物流到供应链管理;从制造商到供应商、仓库、配送中心和销售商构成的整个产业链。基于"互联网＋制造业"的工业互联网、工业 4.0 与中国制造 2025 概念、技术应运而生。图 1-12 给出了消费互联网与产业互联网的发展过程示意图。

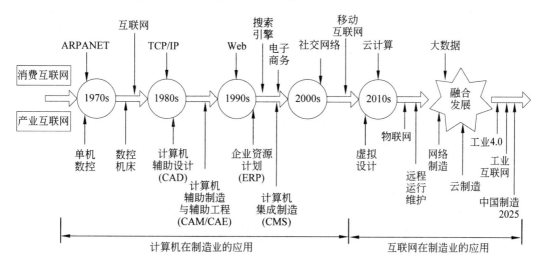

图 1-12　消费互联网与产业互联网的发展过程示意图

1.4　互联网思维

1.4.1　互联网思维的基本概念

深入理解"互联网＋"的丰富内涵,首先要了解"互联网＋"与"互联网思维"的定义和涵盖内容。

《国务院关于积极推进"互联网＋"行动的指导意见》中定义:"互联网＋"是把互联网的创新成果与经济社会各领域深度融合,推动技术进步、效率提升和组织变革,提升实体经济创新力和生产力,形成更广泛的以互联网为基础设施和创新要素的经济社会发展新形态。

随着互联网的大规模应用,互联网对社会与经济发展影响日益凸显。人们试图从认识论的层面去诠释"互联网＋"与各行各业"跨界融合"的基本规律和思维方式,即"互联网思维"的问题。信息技术专家、企业家、哲学家和经济学家都从不同的角度,对"互联网思维"的概念做出了解释,提出了不同的看法。随着互联网技术与应用的发展,互联网思维的内涵也在不断地发生变化。目前,大家比较认同的看法是:互联网思维是在"互联网＋"、云计算、大数据、智能等先进技术的支撑下,对传统产业的市场、客户、产品、生产、服务、价值链进行重新审视、改造、升级,乃至重建行业生态的思维方式。

综合分析各种定义与解释,我们可以用十六个字来表述"互联网思维"的内涵,那就是"跨界、融合,转型、升级,开放、共享,创新、创业"。

1.4.2 互联网＋：跨界、融合

1. "互联网＋"是解决"信息不对称"的重要手段

俗话说,隔行如隔山,这座"山"其实就是"信息不对称"。从经济学角度解释"信息不对称",是指交易一方对交易另一方的了解不充分,双方处于不平等地位。"信息不对称"现象由肯尼斯·约瑟夫·阿罗于 1963 年首先提出的。阿克洛夫在 1970 年出版的著作《柠檬市场》中对"信息不对称"做了进一步的阐述。阿克洛夫与另外两位美国经济学家由于对信息不对称的市场及信息经济学研究的成果,获得 2001 年诺贝尔经济学奖。

"信息不对称"现象存在于各行各业,存在于社会的各个方面。例如,围绕着人类生活的制造业与产品使用的最终客户之间,服务于社会的政府部门与社会大众之间,银行从业者与储户之间,大众传媒服务的媒体从业者与信息受众之间,餐饮业从业者与食客之间,出租车司机与乘客之间,医生与病患之间,教育工作者与被教育者之间都普遍存在着"信息不对称"的问题。每个人既是"信息不对称"中信息持有的一方,同时又是饱受"信息不对称"之苦的另一方。

图 1-13 给出了人们每天都需要与之打交道的零售业的"信息不对称"的现象与产生的原因。在商品生产到销售的过程中,客户方对商品信息了解远不如生产商、批发商与商店的营业员。而生产商只能根据批发商订货信息,以及自身市场部门的工作人员对市场调研的结果,结合已有的销售数据来决定生产的产品类型、规格与数量。客户方、零售商店、批发商与生产厂商之间这种的"信息不对称",造成客户方不能够方便地买到称心如意的商品;生产商对市场的误判会造成产品滞销、积压,企业效益低下。零售业产业链的任何一个环节的决策者对市场行情的错误判断和决策,都有可能造成工厂或商店的倒闭。传统产业就是在这样一个大环境中艰难地运行着。

和传统的零售业相比,"互联网＋"时代的零售业正在发生巨大的变化。在"互联网＋"时代,坚守传统零售业的运行模式的企业会很快被淘汰。用"互联网＋"改造传统零售业可以从入口、广告、渠道、业务、数据、销售策略的全过程入手,充分发挥"互联网＋"跨界融合后的巨大优势。大型的电商,如淘宝、京东、亚马逊都是建立了覆盖全世界的电商网络。同时,很多电商采取网购与实体店购物相结合的运营方式。

因此,理解"互联网＋"与传统行业"跨界、融合"时需要注意以下两点。

第一,不是只有互联网公司才有互联网思维,而是所有的行业、企业都应该在互联网思维的指导下,重新审视行业的发展模式与企业的价值链,通过"互联网＋行业",来改造传统产业,使之适应互联网时代的要求。因此,"跨界"是"互联网＋"时代的常态。

第二,"互联网＋行业"不是颠覆传统产业,也不是单纯地构建互联网平台,而是要与

客户:了解自己的需求,但是对产品信息知之甚少,一般是通过广告、客户间相互推介进行了解,根据自己在商店看到的商品、听到服务员的介绍以及自己体验来决定是否购买

零售商:不可能知道哪个客户来,什么时候来,以及有什么具体需求,只能根据自身销售数据和相关商品的销售信息,以及客户反馈的不完全的信息去进货

批发商:只能根据自身销售数据和相关商店订货信息去生产商批量进货,转发给零售商

生产商:只能根据批发商订货信息,以及自身对市场需求调查,结合已有的销售数据决定生产的品种、规格与数量

传统零售业存在最大的弊病:信息不对称

图 1-13 现实社会最大的弊病之一是"信息不对称"

传统行业的"跨界、融合",实现"现实世界"与"虚拟世界"、"线上"与"线下"的融合,降低信息不对称,采用开放的思维去重构生产模式、商业模式与行业生态。因此,"融合"是"互联网+"的本质。

2. 跨界融合与传统产业改造

"信息不对称"是现实社会中商业、制造业、服务业、政府管理等领域中都会存在最大的弊病之一,而"互联网+"是"医治"这种弊病最好的"良方"。理解跨界融合与传统产业改造,需要注意以下几个问题。

1) 得入口者得客户

在战略层面上,应用互联网思维去寻找传统行业与互联网的结合点,分析哪些业务适合于在互联网上展开,线下传统行业的"现实世界"与线上的互联网"虚拟世界"之间形成互补的关系,扩展传统行业的业务空间。

无论是哪个行业或企业,经营者都很明白:"得入口者得客户,得客户者得天下。"在互联网行业中,"得入口者得天下"。"互联网+"行业抢占"入口"的先机体现在搜索引擎、社交网络、支付平台等三个方面。

互联网平台承载着供需双方的大量信息和信息交互的渠道,客户凭借搜索引擎很容易通过互联网获得信息和服务。"互联网+"将传统零售业实体店的单一入口,改变为互联网或"互联网+"实体店的入口。"互联网+"行业与传统行业相比,借助搜索引擎,就使得"互联网+"行业在搜索引擎的"入口"之战上就占了上风。

2) 得客户者得天下

以客户为中心,应用大数据分析技术,用技术来解决市场信息不对称的难题。在信息传播层面上,利用对客户与市场的大数据分析的结果,推动广告的"快速"和"精准投放";提供丰富的产品介绍、比价、评价信息,开展用户体验与定制服务,提高服务质量;指导网络媒体、微信、网络广告与社交软件，开展定向广告宣传，向客户提供丰富的产品介绍、比价、评价，与传统媒体的电视广告、平面广告形成互补，吸引和培养更多的客户。"互联网＋"行业与传统行业相比，在社交网络"入口"之战上又占了上风。

在渠道上，借助互联网平台，开展定制服务。发挥实体店可见实物的优势，应用虚拟现实与增强现实技术，增加客户视觉、触觉与味觉效果，形成"线上购物、网上支付、快递派送"，或者是"实物体验、现场提货与线上销售、物流配送"的"线下与线上"为一体的营销模式。互联网"线上购物线下延伸的O2O(Online to Offline)"服务，使得"互联网＋"行业与传统行业相比，在支付平台"入口"之战又再次占了上风。

3）得场景者得客户

人人都知道"客户是上帝"，但是作为客户的我们永远抱怨自己没有得到"上帝"的待遇。商家也不断地抱怨"上帝"太难伺候，他们也知道应该随时随地为客户提供最需要的产品和服务的"极致的体验感"，可是在传统"信息不对称"的营销环境中，这是很难实现的。然而在"互联网＋"的时代，商家可以基于各种各样的应用场景，给予客户以"极致的体验感"。举一个例子，凡是开车的人都会有一个切身体会，在驾车的过程中一旦发生交通事故，我们立即会陷入一种慌张和无助的状态。我们无法立即报告出自己的精确位置，这可能会导致延误医疗救护与道路救援；我们无法及时自行处理交通事故，只能被动地等待交警来处理，有可能造成交通拥堵；我们无法及时向保险公司报告出险状况，只能坐等保险勘察人员赶到现场处理，随之而来的是一系列赔付过程。一家法国保险公司开发了一种能够为客户提供"极致的体验感"应用。客户在驾车过程中遇到交通事故，App软件立即根据客户手机的GPS信息向交警、急救中心、保险公司告知交通事故发生的确切位置。根据客户的呼叫和手机拍摄的照片，交警可以立即判断交通事故的级别，急救中心立即了解到是否需要急救以及需要准备的急救器材，这就为医疗救护与道路救援争取了宝贵的时间。保险公司也可以根据现场照片进行预判，迅速制定赔付流程。这种由交通事故场景而设计的有"极致的体验感"的应用吸引了大量客户。在短短的19个月里，这种App软件就被下载了2.4万次。

"场景"无处不在，特定的时间、地点与人物存在着特定的场景关系，延伸到商业领域就会引发不同的消费市场。企业通过汇聚在云平台的购物与服务数据，结合客户当前位置信息，用大数据分析方法判断用户需求，根据场景为客户量身定制最需要的服务，将改变企业产品销售与服务的模式。大数据为发现场景需求提供了技术手段，云计算、移动计算、智能与"互联网＋"可以为各种场景应用的实现提供技术支持。场景金融、场景营销已经在银行业、保险业、旅游业、商业、餐饮业等领域得到应用。"互联网＋"时代正在引发"场景革命"，所有的企业都置身于技术与市场变革的大潮中。"得场景者得客户，得客户者得天下"。

企业通过汇聚在云平台的消费、购物与购买服务的数据，结合客户当前位置信息，用大数据分析方法判断用户需求，根据场景为客户量身定制最需要的产品和服务，将改变企业产品销售与服务的模式。场景金融、场景营销已经在银行业、保险业、旅游业、商业、餐饮业等领域得到应用。

从以上讨论中，我们可以得出两点结论：

第一,对于传统产业来说,"互联网＋"既是机遇,更是挑战。

第二,无论哪个行业都面临着一个局面:要么主动变革,要么被颠覆。

"互联网＋"将渗透到制造业、农业、金融、能源产业,以及涉及环境、养老、医疗等与百姓生活息息相关的各个方面。未来的十年是各个行业借助"互联网＋",实现传统行业转型、升级的机遇期。身处大变革时代,所有企业,即使是"百年老店"回答的问题不是要不要转型,而是如何转型的问题。

1.4.3 互联网＋:转型、升级

传统守旧终究要归位于历史,握手时代才能创造新的未来。"跨界"才能实现互联网与行业的融合,进而推动行业的转型、升级。"互联网＋"不是互联网技术与传统行业的技术、业务简单叠加的"物理反应",而是改革传统产业的发展形态,创造新价值、新业态、新盈利模式,重构产业链,改造传统产业发展生态的"化学反应"。互联网自身的发展就是一部创新史,"互联网＋"行业的发展也必然是一部创新史。

我们可以通过分析汽车生产商通过"互联网＋"对传统汽车产业生态链的改造过程为例,来形象地说明这个问题。

从工业价值链的角度看,传统的工业生产采取的是从生产端到消费端,从上游向下游推动的模式。例如,传统的汽车生产商设计了 5 种车型,其中排量为 1.5L 的 SUV 车只有黑色、白色、银色与红色,排量为 4.0L 的 SUV 只有黑色与银色,那么客户如果想买一款排量为 4.0L 的红色 SUV,汽车商城或 4S 店的销售人员告知客户,汽车制造厂没有生产红色的 4.0L 的 SUV 车。那么客户要么买 1.5L 的红色 SUV 车,要么就买 4.0L 其他颜色的 SUV 车。从这一点可以看出:在传统工业时代,企业生产什么产品,用户就买什么产品;产品的价值是由企业决定的,企业定什么价,客户就要付多少钱。在产品生产与销售的过程中,主导权掌握在企业手里。

"互联网＋"制造业将改变传统的工业价值链,体现出"客户至上,体验为王"的理念,强调从客户的价值需求出发,改造传统制造业,将大规模定制的批量生产改变为定制化生产;将制造型生产转变为服务型生产。我们仍然可以从未来一位客户订购一辆 SUV 汽车的过程,来看这种产品竞争向商业模式竞争转化,所引起制造业的变化。

现在客户要买车一般是要到一家 4S 店去选车和订车。未来客户可能只需要到汽车生产厂家在汽车商城的一个销售点去定制一辆车,这就省去了一个商业的中间环节,降低了成本和购车价格。

客户去汽车制造厂家的销售点订购一辆车,不再是仅仅选择车型、颜色和内饰,而是通过在一个布满了传感器的真实汽车中进行试驾,来"定制"一辆适合自己的汽车。当客户坐上驾驶座椅时,传感器会自动记录整个座椅的压力分布,一款适合客户体型、高度与坐姿习惯的座椅就自动设计完成了;在客户开车的过程中,汽车内部的传感器自动记录客户的驾驶动作,进而预测客户的驾驶习惯,一套兼顾驾驶操作体验和舒适性的动力系统、控制系统就被自动匹配完成了;在客户驾驶汽车的过程中,汽车能够自动地识别客户在不同状态路段上驾驶方式的变化,提醒客户驾驶方式的变化对油耗的影响;在驾驶过程中,汽车会根据路面的平整度,记录客户在通过一段坑洼地段时的驾驶速度和汽车颠簸的情

况,设计 SUV 悬挂系统的数据,以提高车辆行驶的舒适度。针对上下班高峰期,客户在家与上班地点之间行驶的路线,选车软件会通过海量交通数据的分析,预测出未来一段时间汽车行驶道路交通的拥堵情况,将推荐的优化行车路线预先输入到导航系统中。

根据以上的试驾过程,适应客户需求的汽车设计参数,就会通过车联网传送到销售点计算机。计算机的客户选车软件就会自动生成适合这位客户的车辆座椅、内饰、车体颜色、动力系统、控制系统与悬挂系统、导航的主要参数,以及是否需要天窗与儿童座椅。如果需要天窗与儿童座椅,那么天窗的大小与位置,儿童座椅安装的位置与安全性需求。在与客户沟通和签订购车合同之后,这辆 SUV 的生产参数被发送到汽车生产厂。汽车生产厂一改传统的"批量生产"方式,按照客户的需求,为客户"定制"一辆"独一无二"的 SUV汽车。汽车生产厂将传统方式统一采购的部件,改变为这辆车定制一个部件。汽车生产厂将定制的部件的数据发送给零配件制造商。

未来的汽车生产厂不能够只满足"定制"的"个性化生产",它将价值链从生产端的"制造型生产"向"服务型制造"方向延伸。在传统的"制造型生产"模式中,当 SUV 汽车交付给客户之后,汽车生产厂的制造价值已经创造了,服务价值(日常维护与故障维修)则由4S 店去完成。而在"服务型制造"模式中,制造出汽车只是"制造服务"的一个阶段完成了。在客户每一天驾驶汽车的过程中,这辆汽车的运行参数、性能参数、安全状况都会通过互联网传送到汽车维护中心。汽车维护中心计算机将通过采集到的汽车大数据,对汽车的耗油、车辆的安全状况做出分析,及时将车辆安全驾驶的建议,以及各个关键部件的健康状况和维修意见传送给客户,以节省汽车维修费用,提高汽车运行的安全性。未来的汽车制造业卖给用户的不再是简单的产品,而是更深层次的服务。对于客户,汽车不再是一个产品,而是汽车带来的一种舒适、安全、周到的服务。图 1-14 描述了汽车生产商从"制造"向"制造+服务"转型示意图。

我们这里只举出了汽车制造业的例子,实际上这是当今制造业普遍面临的问题。传统的制造业"批量生产"模式,从生产组织方式、生产车间、生产设备,到零部件采购、库存与销售渠道的整个产业链,都不适应"定制生产"方式,都面临着从制造模式、服务模式到商业模式的全面改造。

"互联网+"制造业改变了传统的制造业价值链,它是从用户的价值需求出发,从大规模定制批量化的产品与服务,并以此作为整个产业链的共同目标,在产业链的各个环节实现协同化。制造业已经从土地、人力资源等要素驱动,转换为科技型创新驱动。

从以上讨论中,我们可以得出两点结论:

第一,"互联网+"时代的企业竞争,将从产品的竞争转化为商业模式的竞争。

第二,"互联网+"将带动企业的转型、升级。

1.4.4   互联网十：开放、共享

从"互联网+"制造业的例子中,我们可以看出:"互联网+"时代制造业呈现出"开放、共享"的发展趋势。

未来工厂将从一种或一类产品的生产单元,变成全球生产网络的组成单元;产品不再只是由一个工厂生产,而是全球生产。传统的制造业采取的是大规模集中式,从厂房、设

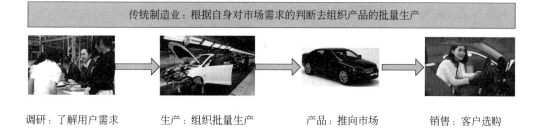

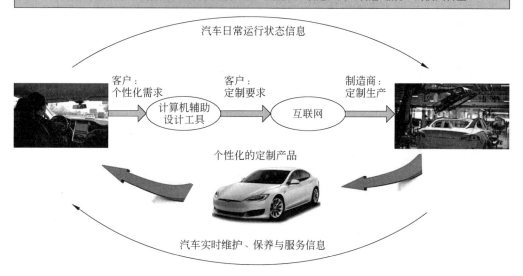

图 1-14 从"制造"向"制造＋服务"转型示意图

备到工人缺一不可的组建方式。而在"互联网＋"的时代,我们可以在互联网、云计算、大数据技术的支持下,将全球最佳的制造资源汇聚起来,让制造资源、制造装备信息汇聚到云端,构成"制造资源池"。未来生产厂商的重点是放在产品的创意与设计上,零部件的制造可以分散到全球,在制造资源池中选择最适合的工厂去生产。制造业创造的附加值的不再仅仅是产品制造,而是扩展到"创意＋设计＋协作＋制造＋服务"。因此,在"互联网＋"制造业的实践中,我们需要"选好伙伴,重构产业价值链,重建产业生态"。这也正是符合"开放、共享"的"共享经济"理念。

共享经济(Sharing Economy)是互联网时代一种全新的商业模式。共享经济是利用互联网与大数据进行资源匹配,整合重构闲置的资源,低价、方便地提供共享资源,以降低消费者的购买成本。在互联网时代,共享经济的主要形式是:通常由第三方,例如政府机构、组织、公司、个人,创建一个平台,社会上所有的个体、组织都可以借助这个平台交换闲置物品、分享知识经验、筹措资金等。目前,共享经济发展非常迅速。例如,共享自行车、共享汽车、共享住房等。

1.4.5   互联网十：创新、创业

2017 年 7 月国务院发布《国务院关于强化实施创新驱动发展战略进一步推进大众创业万众创新深入发展的意见》。文件指出：创新是社会进步的灵魂，创业是推进经济社会发展、改善民生的重要途径，创新和创业相连一体、共生共存。

"互联网＋"是一个人人皆可获得商机的概念，推动"互联网＋"的发展不是要颠覆传统产业，而是通过"跨界、融合，转型、升级，创新、共享，创新、创业"，促进互联网、移动互联网、物联网、云计算、大数据、智能技术与各行各业的融合，进而带动工业互联网、智能交通、智能物流与互联网金融的健康发展。

"互联网＋"涵盖的领域可以分成四个组成部分：制造业、现代服务业、政府管理、社会公共服务。例如，"互联网＋"医疗就是要解决就医信息不透明和医疗资源分配不均，老百姓看病难、看病贵的问题。"互联网＋"制造业就是要解决我国工业从劳动力密集型、对资源依赖、对环境影响严重的问题。"互联网＋"农业就是要提升农业生产效率，提高农民收入的问题。"互联网＋"教育就是要促进教育公平发展和质量提升，提高全社会终身学习能力的问题。"互联网＋"金融就是要创新资金融通、支付、投资、信息中介服务与社会诚信的新型金融业务模式问题。"互联网＋"交通和旅游业就是解决旅游服务在线化、去中介化，降低客户旅游成本，增强旅游体验的问题。"互联网＋"文化解决向大众提供更多的文化、艺术、精神、心理、娱乐等产品，推动文化产业、创意经济发展的问题。"互联网＋"家居解决智能家电产品的硬件与服务融合，提高人们生活质量的问题。"互联网＋"服务业将会带动生活服务 O2O 的大市场，让供给直接对接消费者需求，促进服务业自我完善的问题。"互联网＋"媒体：解决双向、多渠道、跨屏等形式，客户参与到内容制造和传播的问题。"互联网＋"广告将终结传统单一广告和全覆盖的模式，解决广告快速、精准投放的问题。"互联网＋"为创新创业提供了广阔的舞台。

近年来，以科技创新为支撑，以深化改革为核心动力，以人才支撑为第一要素，大众创业、万众创新蓬勃兴起，催生了数量众多的市场新生力量，促进了观念更新、制度创新和生产经营管理方式的深刻变革。大学生应该成为"大众创新、万众创业"的生力军和动力之源。

习   题

1-1   单选题

1-1-1   以下不属于互联网应用发展第三阶段特征的是（   ）。

A）Web 技术的出现

B）网络购物、网上交付、微信等应用的出现

C）移动互联网应用的快速发展

D）物联网应用的出现

1-1-2   以下不属于物联网特征的是（   ）。

A）从互联网发展而来

B) "人-机-物"的深度融合

C) 感知、通信、区块链技术的融合

D) 催生出很多具有"计算、通信、智能、协同、自治"能力的设备与系统

1-1-3 ITU 的研究报告 *The Internet of Things* 发表于( )。

　　 A) 1995 年　　　　 B) 2000 年　　　 C) 2005 年　　　 D) 2010 年

1-1-4 只用了 4 年的时间,用户数从开始商用达到 500 万的信息技术是( )。

　　 A) 电话网　　　　 B) 有线电视网　　 C) 互联网　　　 D) 无线广播网

1-1-5 以下不属于智慧地球特征的是( )。

　　 A) 智慧地球＝物联网＋传感网

　　 B) 将大量的传感器嵌入和装备到电网、铁路、桥梁中

　　 C) 实行"透彻地感知、广泛地互通互联、智慧地处理"

　　 D) 实现"人-机-物"与信息基础设施的完美结合

1-1-6 以下不属于物联网智能物体特征的是( )。

　　 A) 感知　　　　　 B) 识别　　　　　 C) 通信　　　　　 D) 计算

1-1-7 以下关于"互联网+"与物联网关系描述错误的是( )。

　　 A) 互联网、移动互联网与物联网技术之间存在着自然的传承关系

　　 B) 支撑物联网与互联网发展的核心技术、软硬件与设计方法是相同的

　　 C) 物联网重点发展的九大行业涵盖在《"互联网＋"行动计划》的三项重点工作中

　　 D)《"互联网＋"行动计划》推动互联网、云计算、大数据、智能与各行各业的结合

1-1-8 描述网络价值与网络用户数关系的定律是( )。

　　 A) 摩尔定律　　　　　　　　　　　 B) 吉尔德定律

　　 C) 麦克斯韦定律　　　　　　　　　 D) 麦特卡尔夫定律

1-1-9 以下不属于移动互联网发展特征的描述中,错误的是( )。

　　 A) 成为用户上网的"第一入口"

　　 B) 移动电子商务、移动支付发展迅速

　　 C) 实现了计算机、手机与电视机的"三屏融合"

　　 D) 手机访问互联网的流量仍然没有超过台式计算机访问互联网的流量

1-1-10 以下关于"互联网＋"特征的描述中,错误的是( )。

　　 A)"互联网＋"可以理解为"互联网及其应用"

　　 B)"互联网＋"是国家战略层面对产业与经济发展思路的一种高度凝练的表述

　　 C)"互联网＋"涵盖着互联网、移动互联网与物联网"跨界融合"的丰富内容

　　 D)"互联网＋"覆盖制造业、现代服务业、政府管理、社会公共服务等四个主要领域

1-2　思考题

1-2-1　请参考表 1-1 所列出的互联网应用类型,根据自己使用互联网应用的情况,列

出使用最多的前六位应用。

1-2-2　请参考表1-2所列出的移动互联网应用类型,根据自己使用移动互联网应用的情况,列出使用最多的前六位应用。

1-2-3　什么是"三网融合"? 什么是"三屏融合"? 它们之间有没有内在的联系?

1-2-4　为什么说"跨界"是"互联网＋"时代的常态?

1-2-5　为什么说"互联网＋"时代的企业竞争,将从产品的竞争转化为商业模式的竞争?

1-2-6　请你从中国互联网络信息中心(CNNIC)最新发布的《中国互联网发展状况统计报告》中,列出我国当前网民规模、互联网普及率;手机网民规模,网民通过手机接入互联网比例等数据。

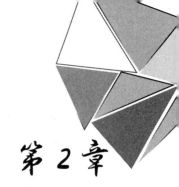

第 2 章

我国发展"互联网+"的政策环境

人类经历了从农业社会、工业社会向信息社会的发展阶段。我们正处在一场新的信息革命之中。互联网在与各行各业的融合,以及在社会各个领域的应用中展现出广阔的前景和无限的潜力,成为不可阻挡的时代潮流。对我国的经济与社会发展产生了战略性、全局性的影响。"知中国,服务中国"是大学教育的目标之一。本章在解读信息、信息技术、信息产业与信息化基本概念的基础上,系统地讨论《"互联网+"行动计划》涵盖的主要内容,帮助读者了解我国发展"互联网+"的战略决策与政策环境。

2.1 信息技术、信息产业与信息化

2.1.1 信息的基本概念

"信息"(information)作为现代科学技术中普遍使用的一个术语,人们都很熟悉。但是要给它下一个确切的定义,却是非常困难的。人们在发展信息产业、推进信息化的过程之中对信息的一些基本特征,形成了一些基本的共识。信息的基本特征可以从以下几个方面来认识。

1. 信息的普遍性与客观性

从马克思主义认识论的角度,客观世界中的任何事物都呈现出不同的状态和特征,都处于不停地运动之中。客观世界中各种事物之间在一定的条件下相互联系、相互作用、相互依存、相互转化。信息就是客观世界各种事物特征和变化的反映。因此,信息在自然界和人类社会活动中广泛存在。只要有事物的地方,就必然地存在信息。信息是客观现实的反映,不随人的主观意志而改变。

2. 信息的动态性与可识别性

由于科学技术水平等多种因素的限制,人类能够认识、理解和接收的信息只能够是无限丰富的信息中的一部分,很多信息人们至今还不能够认识。事物是在不断变化发展的,信息也必然地随之发展,其内容、形式和容量都会随时间而改变。人类可以通过感觉器官、科学仪器、书本、人与人的交流过程中获取和认知信息。人类在学习、工作和生活的过程中不断地认识、理解和接收着新的信息。

3. 信息的重要性与战略地位

控制论的创始人维纳（N. Wiener）认为：信息就是信息，它既不是物质也不是能量。信息是客观事物状态和运动特征的一种普遍表现形式，是人类物质文明与精神文明赖以发展的三大支柱之一。哪里有物质，哪里就有变化和运动；哪里有变化和运动，哪里就有信息。世界上没有物质就什么也不存在了；世界上没有能量就什么也不会发生了；世界上没有信息就什么也没有意义了。

从以上讨论中，我们可以得出以下三点结论：

第一，信息与物质、能量是构成客观世界的三大要素。

第二，人类认识、理解和接收信息的过程，就是认识世界和改造世界的过程。

第三，信息是科学技术转化为生产力的桥梁和工具，是经济与社会发展的保证。

因此，信息是继物质、能源之后的第三大资源，是 21 世纪信息社会重要的战略资源。

2.1.2 信息技术的基本概念

信息技术（Information Technology，IT）与信息一样，人们也很难给这个术语下一个确切的定义。可以从以下三个方面认识信息技术的特征。

1. 广义的观点

从广义的观点看，信息技术是指完成信息的获取、处理、存储、传输和利用的技术，是人类开发和利用信息资源的所有手段的总和。从广义的观点，信息技术包括：

- 信息收集：信息的感知、测量、采集、传输。
- 信息处理：信息的分类、计算、分析、综合、判断、管理。
- 信息存储：通过文字、语音、图形、视频等多种方式保存。
- 信息传输：通过有线通信、无线通信与计算机网络实现信息的传输和共享。
- 信息利用：从信息中提取知识，用知识提升人类处理外部世界的能力。

2. 狭义的观点

从狭义的观点看，信息技术是扩展人类收集、处理、存储、传输与利用信息能力的技术。支撑信息技术的三大技术是感知、计算与通信。从学科结构来说，信息技术是由计算机、软件、通信、微电子、光电子、智能、数据、网络空间安全等学科组成。

信息技术是当今世界经济社会发展的重要驱动力。信息技术是渗透性、带动性最强的技术。计算机技术与通信技术作为信息技术的基础和关键技术，在微电子与智能技术的推动下高速地发展，使得信息技术得以在社会各个领域广泛应用，成为当今世界经济与社会发展的重要动力。

3. 信息技术与人关系的观点

从信息技术与人的关系角度看，信息技术已经经历了五次革命。

第一次革命：语言的使用。

第二次革命：文字的使用。

第三次革命：印刷术的发明和普及。

第四次革命：电话、电报、广播、电视的发明和普及。

第五次革命：计算机与互联网应用和普及。

目前我们正处在第六次信息技术革命的风口：智能技术正在给人类社会的生产、生活带来巨大的变化。

信息表达的载体可以是语言、文字、图形、图像或视频。人的信息功能是指人认识、理解和接收信息的能力。人的信息获取主要靠人的器官，如人的耳朵能够听到声音，眼睛可以看到文字、图形、图像和视频，鼻子可以嗅到气味，嘴能够说话，手能够写字、画画、拍摄照片或视频。人的神经系统承担着大脑与器官之间信息的传递和处理的功能。人的大脑可以存储、加工、检索、分析，并产生新的信息。

信息技术不仅扩展了人的视觉、听觉、触觉等感官能力，提高了人们的生存能力和生活质量，同时信息技术已经渗透到人的思维领域，减轻或部分地替代了人的脑力劳动，提高了人的思维能力、效率和质量，实现了人的思维能力的延伸，增强了人的认知能力。智能科学与技术的发展就是非常典型的例子。

因此无论是计算机技术、软件技术、通信技术、微电子技术、数据技术，还是智能技术，都是用来扩展人与人之间、人与自然之间交换信息、处理信息和利用信息能力的技术。信息技术的核心技术是计算机技术和通信技术，而其基础是微电子技术，目前发展最快的是大数据、智能科学与技术。

2.1.3 信息产业的基本概念

1. 从产业结构的角度去认识信息产业

信息产业的基本特征可以从产业结构、与信息社会关系、发展战略等三个角度去认识。

从世界范围看，各国的工业正经历了从以纺织、钢铁、汽车、机械制造为主导的传统产业阶段，向以计算机、通信、微电子、智能为主导的信息产业阶段发展。信息产业是指社会经济活动中从事信息技术、装备制造、产品生产与信息服务的产业部门的统称，是一个包括信息采集、生产、检测、传输、存储、处理、分配、应用和服务的门类众多的产业群。

从产业结构的角度去认识信息产业，可以看出信息产业有以下几个重要的特点：

(1) 信息产业高度依赖科技与信息，减少了对于资源的依赖。信息产业是由电信业、通信产品制造业、计算机制造业、软件产业、集成电路产业、信息家电产品制造业、基础电子元器件产业、军事电子工业、信息服务业与网络安全产业组成。

(2) 发展信息产业的基础是计算机软件产业与集成电路产业。软件是信息产业发展的灵魂，集成电路产品是信息产业的"粮食"。

(3) "互联网+"的应用促进了大数据研究与产业的发展。大数据已经成为与理论科学、实验科学、计算科学相并列的第四类"数据科学"。

(4) 智能技术应用领域广泛，已经逐渐发展成为带动技术创新，推动产业升级，助力经济转型，促进社会进步新的通用技术，成为信息产业新的发展热点。

(5) 网络空间成为与领土、领海、领空、太空并列的第五空间。

2. 从与信息社会关系的角度去认识信息产业

从与信息社会关系的角度去认识信息产业，可以看出信息产业有以下三个重要的特点：

（1）信息社会的主要物质基础是信息技术与信息产业，信息产业是全球竞争的制高点。当今社会人类享受的一切现代文明，无不直接或间接地与信息技术和信息产业相关。

（2）目前信息产业的发展已经呈现出信息技术、产品、网络和服务之间，以及信息技术与传统技术之间的相互融合渗透的大趋势。当代科学技术的发展，无论是生命科学、航空航天科学、资源与环境科学，都在很大程度上依赖于信息产业的发展。历史上没有哪个产业对人类的社会生活产生过如此深刻与广泛的影响。

（3）从世界经济发展的趋势来看，以计算机、通信、微电子、智能与大数据技术为核心的信息技术与产业，正在迅速改变着传统产业和整个经济的面貌，使得传统产业技术含量、信息含量与知识含量大幅度提升，同时也加快了世界经济结构的调整与重组，加快了工业社会向信息社会转变的进程。

信息产业不仅是推动知识经济发展的主要动力，也是 21 世纪世界经济增长的主要动力。

3．从发展战略的角度去认识信息产业

从发展战略的角度去认识信息产业，可以看出信息产业有以下三个重要的特点：

1）信息产业是优先发展的新兴产业之一

我国政府高度重视信息产业的发展，党的十六大报告中就已经提出："优先发展信息产业，在经济和社会领域广泛应用信息技术。"党的十六届五中全会通过的《中共中央关于制定国民经济和社会发展第十一个五年规划的决议》中更进一步指出要"坚持以信息化带动工业化"，"大力发展信息、生物、新材料、新能源、航空航天等产业"。信息产业列为七大战略性新兴产业之一。互联网＋、云计算、大数据、智能科学与技术成为当前研究、应用与产业发展的热点问题。

2）我国必须走工业化与信息化融合的发展道路

我国的经济在经过 30 年的改革开放，已经站在了新的十字路口。在"产业立国"的新历史阶段，中国的工业化之路也面临新的选择。当今世界发达国家都把争夺经济、科技制高点作为战略重点，把科技创新投资作为最重要的战略投资。这预示着全球科技将进入一个前所未有的创新密集时代，重大发现和发明将改变人类社会生产方式和生活方式，新兴产业将成为推动世界经济发展的主导力量。从世界经济发展趋势与我国经济发展现状来看，我国完全可以不走发达国家"先工业化后信息化"的传统发展模式，而把工业化与信息化发展阶段结合起来，加快信息技术与信息产业的发展，利用信息技术与装备，提高资源利用率，改造传统产业，优化经济结构，提高技术创新能力与现代管理水平，促进国民经济的可持续发展道路。2002 年我国政府提出"以信息化带动工业化、以工业化促进信息化，走新型工业化道路"的"两化融合"战略决策。

3）信息产业是发展战略性产业的基础

根据近来信息产业发展的热点和动向，我国信息技术与信息产业发展的趋势将表现在：互联网、云计算、大数据、智能技术的应用、低碳环保中信息技术的应用、新能源与新材料等几个方面。战略性新兴产业是新兴科技和新兴产业的深度融合，代表着科技创新的方向，也代表着产业发展的方向。加快转变经济发展方式的一个重要方面就是加快发

展战略性新兴产业。我国政府决定选择若干重点领域作为突破口,力争在较短时间内见到成效,使战略性新兴产业尽快成为国民经济的先导产业和支柱产业,而信息产业是发展新兴产业的基础。

2.1.4　信息化的基本概念

1. 我国走信息化与工业化融合道路的必要性

当前,以信息技术为代表的新一轮科技革命以"井喷"的态势发展。互联网日益成为创新驱动发展的先导力量。信息技术与智能、大数据、生物与新能源技术、新材料技术的交叉融合,正在引发以绿色、智能、普惠为特征的群体性技术的突破;信息、资本、技术、人才在全球范围内快速流动,互联网推动产业变革,促进工业经济向信息经济转型,国际分工新体系正在形成。信息化代表着新的生产力、新的发展方向,推动人类认识世界、改造世界的能力空前提升,正在深刻改变着人们的生产生活方式,带来生产力质的飞跃,引发生产关系重大变革,成为重塑国际经济、政治、文化、社会、生态、军事发展新格局的主导力量。全球信息化进入了信息化引领社会经济发展跨界融合、加速创新、科技发展的新阶段。

回顾一下近代以来的历史,中国曾经有过四次科技机遇,但四次均错失。

第一次是当欧洲工业革命迅速发展的时候,中国正处于所谓"康乾盛世"。当时的清王朝沉湎于"天朝上国"的盲目自满,对外将国外的科技发明称之为"奇技淫巧",不予理睬;对内满足于传统农业生产方式,对科技革命和工业革命麻木无睹,错失良机。

第二次是 1840 年鸦片战争以后,在西方列强的坚船利炮下被迫打开国门的清朝,洋务派发动"师夷长技以自强"的洋务运动,但因落后的封建制度和对近代科学技术认识的肤浅终告失败,使中国又一次丧失了科技革命的机遇。

第三次是 20 世纪上半叶,由于军阀混战及外敌入侵,使中国失去了科学救国和实业救国的机遇。

第四次是"文革"时期,新中国建立的宝贵科学技术基础受到很大的破坏,我们又失去了世界新技术革命的机遇,使我国与世界先进科技水平已经有所缩小的差距再次拉大。

近代我国屡次错失科技革命的机遇,逐步落后于世界经济、科技强国。中国不能再与新科技革命失之交臂,必须密切关注和紧跟世界经济科技发展的大趋势,在新的科技革命中赢得主动、有所作为。这是中华民族的一个重要历史机遇,我们必须牢牢抓住。同时,我国不能效法发达国家"走先工业化后信息化"的道路,坚定不移地"走工业化与信息化融合的道路"是我国政府一贯坚持的重大国策。

2. 信息化与社会经济发展转型

我国政府制定的《2006—2020 年国家信息化发展战略》是建立在"没有信息化就没有现代化"的认识之上。信息化是充分利用信息技术,开发利用信息资源,促进信息交流和知识共享,提高经济增长质量,推动经济社会发展转型的历史过程。

理解这个问题需要注意以下三点。

第一,信息化是指社会经济的发展从以物质、能源为经济结构的重心,向以信息与知识为经济结构的重心转化的过程。在这个过程中,不断地采用现代信息技术装备国民经济各个部门和社会的各个领域,从而极大地提高社会的劳动生产力。如果说工业化是从农业主导型经济向工业主导型经济的演变,它推动了社会经济结构从农业社会向工业社会升级,那么信息化则是从传统产业主导型经济向信息产业主导型经济的演变,它推动社会经济结构从工业社会向信息社会的升级。信息化描述的是社会经济发展转型的一个演变过程。因此,信息化既是一个技术发展的进程,又是一个社会进步的进程。

第二,由于信息化体现在社会经济的发展转化以信息与知识为经济结构的重心的过程,因此对于任何国家或地区来说,信息化绝不是一蹴而就的事,它必然是一个渐进的过程。推进信息化就是在工业、农业、国防、科技和社会生活各个方面应用信息技术,通过高速、宽带网络,深入开发、广泛利用信息资源,加速实现国家信息化的过程。信息化建设需要几代人们的共同努力。

第三,随着世界多极化、经济全球化、文化多样化、社会信息化深入发展,全球治理体系正在发生深刻地变革,谁在信息化上占据制高点,谁就能够掌握先机、赢得优势、赢得安全、赢得未来。发达国家持续推动信息技术创新,不断加快经济社会数字化进程,全力巩固领先优势。发展中国家抢抓产业链重组和调整机遇,以信息化促转型发展,积极谋求掌握发展主动权。加快信息化发展已经成为全球各国政府的共识。

3. 我国信息化建设与发展

我国政府高度重视国家信息化建设的规划,分别制定了从"九五""十五"到"十三五"国家信息化规划,扎扎实实地推进我国信息化建设。"九五"信息化建设阶段,工作重点放在社会信息化知识的普及与推广计算机应用的基础上;"十五"信息化建设阶段,工作重点放在信息基础设施建设与计算机在各行各业应用推广上;"十一五"信息化建设阶段,工作重点放在推进信息化与工业化融合,以及互联网的广泛应用上;"十二五"信息化建设阶段,工作重点放在移动互联网应用推广,以及物联网建设与应用上;"十三五"信息化建设阶段,工作重点放在"互联网+"推广应用与网络空间安全建设上(如图2-1所示)。

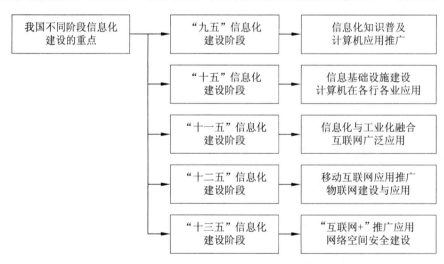

图 2-1 我国信息化建设的发展

经过 5 个五年计划,近 25 年的建设,我国在国家信息化方面取得了举世瞩目的成就,引领经济发展新常态,增强发展新动力。我们需要将信息化贯穿我国现代化进程始终,加快释放信息化发展的巨大潜能,以信息化驱动现代化,建设网络强国。因此,坚定不移地推进"两化融合"的道路是落实"四个全面"战略布局的重要举措,是实现"两个一百年"奋斗目标和中华民族伟大复兴中国梦的必然选择。

信息化已经渗透到国民经济和社会生活的各个方面,目前我国政府在重点推进信息化与工业化的融合,通过两化融合来改造提升传统产业,鼓励企业采用新材料、新技术、新设备、新工艺,推广集成制造、敏捷制造、柔性制造、精密制造等先进制造生产方式。

在理解信息化与工业化融合的"两化融合"基本概念时我们需要注意以下几个问题。

第一,两化融合包括工业、农业、服务业的信息化。

中共十七大提出信息化与工业化融合的战略为我国在新的历史时期信息化与工业化的发展指明了方向。信息化与工业化融合就是将信息技术、信息资源与工业化的生产方式相结合,加快工业化发展升级,促进工业经济向信息经济转变的过程。信息化与工业化融合包括工业生产的信息化,农业信息化以及与服务业信息化的问题。

第二,两化融合将推动社会经济结构从工业社会向信息社会的进步。

当今人类社会发展总的趋势是:发达国家正在从工业社会向信息社会或知识经济社会转化,并且以城市信息化为龙头,带动区域信息化和国家信息化。而发展中国家则正处于从农业社会向工业社会过渡,以信息化带动工业化和传统工业的改造,实现可持续发展。如果说工业化是农业社会向工业社会的升级,那么信息化则是传统产业主导型经济向信息产业主导型经济的演变,它将推动社会经济结构从工业社会向信息社会的进步。

第三,我国必须在完成工业化的过程中推进信息化,走工业化与信息化融合的道路。

我国是一个发展中国家,人口基数很大、人均资源贫乏、耕地面积不断减少、森林覆盖率偏低、能源和水资源后备不足,同时我国尚未完成工业化。在国际经济全球化与信息全球化的大潮中,只能够走用现代信息技术装备国民经济的各个部门和社会的各个领域,在完成工业化的过程中要推进信息化,必须走工业化与信息化融合的道路。工业化与信息化融合不是简单的工业企业信息化问题,而是需要充分地利用信息技术与信息资源,与工业化的生产方式结合起来,加快工业化的发展升级,发挥信息技术在工业设计、制作、流通与管理过程的作用,提高企业的技术水平与竞争力。

中国的经济社会发展在经过30多年的改革开放,已经站在了新的十字路口。在"产业立国"的新历史阶段,中国的工业化之路也面临新的选择。从发达国家的发展历程来看,从一个经济大国到一个经济强国,中国必须要给出新的产业方向定位,并做出切实有效的推进和实施。当今世界一些主要国家为应对这场危机,都把争夺经济、科技制高点作为战略重点,把科技创新投资作为最重要的战略投资。这预示着全球科技将进入一个前所未有的创新密集时代,重大发现和发明将改变人类社会生产方式和生活方式,新兴产业将成为推动世界经济发展的主导力量。

4.《国家信息化发展战略纲要》的主要内容

信息技术发展日新月异,未来适应新形势发展的需要,2016年7月中共中央办公厅与国务院办公厅印发《国家信息化发展战略纲要》(以下简称为《战略纲要》),调整和发展《2006—2020年国家信息化发展战略》,成为指导未来十年国家信息化发展的纲领性文件,是国家战略体系的重要组成部分。

理解《战略纲要》,需要注意以下几个主要的问题。

1) 对当前形势的判断

当前形势具有以下几个特点。

(1) 进入新世纪特别是党的十八大以来,我国信息化取得长足进展,但与全面建成小康社会、加快推进社会主义现代化的目标相比还有差距,坚持走中国特色信息化发展道路,以信息化驱动现代化,建设网络强国,迫在眉睫、刻不容缓。

(2) 目前,我国网民数量、网络零售交易额、电子信息产品制造规模已居全球第一,一批信息技术企业和互联网企业进入世界前列,形成了较为完善的信息产业体系。信息技术应用不断深化,"互联网+"异军突起,经济社会数字化网络化转型步伐加快,网络空间正能量进一步汇聚增强,信息化在现代化建设全局中引领作用日益凸显。

(3) 我国信息化发展也存在比较突出的问题,主要是:核心技术和设备受制于人,信息资源开发利用不够,信息基础设施普及程度不高,区域和城乡差距比较明显,网络安全面临严峻挑战,网络空间法制建设亟待加强,信息化在促进经济社会发展、服务国家整体战略布局中的潜能还没有充分释放。

(4) 我国综合国力、国际影响力和战略主动地位持续增强,发展仍处于可以大有作为的重要战略机遇期。从国内环境看,我国已经进入新型工业化、信息化、城镇化、农业现代化同步发展的关键时期,信息革命为我国加速完成工业化任务、跨越"中等收入陷阱"、构筑国际竞争新优势提供了历史性机遇,也警示我们面临不进则退、慢进亦退、错失良机的巨大风险。站在新的历史起点,我们完全有能力依托大国优势和制度优势,加快信息化发展,推动我国社会主义现代化事业再上新台阶。

2) 战略目标

《战略纲要》提出的战略目标分三个阶段。

第一个阶段到 2020 年要求达到的目标是:

(1) 固定宽带家庭普及率达到中等发达国家水平,3G、4G 网络覆盖城乡,5G 技术研发和标准取得突破性进展。

(2) 核心关键技术部分领域达到国际先进水平,信息产业国际竞争力大幅提升,重点行业数字化、网络化、智能化取得明显进展,网络化协同创新体系全面形成,电子政务支撑国家治理体系和治理能力现代化坚实有力,信息化成为驱动现代化建设的先导力量。

(3) 支持"一带一路"建设实施,与周边国家实现网络互联、信息互通,初步建成网上丝绸之路,信息通信技术、产品和互联网服务的国际竞争力明显增强。

第二个阶段到 2025 年要求达到的目标是:

(1) 新一代信息通信技术得到及时应用,固定宽带家庭普及率接近国际先进水平,建成国际领先的移动通信网络,实现宽带网络无缝覆盖。

(2) 根本改变核心关键技术受制于人的局面,形成安全可控的信息技术产业体系,电子政务应用和信息惠民水平大幅提高,实现技术先进、产业发达、应用领先、网络安全坚不可摧的战略目标。

第三个阶段,到 21 世纪中叶,信息化全面支撑富强民主文明和谐的社会主义现代化国家建设,网络强国地位日益巩固,在引领全球信息化发展方面有更大作为。

2.2 《"互联网+"行动计划》

2.2.1 《"互联网+"行动计划》的研究与制定

为加快推进《战略刚要》的实现进程,推动互联网与各领域深入融合和创新发展,充分发挥"互联网+"对推动我国经济与社会发展的重要作用,我国政府主管部门从以下四个方面着手研究"互联网+"行动计划的制定问题。

1)以互联网促进产业转型升级,着力提高实体经济创新力和生产力

大力推动互联网与产业融合创新发展,重点围绕智能化生产、网络化供应、农村一二三产业融合发展等领域,鼓励和支持传统产业积极利用互联网技术、平台及应用,创新产品与服务,优化流程和管理,打造产业智能服务系统,打通生产、流通、服务等环节,有效提高生产效率,形成网络经济与实体经济联动发展新态势。

2)以互联网培育发展新业态新模式,着力形成新的经济增长点

以更加包容的态度、更加宽松的环境、更加积极的政策,加快培育基于互联网的融合型新产品、新模式、新业态,打造"互联网+"新生态。积极培育人工智能产业,大力发展智能汽车、智能家居、可穿戴设备等消费型智能产品,加大推广以互联网为载体、线上线下互动的新兴消费模式;加快发展互联网金融、网络创新设计、大规模个性化定制等,形成拉动经济增长的新动力。

3)以互联网增强公共服务能力,着力提升社会管理和民生保障水平

推动互联网与教育、医疗等深度融合,创新公共服务方式,加强在线服务平台建设和公共信息资源共享,推动优质资源社会化开放,促进公共服务均等化。加大政府对云计算、大数据等新兴服务的购买力度,完善政府在线服务和监督模式,提升城市管理和便民服务水平,依托互联网平台构建社会协同、公众参与的社会治理机制。

4)加快网络基础设施建设,着力提高互联网应用支撑能力

推进国家新一代信息基础设施建设工程,大幅提升宽带网络速率,努力实现泛在普惠、人人共享、安全可信的信息网络。加快电信网络建设和4G业务发展,优化数据中心、内容分发网络等应用基础设施布局,加快下一代互联网商用部署。提升移动互联网、云计算、物联网应用水平,加强与工业、交通、能源等基础设施的融合对接,夯实"互联网+"发展基础。

2015年7月我国政府发布的《国务院关于积极推进"互联网+"行动的指导意见》(即《"互联网+"行动计划》)。

2.2.2 《"互联网+"行动计划》的总体思路、基本原则与发展目标

1.总体思路

总体思路可以归纳为:

(1)顺应世界"互联网+"发展趋势,充分发挥我国互联网的规模优势和应用优势,推动互联网由消费领域向生产领域拓展,加速提升产业发展水平,增强各行业创新能力,构

筑经济社会发展新优势和新动能。

（2）坚持改革创新和市场需求导向，突出企业的主体作用，大力拓展互联网与经济社会各领域融合的广度和深度。

（3）着力深化体制机制改革，释放发展潜力和活力；着力做优存量，推动经济提质增效和转型升级；着力做大增量，培育新兴业态，打造新的增长点；着力创新政府服务模式，夯实网络发展基础，营造安全网络环境，提升公共服务水平。

2．基本原则

《"互联网＋"行动计划》确定的基本原则包括以下几点。

1）坚持开放共享

营造开放包容的发展环境，将互联网作为生产生活要素共享的重要平台，最大限度优化资源配置，加快形成以开放、共享为特征的经济社会运行新模式。

2）坚持融合创新

鼓励传统产业树立互联网思维，积极与"互联网＋"相结合。推动互联网向经济社会各领域加速渗透，以融合促创新，最大程度汇聚各类市场要素的创新力量，推动融合性新兴产业成为经济发展新动力和新支柱。

3）坚持变革转型

充分发挥互联网在促进产业升级以及信息化和工业化深度融合中的平台作用，引导要素资源向实体经济集聚，推动生产方式和发展模式变革。创新网络化公共服务模式，大幅提升公共服务能力。

4）坚持引领跨越

巩固提升我国互联网发展优势，加强重点领域前瞻性布局，以互联网融合创新为突破口，培育壮大新兴产业，引领新一轮科技革命和产业变革，实现跨越式发展。

5）坚持安全有序

完善互联网融合标准规范和法律法规，增强安全意识，强化安全管理和防护，保障网络安全。建立科学有效的市场监管方式，促进市场有序发展，保护公平竞争，防止形成行业垄断和市场壁垒。

3．发展目标

《"互联网＋"行动计划》分别确定了 2018 年与 2025 年两阶段的发展目标。

《"互联网＋"行动计划》要求到 2018 年，互联网与经济社会各领域的融合发展进一步深化，基于互联网的新业态成为新的经济增长动力，互联网支撑大众创业、万众创新的作用进一步增强，互联网成为提供公共服务的重要手段，网络经济与实体经济协同互动的发展格局基本形成。

互联网在促进制造业、农业、能源、环保等产业转型升级方面取得积极成效，劳动生产率进一步提高；基于互联网的新兴业态不断涌现，电子商务、互联网金融快速发展，对经济提质增效的促进作用更加凸显；健康医疗、教育、交通等民生领域互联网应用更加丰富，公共服务更加多元，线上线下结合更加紧密；社会服务资源配置不断优化，公众享受到更加公平、高效、优质、便捷的服务。网络设施和产业基础得到有效巩固加强，应用支撑和安全保障能力明显增强;固定宽带网络、新一代移动通信网和下一代互联网加快发展,物联网、云计算等新型基础设施更加完备;人工智能等技术及其产业化能力显著增强;全社会对互联网融合创新的认识不断深入。

　　到2025年,网络化、智能化、服务化、协同化的"互联网+"产业生态体系基本完善,"互联网+"新经济形态初步形成,"互联网+"成为经济社会创新发展的重要驱动力量。

2.2.3　《"互联网+"行动计划》的重点工作

　　《"互联网+"行动计划》在"重点工作"中着重指出:充分发挥互联网的创新驱动作用,以促进创业创新为重点,推动各类要素资源聚集、开放和共享,大力发展众创空间、开放式创新等,引导和推动全社会形成大众创业、万众创新的浓厚氛围,打造经济发展新引擎。

　　同时,《"互联网+"行动计划》确定了包括发展"大众创业、万众创新"与"互联网"+智能制造、"互联网"+现代农业、"互联网+"智慧能源、"互联网+"普惠金融等11项重点工作,其中包括10项"互联网+"具体的应用领域(如图2-2所示)。

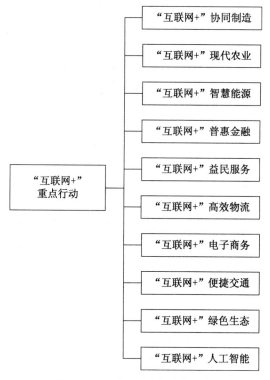

图2-2　"互联网+"的重点工作

1."互联网+"协同制造

"互联网+"协同制造的工作重点主要包括以下两个方面:

(1)推动互联网与制造业融合,提升制造业数字化、网络化、智能化水平,加强产业链协作,发展基于互联网的协同制造新模式。

（2）在重点领域推进智能制造、大规模个性化定制、网络化协同制造和服务型制造，打造一批网络化协同制造公共服务平台，加快形成制造业网络化产业生态体系。

2.“互联网＋”现代农业

“互联网＋”现代农业的工作重点主要包括以下三个方面：

（1）利用互联网提升农业生产、经营、管理和服务水平，培育一批网络化、智能化、精细化的现代“种养加”生态农业新模式，形成示范带动效应。

（2）加快完善新型农业生产经营体系，培育多样化农业互联网管理服务模式。

（3）逐步建立农副产品、农资质量安全追溯体系，促进农业现代化水平明显提升。

3.“互联网＋”智慧能源

“互联网＋”智慧能源的工作重点主要包括以下三个方面：

（1）通过互联网促进能源系统扁平化，推进能源生产与消费模式革命，提高能源利用效率，推动节能减排。

（2）加强分布式能源网络建设，提高可再生能源占比，促进能源利用结构优化。

（3）加快发电设施、用电设施和电网智能化改造，提高电力系统的安全性、稳定性和可靠性。

4.“互联网＋”普惠金融

“互联网＋”普惠金融的工作重点主要包括以下三个方面：

（1）促进互联网金融健康发展，全面提升互联网金融服务能力和普惠水平。

（2）鼓励互联网与银行、证券、保险、基金的融合创新，为大众提供丰富、安全、便捷的金融产品和服务，更好满足不同层次实体经济的投融资需求。

（3）培育一批具有行业影响力的互联网金融创新型企业。

5.“互联网＋”益民服务

“互联网＋”益民服务的工作重点主要包括以下三个方面：

（1）充分发挥互联网的高效、便捷优势，提高资源利用效率，降低服务消费成本。

（2）大力发展以互联网为载体、线上线下互动的新兴消费，加快发展基于互联网的医疗、健康、养老、教育、旅游、社会保障等新兴服务。

（3）创新政府服务模式，提升政府科学决策能力和管理水平。

6.“互联网＋”高效物流

“互联网＋”高效物流的工作重点主要包括以下三个方面：

（1）加快建设跨行业、跨区域的物流信息服务平台，提高物流供需信息对接和使用效率。

（2）鼓励大数据、云计算在物流领域的应用。

（3）建设智能仓储体系，优化物流运作流程，提升物流仓储的自动化、智能化水平和运转效率，降低物流成本。

7.“互联网＋”电子商务

“互联网＋”电子商务的工作重点主要包括以下三个方面：

(1) 巩固和增强我国电子商务发展领先优势,大力发展农村电商、行业电商和跨境电商,进一步扩大电子商务发展空间。

(2) 电子商务与其他产业的融合不断深化,网络化生产、流通、消费更加普及。

(3) 基本完善标准规范、公共服务的支撑环境。

8. "互联网+"便捷交通

"互联网+"便捷交通的工作重点主要包括以下两个方面:

(1) 加快互联网与交通运输领域的深度融合,通过基础设施、运输工具、运行信息等互联网化,推进基于互联网平台的便捷化交通运输服务发展。

(2) 显著提高交通运输资源利用效率和管理精细化水平,全面提升交通运输行业服务品质和科学治理能力。

9. "互联网+"绿色生态

"互联网+"绿色生态的工作重点主要包括以下两个方面:

(1) 推动互联网与生态文明建设深度融合,完善污染物监测及信息发布系统,形成覆盖主要生态要素的资源环境承载能力动态监测网络,实现生态环境数据互联互通和开放共享。

(2) 充分发挥互联网在逆向物流回收体系中的平台作用,促进再生资源交易利用便捷化、互动化、透明化,促进生产生活方式绿色化。

10. "互联网+"人工智能

"互联网+"人工智能的工作重点主要包括以下两个方面:

(1) 依托互联网平台提供人工智能公共创新服务,加快人工智能核心技术突破,促进人工智能在智能家居、智能终端、智能汽车、机器人等领域的推广应用。

(2) 培育若干引领全球人工智能发展的骨干企业和创新团队,形成创新活跃、开放合作、协同发展的产业生态。

习 题

2-1 单选题

2-1-1 以下不属于构成客观世界三要素的是( )。

    A) 能源   B) 水   C) 物质   D) 信息

2-1-2 以下关于信息特征的描述中,错误的是( )。

    A) 是继财富、能源之后的第三大资源

    B) 是科学技术转化为生产力的桥梁和工具

    C) 与物质、能量是构成客观世界的三大要素

    D) 人类认识、理解和接收信息的过程,就是认识世界和改造世界的过程

2-1-3 以下关于信息产业特征的描述中,错误的是( )。

    A) 社会经济活动中从事信息技术、装备制造、产品生产与信息服务产业部门的统称

B) 包括信息采集、生产、检测、传输、存储、处理、分配、应用和服务的产业群

C) 高度依赖科技与信息,减少了对于资源的依赖

D) 网络安全产业不属于信息产业

2-1-4　以下不属于我国优先发展的战略性新兴产业的是(　　　)。

A) 信息　　　　　　　　　　　　B) 生物

C) 航空与航天　　　　　　　　　D) 合成材料与重化工

2-1-5　以下关于"两化融合"战略的描述中,错误的是(　　　)。

A) 以信息化带动工业化　　　　　B) 以工业化促进信息化

C) 以信息化促进国际化　　　　　D) 走新型工业化道路

2-1-6　以下关于《国家信息化发展战略纲要》2020年战略任务的描述中,错误的是
(　　　)。

A) 固定宽带家庭普及率达到国家先进水平

B) 3G、4G网络覆盖城乡

C) 5G技术研发和标准取得突破性进展

D) 初步建成网上丝绸之路

2-1-7　以下关于《"互联网＋"行动计划》总体思路的描述中,错误的是(　　　)。

A) 充分发挥我国互联网的规模优势和应用优势

B) 推动互联网由消费领域向生产领域拓展

C) 坚持改革创新和市场需求导向

D) 突出市场的主体作用

2-1-8　以下关于《"互联网＋"行动计划》基本原则的描述中,错误的是(　　　)。

A) 坚持开放共享　　　　　　　　B) 坚持金融创新

C) 坚持引领跨越　　　　　　　　D) 坚持安全有序

2-1-9　以下关于"互联网＋"协同制造的描述中,错误的是(　　　)。

A) 推动互联网与制造业融合

B) 提升制造业数字化、网络化、智能化水平

C) 加强校企合作

D) 发展基于互联网的协同制造新模式

2-1-10　以下关于"互联网＋"电子商务的描述中,错误的是(　　　)。

A) 巩固我国网上支付发展领先优势

B) 电子商务与其他产业的融合不断深化

C) 大力发展农村电商、行业电商和跨境电商

D) 标准规范、公共服务等支撑环境基本完善

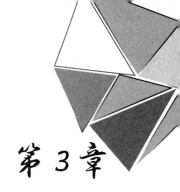

第3章

支撑"互联网+"发展的核心技术

"互联网+"是建立在新一代信息技术基础之上的。发展"互联网+"就需要重点发展计算机、软件、集成电路、云计算、大数据、人工智能等战略性与先导性产业。本章将结合"互联网+"的应用,重点讨论计算机与软件、微电子与集成电路、云计算、大数据、人工智能与智能硬件等几项关键技术。

3.1 计算机与软件技术

3.1.1 计算模式的演变与发展

计算机和软件工程近十年来发生了非常重大的变化,计算模式随着社会的发展而不断地演变,大量新概念、新技术、新模式、新应用不断涌现,各种编程语言层出不穷。我们可以很容易地列举出一长串新的术语,如多核微处理器、众核微处理器、低功耗微处理器、GPU、大数据、虚拟化、面向对象、基于组件与面向服务的软件开发,以及"软件定义一切";在计算模式上出现了高性能计算、网络计算、分布式计算、并行计算、云计算、移动计算、服务计算、绿色计算、普适计算、嵌入式计算、可穿戴计算、认知计算、量子计算等。计算模式的演变体现了计算机体系结构、硬件与软件的综合应用水平和技术特点,也体现出计算技术与计算模式为了适应社会发展水平和社会对计算机应用的要求,不断向着更易用、更通用、更安全、更可靠的方向发展。

从理解"互联网+"的概念与技术发展的角度,可以将影响最直接的计算模式演变过程用图 3-1 表示出来。

20 世纪 90 年代之前,大型、中小型计算机都是安装在计算中心的庞然大物,主要用于科学计算。人们通过与主机连接的终端,输入程序和数据,等待主机的计算结果。人们将由一台计算机运行程序,完成存储、计算的工作模式叫作"主机计算模式",或"单主机计算模式"。随着计算机技术的发展,"主机计算模式"向三个方向发展,一路是向高性能计算机方向发展,一路是向个人计算机方向发展,另一路是向网络方向发展,相应地演变出"高性能计算""桌面计算"与"网络计算"等三种计算模式。

计算机网络沿着广域网、局域网的方向发展。广域网最初是为了满足科学计算的需要,将分布在不同地理位置大学与研究所的大型或中小型计算机系统互联起来。广域网

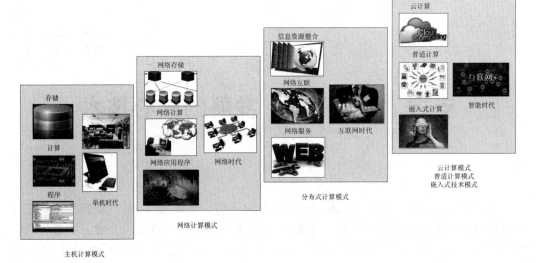

图 3-1　计算模式的演变

技术的成熟与应用，推动了局域网技术研究与发展。局域网是将一个实验室、一个学校、一个部门、一个企业的各种个人计算机互联起来。连入局域网的每一台计算机既是计算、存储与数据等共享资源的提供者，又是共享资源的使用者。很多大学的局域网通过广域网，互联成为更大规模的计算机网络，相互共享图书馆、实验室，合作完成科研项目。这些基于互联网络的应用标志着网络计算模式与网络时代的到来。

20 世纪 90 年代初，随着大量校园网的互联、各个大学信息资源的整合，基于网络的电子邮件 E-mail、文件传输 FTP 与电子公告牌 BBS 等网络服务的出现，推动了互联网的产生与快速发展，标志着互联网时代的到来。

在网络计算时代，计算机科学家一直在研究分布式计算问题。但是，分布式计算研究面临着一系列的困难，科学家们一直没有找到一种理想的解决方法。互联网 Web 技术的出现，使计算机科学家终于看到了分布式计算模式最好的实现思路、技术与方法。

进入 21 世纪，随着移动互联网、物联网应用促进了"互联网＋"的发展，云计算、大数据、智能硬件、可穿戴计算、智能机器人、智能科学呈集中爆发的趋势，标志着人类进入到智能时代。支撑智能时代的云计算、普适计算与嵌入式计算模式应运而生。

本节将选取对于读者理解"互联网＋"概念比较重要的几种计算模式，加以解析和说明，为读者进一步学习打下基础。

3.1.2　高性能计算

在微型计算机问世之前，大部分的信息处理，如科学计算、工程设计、芯片设计都是在大型计算机上完成的。但是，随着天气预报、地震预报、石油勘测、医学成像处理、大规模集成电路设计、航空航天等计算密集型的应用，都需要用到超快、超强的高性能计算机。高性能计算机（High Performance Computing，HPC）是由多个 CPU，按照特殊的体系结构组成的超大型计算机系统，或者是由多台计算机通过高性能网络互连而成的大型计算机集群系统。高性能计算是研究高性能计算机的体系结构、操作系统、并行算法与软件开发的技术,是计算机科学的一个重要分支。衡量高性能计算机性能主要是以计算速度,尤其是浮点运算速度作为标准的。

高性能计算是信息领域的前沿高技术,在保障国家安全、推动国防科技进步、促进尖端武器发展方面具有直接推动作用,是衡量一个国家综合实力的重要标志之一。高性能计算机和并行计算软件将广泛应用于我国的国家经济建设、国家重大工程、前沿基础科学研究等重要科技领域,成为重大科技专项和重大科学研究中不可或缺的研究手段,大幅度地提高我国的自主创新和核心竞争力,缩短国际差距,使高性能计算成为理论、实验并列的第三种科学研究手段,推动着科技创新和经济社会的发展。

1983 年 12 月 22 日,中国第一台每秒钟运算一亿次以上的"银河"巨型计算机由国防科技大学研制成功。它填补了国内巨型计算机的空白,标志着中国进入了世界研制巨型计算机的行列。经过几十年的不懈努力,我国高性能计算机技术已经取得了很大的发展,"曙光""银河""天河"等高性能计算机的出现,使得我国继美国、日本、欧盟之后,成为具备研制百万亿次以上计算能力高性能计算机的国家。

ISC2017 国际高性能计算大会上,根据最新全球超级计算机前 500 强排行榜 TOP500 网站发布的 2017 年第 50 期榜单,中国的"神威·太湖之光"和"天河二号"分别获得第一、二名,浮点运算速度分别为每秒 9.3 亿亿次和每秒 3.39 亿亿次。排名第三的是瑞士"代恩特峰"超级计算机。

"神威·太湖之光"安装在国家超级计算(无锡)中心(如图 3-2 所示)。"神威·太湖之光"是我国首台全部采用自主研发的高性能处理器和软件构建的超级计算机,在超算领域取得突破性进展。目前在天气气候、航空航天、海洋科学、新药创制、先进制造、新材料等领域获得应用,标志着我国超级计算机的应用能力达到世界领先水平。

图 3-2 "神威·太湖之光"高性能计算机

2009 年 9 月,国防科技大学"天河一号"(一期系统)研发成功,使我国成为继美国之后,世界上第二个能够研制千亿次超级计算机的国家。2010 年,TOP500 公布的排行榜,

"天河一号"排名第一。2012 年 8 月，"天河一号"安装到天津滨海新区"国家超级计算（天津）中心"。

2017 年，TOP500 公布的排行榜上，"天河二号"排名第二（如图 3-3 所示）。在"天河二号"一排排黑色机柜里，一共装有 32000 个主 CPU 和 48000 个协处理器，共 300 多万个计算核心。拥有如此多的计算核心让它的运算速度也非常惊人。根据测算，天河二号的峰值计算速度达到了每秒 5.49 亿亿次，持续计算时速度每秒可达到 3.39 亿亿次。假设每人每秒钟做一次运算，那么"天河二号"运算一小时，相当于 13 亿人同时用计算器算上1000 年。

图 3-3　"天河二号"高性能计算机

2018 年 5 月 17 日在天津第二届世界智能大会上，被誉为"E 级超算"的百亿亿次超级计算机"天河三号"原型机正式对外亮相。"天河三号"原型机采用自主研发的飞腾处理器、天河高速互联通信芯片，实现了芯片的全国产化；使用了国产麒麟操作系统。"天河三号"的运算能力是"天河一号"的 200 倍，存储规模是"天河一号"的 100 倍，"天河三号"有望在 2020 年研制成功。

高性能计算机将与云计算、大数据、人工智能、物联网形成五大技术融合的平台，为国家科技创新服务，为战略性新兴产业与"互联网＋"应用的发展提供服务，将在解决人类共同面临的能源危机、污染和气候变化等重大问题上发挥巨大的作用。

3.1.3　云计算

云计算是在分布式计算、网络计算与并行计算研究的基础上，利用多核和虚拟化，为互联网用户或企业内部用户，提供方便、灵活，按需配置、成本低廉的计算、存储、应用服务。云计算已经渗透到当今社会的各行各业以及社会的各个方面，成为人们须臾不能离开的一种计算模式。

1. 云计算模式产生的背景

我们可以通过一个小故事来帮助读者了解云计算产生的背景及其在"互联网＋"中的应用。

2006年8月,一家名字为 Animoto 的小公司在纽约悄然成立了。公司是由一个刚从大学毕业不久的年轻人史蒂维·克里夫登创立的。他和几位年轻人看到人们将旅行中拍摄的照片编成 Flash 短片的需求,就用几台服务器组成一个基于网络视频展示服务的平台,在互联网上提供一种可以根据用户上传的图片与音乐,自动生成定制视频的服务。公司创建之初,每天大约有 5000 个用户。

2008年4月,Facebook 社区向它的用户推荐了 Animoto 公司的服务项目,3 天之内就有 75 万人在 Animoto 网站上注册。高峰时期每小时用户达到 25000 人。这时,公司的几台服务器已经不堪重负了。根据当时业务的发展,Animoto 公司需要将它的服务器扩容 100 倍。史蒂维既没有资金进行这么大规模的扩容,也没有技术能力与兴趣来管理这些服务器。正在他一筹莫展的时候,一位专门为亚马逊公司云计算设计应用软件的同学告诉他:你不需要自己购买服务器和存储设备,也不需要自己管理,你只需要租用亚马逊云计算的计算资源和存储资源,这样可以节省很多钱,并且可以很方便地将你的视频业务服务移植到亚马逊云中。史蒂维接受了同学的建议,与亚马逊公司签订了合作协议。

通过这种合作,Animoto 公司没有购买新的服务器与存储器,只花了几天的时间就将业务转移到亚马逊云上,根据用户流量的多少来租用亚马逊云的计算与存储资源,而把网络系统、服务器、存储器的管理交给亚马逊公司的专业人员承担。Animoto 公司使用亚马逊云的一台服务器,一小时只需要花费十几美分,这还包括了网络带宽、存储与服务的费用。

从用户的角度,云计算技术大大降低了互联网公司的创业门槛和运营成本,使得创业者只需要关注互联网服务本身,而把繁重的服务器、存储器与网络管理任务交给专业公司去承担。从云计算提供商的角度,他们可以通过高速网络技术,将成千上万台廉价的 PC 主板互联起来,在云计算软件系统的支持下,以较低价格提供即租即服务的计算与存储服务。因此,云计算不仅仅是技术,它更是一种商业运营模式。

也许用户会说:Animoto 公司的成功是大洋彼岸的故事,离我们太遥远。其实不然,现在,无论是互联网、移动互联网与物联网中的很多应用,都是得益于云计算技术的支持。我们以经常会用到的手机导航为例来进一步诠释这个问题。

假设用户使用手机导航,只要打开"手机导航"App,手机屏幕上很快就会显示用户所在的位置与附件区域的地图。实际上手机首先通过 GPS 定位获取用户当前的位置数据,并把这个位置数据发送到手机基站,移动通信网就将位置数据通过网关,转发到互联网,发送到 App 指定的云平台中的"导航应用系统软件"。"导航应用系统软件"要做的第一件事是根据用户当前的位置信息,找到相关的地图信息,发送到用户的手机,用户的手机就能够显示自己所在位置周边的地图了。当输入本次导航的"到达位置"的信息时,"导航应用系统软件"要判断用户是开车、坐公交车还是步行。如果是开车,系统立即根据"当前位置"与"到达位置",计算出"所用的时间最短"或"通过道路的红绿灯最少"等不同的行车路线,供用户选择。如果乘公交车,那么系统就根据"所用的时间最短"或"转车的次数最少",给出应该乘坐的公交车的路线与上下车的公交站。如果是步行,系统也会给出"步行的距离最短"在地图中标出行走路线来。如果开车的过程中临时改变了路线,云计算系统会根据当前位置,重新计算出最佳的行车路线图。很难想象,仅凭计算能力、存储能力有限的手机，没有如此强大的互联网和云平台支撑，功能复杂的"导航应用系统软件"将如何实现？图3-4 给出了手机导航的实现与云计算关系示意图。

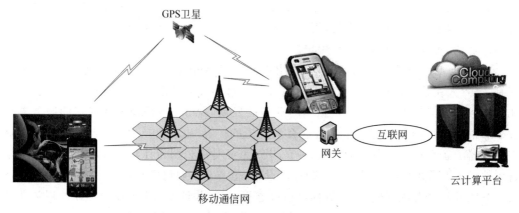

图 3-4　云计算与手机导航示意图

　　云计算技术非常适合于"互联网＋"的应用。例如，一些刚开始运行的"互联网＋"物流、"互联网＋"医疗、"互联网＋"交通等应用系统的公司，他们需要完成复杂的物流运输线路规划与供应链分析；要对大量患者的数据进行存储、分析与计算；要根据车辆的位置与当前交通状况计算最佳行车路线。但是出于经济原因或其他考虑，他们不打算买大型计算机、服务器与专用软件，他们希望社会上出现一类能够提供计算与存储服务的企业，有开发定制软件的公司，使得用户可以按需租用计算资源，购买计算、存储、软件服务，这种按需为用户提供计算、存储资源与服务的企业就是云计算服务提供商。

2. 云计算服务的类型

　　云计算服务商提供的服务类型可以分为三种：IaaS、PaaS 与 SaaS。对于"互联网＋"应用系统的用户来说，云计算系统是由云基础设施、云平台与云应用软件组成（如图 3-5所示）。

　　第一种，IaaS(Infrastructure as a Service)服务方式称为"基础设施即服务"。云计算运营商只负责云基础设施的运行与管理，用户要负责云平台的运行与管理和云应用软件的开发。

　　第二种，PaaS(Platform-as-a-Service)服务方式称为"平台即服务"。PaaS 服务比 IaaS服务是进了一步。云计算运营商负责云基础设施与云平台的运行与管理，云应用软件由用户开发和运行。

　　第三种，SaaS(Software as a Service)称为"软件即服务"。SaaS 有比 PaaS 更进了一步。云计算服务商除了负责运行云基础设施与云平台的运行与管理，同时要为用户定制应用软件。用户直接在云平台上部署"互联网＋"应用系统，用户不需要在自己的计算机上安装软件副本，只需要通过互联网访问云平台，就可以开展自身的业务。

　　如果将我们开发的一个"互联网＋"应用系统的功能与管理职责从顶向下划分为：应用、数据、运行、中间件、操作系统、虚拟化、服务器、存储与网络等 9 个层次的话，采用IaaS、PaaS 或 SaaS 的"互联网＋"应用系统，用户与云计算服务商的职责划分和区别如

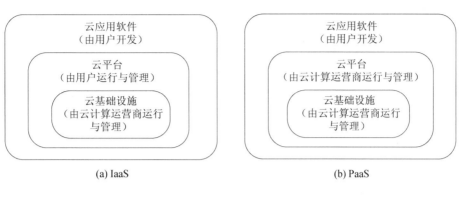

(a) IaaS　　　　　　　　　　　　　　(b) PaaS

(c) SaaS

图 3-5　IaaS、PaaS 与 SaaS 服务的特点

图 3-6 所示。

如图 3-6(b)所示 IaaS 的服务模式中,云计算基础设施(虚拟化的网络、存储、服务器)由云计算服务商承担,而应用软件需要用户自己开发,运行在操作系统上的软件、数据与

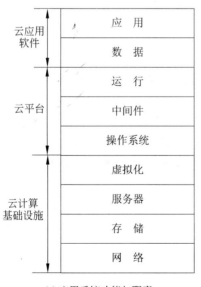

(a) 应用系统功能与职责　　　　　　　　　　(b) IaaS

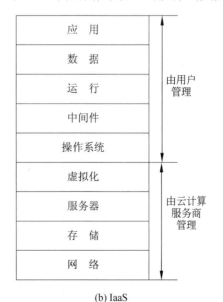

图 3-6　用户与云计算服务商的职责划分和区别

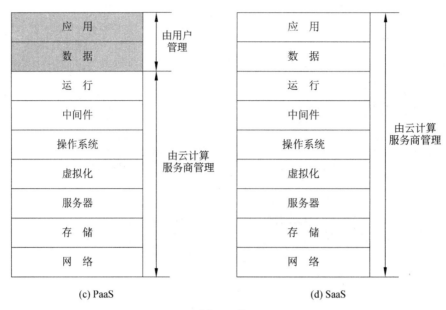

图 3-6（续）

中间件需要用户自己运行和管理。

如图 3-6(c)所示 PaaS 的服务模式中,云计算基础设施以及由操作系统中间件组成的云平台由云计算服务商运行和管理,用户只需要管理自己开发的应用软件与数据。

如图 3-6(d)所示 SaaS 的服务模式中,应用软件由云计算服务商根据用户需求定制,云计算基础设施、云平台以及应用软件的运行和管理都由云计算服务商运行和管理。用户只要将自己的注意力放在"互联网＋"应用系统的推广、部署与应用上。用户与云计算服务提供商分工明确,各司其职,用户专注于应用系统,云计算服务商为用户的应用系统提供专业化的运行、维护与管理。

3. 云计算的主要技术特征

云计算作为一种利用互联网技术实现的随时随地、按需访问和共享计算、存储与软件资源的计算模式,它具有以下几个主要的技术特征:

1) 按需服务

"云"可以根据用户的实际计算量与数据存储量,自动分配 CPU 的数量与存储空间的大小,可以避免因为服务器性能过载或冗余而导致的服务质量下降或资源浪费。

2) 资源池化

利用虚拟化技术,"云"就像一个庞大的资源池,可以根据用户的需求进行定制,用户可以像使用"水"和"电"一样地使用计算与存储资源。计算与存储资源的使用、管理对用户是透明的。

3) 泛在接入

用户的各种终端设备,如 PC、笔记本计算机、智能手机、可穿戴计算设备、智能机器人和各种移动终端设备,都可以作为云终端,随时随地访问"云"。

4）高可靠性

"云"采用数据多副本备份冗余,计算节点可替换等方法,提高云计算系统的可靠性。

5）降低成本

"云"可以监控用户的计算、存储资源的使用量,并根据资源的使用"量"进行计费。尽管从表面上用户需要为自己使用的计算、存储与网络资源付费,但是由于用户不需要在业务发展的情况下不断地增添服务器、存储器设备,增加网络带宽,不需要专门招聘网络、计算机与应用软件开发的技术队伍,不需要花很大的精力在数据中心的运维上,因此从整体上是能够降低应用系统开发、运行与维护的成本。

6）快速部署

云计算不针对某一些特定的应用。在"云"的支持下,用户可以方便地组建千变万化的应用系统。"云"能够同时运行多种不同的"互联网+"应用。用户可以方便地开发各种应用软件,组建自己的应用系统,快速部署业务。

4．云计算与"互联网+"

云计算并不是一个全新的概念。早在1961年,计算机先驱John McCarthy就预言:"未来的计算资源能像公共设施（如水、电）一样被使用。"为了实现这个目标,在之后的几十年里,学术界和产业界陆续提出了集群计算、网格计算、服务计算等技术,而云计算正是在这些技术的基础上发展而来。云计算采用计算机集群构成数据中心,并以服务的形式交付给用户,使得用户可以像使用水、电一样按需购买云计算资源。因此,云计算是一种计算模式,它是将计算与存储资源、软件与应用作为"服务",通过网络提供给用户（如图3-7所示）。

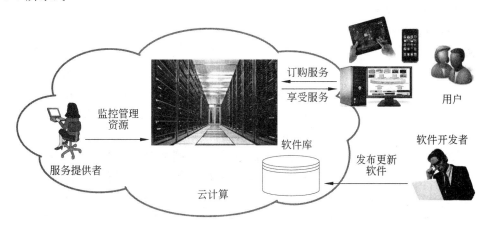

图3-7 云计算模式示意图

从以上的讨论中,可以得出以下三点结论。

第一,有了云计算服务的支持,人们可以将与计算、存储相关的设备与系统的构建、管理和日常维护,甚至是软件的开发,交给提供云计算服务商去做。人们"购买"云计算服务商的"服务",只需要专心构思"互联网+"应用系统的功能、结构,专注于"互联网+"应用系统的构建、运行与维护。

第二,未来"互联网+"应用系统中的各种智能终端设备,包括个人计算机、笔记本计算机、平板电脑、智能手机、智能机器人、可穿戴计算和各种移动终端设备都可以作为云终端，在云计算环境中使用。

第三，云计算可以使"互联网＋"应用系统的构建、部署与管理变得越来越容易了。云计算是支撑"互联网＋"发展的重要信息基础设施之一。

3.1.4 普适计算

1. 什么是普适计算

计算机科学家马克·维瑟尔(Mark Weiser)曾经说过："最深奥的技术恰恰是那些看不见的技术。这项技术交织在日常生活中，与生活融为一体，直到无法区分。"马克·维瑟尔这里指的是"普适计算"技术。

随着计算机与信息技术也越来越广泛地应用到各行各业和人类生活的各个方面，各种感知、网络、智能、嵌入式技术、应用系统与设备大量涌现。人们面对着种类越来越多、功能越来越强、使用越来越复杂的信息服务系统与嵌入式计算设备时，常常会感到"不会使用""无所适从"。面对这种局面，一种新的"普适计算"概念应运而生。

1991 年，美国计算机科学家马克·韦泽提出了"普适计算"的概念。"普适计算(Pervasive Computing)"又称为"无处不在的计算"与"环境智能"。从普适计算研究的方法与预期的目标可以看出，普适计算是在人类生活的环境中广泛部署感知与计算设备，通过运行在互联网的感知、计算设备，实现无处不在的信息采集、传输与计算，将"人-机器-环境"融为一体，实现"环境智能"的目标。

仅从字面上读者很难理解普适计算概念的深刻内涵，我们可以用图 3-8 所示的"3D试衣镜"应用示例，形象地解释普适计算的概念，总结普适计算的主要技术特征。

一种被称为"魔镜"的"3D 试衣镜"已经在很多商场服装销售中使用了。一位希望购买衣服的女士可以在 3D 试衣镜前不断地摆出各种姿态，用手势或语音指令去更换不同款式与颜色的衣服，选择她心仪的品牌、颜色、款式的衣服。后台的 3D 试衣镜系统将自动地根据试衣间摄像头传过来的女士体态数据，通过互联网传送到云平台上，后台智能软件系统将分析这位女士的指令，分析她对服饰选择的嗜好，从数据库中挑出合适的服装，结合女士的体态数据将不同服饰的效果图，传送到控制 3D 试衣镜的计算机系统；3D 试衣镜以三维的形式通过为女士展示不同服饰的效果图，供她挑选。在挑选衣服的整个过程中，她不需要操作计算机，她也不知道计算机在哪里，计算机采用了什么样的硬件和操作系统，采用了什么样的虚拟现实算法，以及数据是如何通过互联网传送到云平台的复杂过程，她要做的就是比较不同服饰的穿着效果，享受购物的乐趣。顾客试衣和购买的过程可以在愉悦的气氛中自动地完成。

从这个例子中可以看出：普适计算不是描述了"计算设备无处不在"，而是强调"计算能力无处不在"，以及"计算如何无处不在地融入我们的日常生活当中"，达到"环境智能"的境界，这是普适计算研究的重点，也是"互联网＋"研究要实现的目标。

2. 普适计算的主要技术特征

从以上这个例子中，我们可以分析出普适计算的几个主要的技术特征。

云计算平台

互联网

商场中的3D试衣镜应用场景

3D试衣镜系统工作过程示意图

计算机系统 试衣人形体数据分析

摄像头 试衣人形体摄像信息 摄像头 试衣人形体摄像信息

连衣裙样库 人体与服装效果匹配

试衣区

效果图

展示效果图

3D试衣镜

图 3-8 普适计算示例:"3D 试衣镜"应用

1)计算能力的"无处不在"与计算设备的"不可见"

"无处不在"是指随时随地访问互联网、使用计算机和获得计算服务的能力;"不可见"是指在物理环境中提供多种传感器、嵌入式技术设备、移动技术设备,以及其他任何一种有计算能力的设备,可以在用户不觉察的情况下进行计算、通信,提供各种智能服务,以最大限度地减少用户的介入。因此,"普适计算"强调的不是"计算设备的无处不在",而是"计算能力的无处不在"。

2)信息空间与物理空间的融合

普适计算是一种建立在互联网、嵌入式系统、传感与智能等技术基础上的新型计算模式。它反映出人类对于信息服务需求的提高,期待具有随时、随地享受计算资源、信息资源与信息服务的能力,实现人类生活的物理空间与信息空间的融合(如图 3-9 所示)。

随着"互联网+"工业、"互联网+"农业、"互联网+"交通、"互联网+"医疗、"互联网+"物流等应用的迅速发展,人们惊奇地发现:普适计算的概念在"互联网+"应用中得

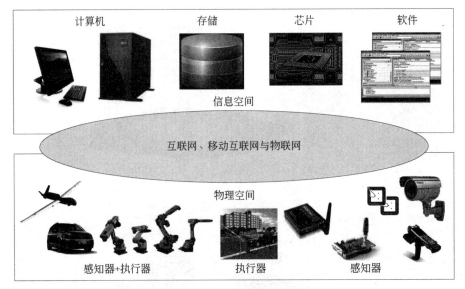

图 3-9 信息空间与物理空间的融合

到很好的实践与延伸。作为普适计算实现的重要途径之一,借助大量部署的传感器与传感网节点,可以实时地感知与传输我们周边的环境信息,从而将真实的物理世界与虚拟的信息世界融为一体,深刻地改变了人与自然界的交互方式,实现"人-机-物"的融合,达到"环境智能"的境界。

3) "以人为本"与自适应的智能网络服务

人们平常在办公室处理公文都需要坐在办公桌的计算机前,即使是使用笔记本计算机也需要随身携带。仔细品味普适计算的概念之后,人们会发现:在桌面计算模式中,人是围绕着计算机,是以"计算机为本"的。而普适计算模式研究的目标就是要改变桌面计算模式,摆脱计算设备对人类活动范围与工作方式的约束,将计算、通信、感知与互联网技术结合起来,将计算能力与通信能力嵌入到环境与日常工具中去,让计算设备本身从人们的视线中"消失",从而将人们的注意力回归到要完成的任务本身。

因此,普适计算的主要技术特征可以总结为:

(1) 计算能力"无处不在"与计算设备"不可见"。

(2) "信息空间"与"物理空间"的融合。

(3) "以人为本"与"自适应"的智能服务。

3. 普适计算与"互联网+"的关系

综上所述,普适计算与"互联网+"的关系可以总结为:

(1) 普适计算与"互联网+"从研究目标到工作模式都有很多相似之处。

(2) 普适计算的研究方法和思路对于"互联网+"研究有着重要的借鉴与启示作用。

(3) 普适计算研究成果在"互联网+"中的应用将大大提高"互联网+"应用的智能化水平。

3.1.5　嵌入式计算

1. 嵌入式计算的基本概念

嵌入式计算(或嵌入式系统)是开发"互联网＋"工业、"互联网＋"农业、"互联网＋"交通等应用系统智能硬件设备的重要方法与技术手段。

"嵌入式系统(Embedded System)"也称作"嵌入式计算机系统(Embedded Computer System)",它是一种专用的计算机系统。由于嵌入式系统需要针对某些特定的应用,因此研发人员需要根据应用的具体需求,剪裁计算机的硬件与软件,以适应对计算机功能、可靠性、成本、体积、功耗的要求。

为了帮助读者形象地理解嵌入式系统"面向特定应用""裁剪计算机的硬件与软件"与"专用计算机系统"的特点,我们不妨以每天都在使用的智能手机与个人计算机为例,从硬件结构、操作系统、应用软件与外设等几个方面做一个比较。图 3-10 给出了智能手机组成结构示意图。

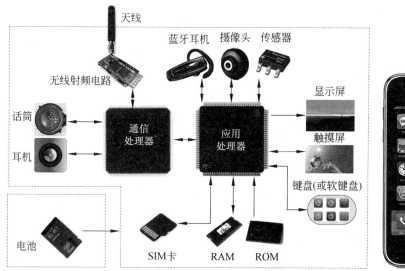

图 3-10　智能手机组成结构示意图

1) 硬件的比较

从计算机体系结构的角度,可以画出智能手机的硬件逻辑结构图(如图 3-11 所示)。

智能手机硬件是由 CPU 与存储器、液晶显示器、外设、射频电路与天线以及电源管理模块等几部分组成。首先可以从 CPU、存储器、显示器与外设等几个方面对智能手机与个人计算机的硬件进行比较。

第一,CPU 的比较。

智能手机的所有操作都是在 CPU 与操作系统的控制下实现的,这一点与传统的 PC 是相同的。但是手机的基本功能是通信,因此它除了有与传统的 CPU 功能类似的应用处理器之外,还需要增加通信处理器,智能手机的 CPU 是由应用处理器与通信处理器芯片组成。对于应用处理器而言,耳机、话筒、摄像头、传感器、键盘与显示屏都是外设。通信

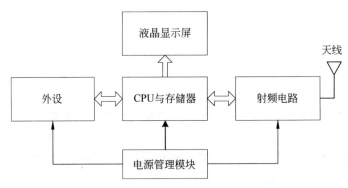

图 3-11 智能手机硬件逻辑结构图

处理器控制着无线射频电路与天线的语音信号的发送与接收过程。

第二，存储器的比较。

和传统的 PC 很相似，手机存储器也分为只读存储器 ROM 和随机存取存储器 RAM。根据手机对存储器的容量、读写速度、体积与耗电等要求，手机中的 ROM 基本上都是使用闪存（Flash ROM）。RAM 基本上都是使用同步动态随机读写存储器 SDRAM。

与传统的 PC 相比较，手机的 RAM 相当于 PC 的内存条，暂时存放手机 CPU 中运算的数据，以及 CPU 与存储器交换的数据。手机所有程序都是在内存中运行的，手机关闭时 RAM 中的数据自动消失。因此，手机 RAM 的大小对手机性能的影响很大。

手机 ROM 相当于 PC 安装操作系统的系统盘。ROM 一部分用来安装手机的操作系统，一部分用来存储用户文件。手机关机，ROM 中的数据不会丢失。

手机中的闪存相当于 PC 的硬盘，用来存储 MP3、MP4、电影、图片等用户数据。

为了实现对手机用户的有效管理，手机需要内置一块用于用户识别的 SIM 卡，它存储了用户在办理入网手续时写入的有关个人信息。SIM 卡的信息分为两类。一类是由 SIM 卡生产商与网络运营商写入的信息，如网络鉴权与加密数据、用户号码、呼叫限制等；另一类是由用户在使用过程中自行写入的数据，如其他用户的电话号码、SIM 卡的密码 PIN 等。

第三，显示器的比较。

与 PC 显示器对应的是手机显示屏。手机一般采用薄膜晶体管 TFT 液晶显示屏。手机显示屏的分辨率使用行、列点阵形式表示。两个手机，一个用的是 3 英寸显示屏。一个用的是 5 英寸显示屏。如果分辨率都是 640×480 像素，由于这些像素要均匀地分布在屏幕上，那么 3 英寸显示屏单位面积分布的像素肯定比 5 英寸显示屏多，3 英寸显示屏的像素点阵更加密集，因此图像显示的效果自然就比较细腻、清晰。因此从硬件结构看，技术人员在设计智能手机时，需要根据实际应用需求对计算机硬件与软件进行适当的"裁剪"。

第四，外设的比较。

由于 PC 的工作重心放在信息处理上，因此配置的外设是硬盘、键盘、鼠标、扫描仪；从联网的角度，需要配置 Ethernet 网卡、无线网卡与蓝牙网卡。智能手机首先是通信设备，同时强调具有一定的信息处理能力。因此，智能手机配置除了键盘、LCD 触摸屏之外,重点放在耳机、话筒、摄像头、各种传感器。

智能手机配置的传感器的类型很多,其中包括:加速度传感器、磁场传感器、方向传感器、陀螺仪、光线传感器、气压传感器、温度传感器、湿度传感器与接近传感器等。智能手机利用气压传感器、温度传感器、湿度传感器可以方便地实现环境感知;利用磁场传感器、加速度传感器、方向传感器、陀螺仪可以方便地实现对手机运动方向与速度的感知;利用距离传感器可以方便地实现对手机位置发现、查询、更新与地图定位。

第五,电源管理的比较。

正是智能手机在移动过程中要同时完成通信、智能服务与信息处理的多重任务,而智能手机的电池耗电决定着手机使用的时间,因此如何减少手机的耗电,成为设计中必须解决的困难问题。手机的设计者千方百计地去思考如何节约电能。例如,利用接近传感器发现使用者是不是在接听电话。如果判断使用者将手机贴近耳朵接听电话,那他就不可能看屏幕,这时手机操作系统就立即关闭屏幕,以节约电能。因此,智能手机中必须有一个电源管理模块,优化电池为手机的各个功能模块供电,以及充电的过程。当手机没有使用时,电源管理模块让手机处于节能的"待机"状态。一般用于办公环境的个人计算机,可以通过220伏电源供电,因此它在节能方面的要求就比手机宽松得多。

第六,通信功能的比较。

PC一般都配置了接入有线网络的 Ethernet 网卡、接入 Wi-Fi 的无线网卡,以及与鼠标、键盘、耳机等外设在近距离进行无线通信的蓝牙网卡。笔记本计算机一般不需要配置接入移动通信网 3G/4G/5G 网卡。

智能手机的基本功能是移动通信,因此要有功能强大的通信处理器芯片和能够接入 3G/4G/5G 基站的射频电路与天线,同时需要配置接入 Wi-Fi 的无线网卡及与外设近距离通信的蓝牙网卡或近场通信的 NFC 网卡,但是不需要配置 Ethernet 网卡。智能手机的硬件设计受到电能、体积、重量的限制,包括网卡在内的各种外设的驱动程序必须在手机操作系统上重新开发。

2) 软件的比较

第一,操作系统的比较。

由于智能手机实际上是一种具有发射与接收功能的微型计算机,这是两者最大的不同之处,因此研究人员一定要专门研发适用于手机硬件结构与功能需求专用操作系统。这正体现出嵌入式系统是"面向特定应用"计算机系统的特点。

智能手机操作系统主要有:微软的 Windows Mobile、诺基亚等公司共同研发的手机操作系统 Symbian(塞班系统)、苹果公司推出的 iOS 操作系统,以及由 Google 公司推出的 Android 操作系统。在各种手机操作系统上开发应用软件是比较容易的,这一点在 Android 操作系统上表现得更为突出。

Android 操作系统在网络功能的实现上,它是遵循 TCP/IP 协议体系,采用支持 Web 应用的 HTTP 协议来传送数据。Android 操作系统的底层提供了支持低功耗的蓝牙协议与 Wi-Fi 协议的驱动程序,使得 Android 手机可以很方便地与使用蓝牙协议或 Wi-Fi 协议的移动设备的互联。同时,Android 操作系统提供了支持多种传感器的应用程序接口(API),传感器的类型包括:加速度传感器、磁场传感器、方向传感器、陀螺仪、光线传感器、气压传感器、温度传感器、湿度传感器与接近传感器等。利用 Android 操作系统提供的 API,方便地实现环境感知、移动感知、位置感知与地图定位,以及语音识别、手势识别、多媒体应用功能。目前,除了智能手机之外,很多智能机器人、无人驾驶汽车、无人机、可穿戴计算设备与物联网智能终端设备等智能硬件,大多是在 Android 操作系统基础上开发的。

常用的个人计算机操作系统主要有 Windows、Unix、Mac OS 与 Linux。国产的 PC 操作系统主要有深度 Linux(Deepin)、优麒麟(UbuntuKylin)与中标麒麟(NeoKylin)等。由于功能、应用环境的不同,个人计算机操作系统与智能手机操作系统差别很大。

第二,应用程序的比较。

随着智能手机 iPhone 的问世,智能手机的第三方应用程序 App(Application)以及 App 销售的商业模式,逐渐被移动互联网用户所接受。手机 App 应用程序从游戏、基于位置的服务、即时通信,逐渐发展到手机购物、网上支付与社交网络等多种应用。近年来,手机应用程序 App 的数量与应用规模呈爆炸性发展的趋势,形成了继个人计算机应用程序之后更大的市场规模与移动互联网重要的盈利点。

嵌入式技术的发展促进了智能手机功能的演变,智能手机的大规模应用又为嵌入式技术的发展提供了强大的推动力。现在,移动通信成为智能手机的基本功能,除此之外智能手机已经成为移动上网、移动购物、网上支付与社交网络最主要的终端设备,甚至逐步取代了人们随身携带的名片、登机牌、钱包、公交卡、照相机、摄像机、录音机、GPS 定位与导航设备。正因为智能手机应用范围的不断扩大,促使嵌入式技术研究人员在不断地改进智能手机的电池性能、快速充电方法,以及柔性显示屏、数据加密与安全认证技术。

从以上的分析中,我们可以得出以下几点结论:

(1) 智能手机的硬件与软件充分地体现出嵌入式系统"以应用为中心""裁剪计算机硬软件"的特点,是一种对功能、体积、功耗、可靠性与成本有严格要求的"专用计算机系统"。

(2) 作为接入互联网的终端设备,"互联网＋"工业、"互联网＋"农业、"互联网＋"交通、"互联网＋"医疗的各种智能感知与执行设备,从结构、原理上都与智能手机有着很多的相似之处,它们都属于嵌入式计算设备与装置。

(3) 从产品与产业的角度,这些嵌入式计算设备与装置也都是智能硬件的重要组成部分。智能硬件的研究将促进了嵌入式芯片、操作系统、软件编程与智能技术的发展。智能硬件的研究将涉及机器智能、机器学习、人机交互、虚拟现实与增强现实的研究,以及大数据、云计算等领域,体现出多学科、多领域交叉融合的特点。

2. 嵌入式技术与 CPS

1) CPS 的基本概念

随着嵌入式计算研究的深入,基于嵌入式计算的"信息物理融合系统"(Cyber-Physical Systems,CPS)研究应运而生。

CPS 是感知、通信、计算、智能与控制技术深度融合的产物。随着新型传感器、无线通信、嵌入式计算与智能技术的快速发展,CPS 研究引起了学术界广泛的重视。CPS 通过计算技术、通信技术与智能技术的协作,实现信息世界与物理世界的紧密融合。如同互联网改变了人与人的互动一样,CPS 将会改变人与物理世界的互动。

CPS 研究的对象小到纳米级生物机器人,大到涉及全球能源协调与管理的复杂大系统。CPS 的研究成果可以用于智能机器人、无人驾驶汽车、无人机,也可以用于智能医疗领域的远程手术系统、人体植入式传感器系统之中。CPS 是将计算和通信能力嵌入传统的物理系统中,形成集计算、通信与控制于一体的下一代智能系统。

2)如何理解 CPS 丰富的内涵

CPS 技术研究的内容很丰富,我们可以选择大家感兴趣的"互联网+"自动泊车系统设计所涉及的问题,来直观地解释 CPS 的基本概念、研究的基本内容与技术特征,以及CPS 与互联网之间的关系。

对于很多生活在城市中的人们,找到一个车位,并且将汽车安全、快速、准确地泊入车位是一件困难的事。在这样的背景下,"互联网+"自动泊车系统应运而生。通过"互联网+",车联网系统通过无线通信方式接入到互联网中,并向互联网发出"空闲车位查询请求";互联网云平台存储有车位信息的数据库,可以根据车辆准备停车的位置,反馈附近空闲车位信息;车辆自动运行自动泊车功能,就可以轻松地将车辆停到车位中。图 3-12 给出了"互联网+"自动泊车系统工作过程的示意图。

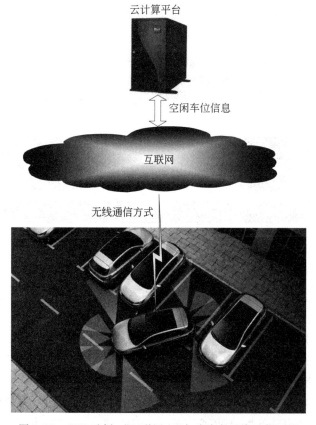

图 3-12 CPS 示例:"互联网+"自动泊车系统工作过程

自动泊车也是无人驾驶汽车的基本功能之一。汽车的自动泊车过程是由车位识别、轨迹生成与轨迹控制等三个阶段组成（如图 3-13 所示）。

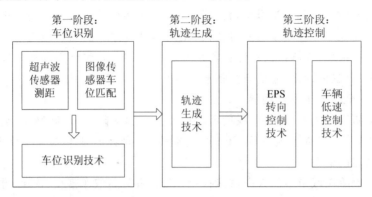

图 3-13　自动泊车的过程

自动泊车系统是一种安全、快速将车辆自动驶入车位的智能泊车辅助系统，它通过超声传感器和图像传感器去感知车辆周边的环境信息，识别泊车的车位。

（1）车位识别。

自动泊车的第一阶段是车位识别阶段。它需要通过两步来完成。

① 利用超声波传感器实现车位识别功能（如图 3-14 所示）。

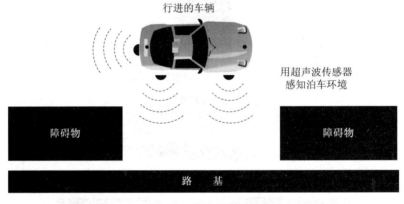

图 3-14　车位识别过程

行进中的车辆用超声波传感器感知泊车环境。利用超声波传感器对泊车环境中障碍物的精确测距，可以为自动泊车系统提供确定泊车环境模型的准确数据。

当驾驶员选择"自动泊车"功能、按下"泊车"键时，超声波传感器就周期性地向周边发送超声波信号，同时接收反射回的信号；用计数器统计超声波发射到接收的时间差，计算出车辆与障碍物的距离。

一般情况下，能够提供自动泊车功能的汽车要在车的前端、后端和两侧安装至少 8 个以上的超声波传感器，以便提供车辆周边不同方位障碍物的精确距离信息，确定待选的空闲车位是否能够满足泊车条件，从而实现车位识别功能。

② 利用图像传感器实现车位调节功能（如图 3-15 所示）。

行进中的车辆用图像传感器感知泊车环境。利用在车尾安装的广角摄像头，采集车

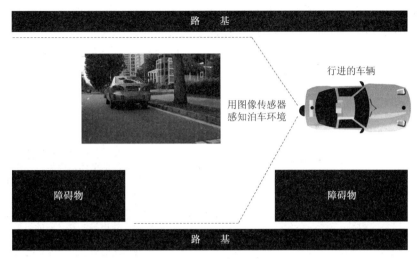

图 3-15　车位调节过程

位环境图像信息,并将环境图像信息传送到车载计算机的图像处理系统中。图像处理系统根据采集的环境图像信息进行图像测距,并在图像中建立一个与实际车位大小相同的虚拟车位,通过在图像中调节虚拟车位,实现虚拟车位与实际车位之间的匹配,进一步完善车位信息。

（2）轨迹生成。

轨迹生成是通过建立车辆运动学模型,分析车辆转弯过程中车辆运动半径与方向盘转角的关系,计算出车辆在泊车过程中可能会遇到的碰撞区域。

在对泊车过程建模分析的基础上,构造泊车模型,根据几何学原理计算出车辆在泊车过程中的轨迹。当生成的车辆移动轨迹与根据图像分析的车位数据匹配后,将控制车辆实时运动轨迹的转角、速度指令发送给执行机构。轨迹生成过程如图 3-16 所示。

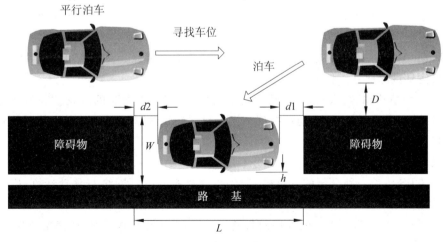

图 3-16　轨迹生成过程

（3）轨迹控制。

在自动泊车过程中,需要通过执行实时运动轨迹的转角、转速指令,车辆机械传动系统控制方向盘的转向角与车辆速度,进而控制车辆实现自动泊车。

总结自动泊车过程,我们可以看出:设计一个自动泊车系统需要用到感知技术、计算技术、通信技术、智能技术与控制技术(如图 3-17 所示)。

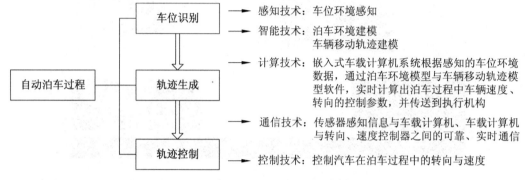

图 3-17　设计一个自动泊车系统用到的技术

自动泊车技术是汽车无人驾驶技术的一个重要研究方向。它是将感知、计算、通信、智能与控制技术交叉融合的产物,是一种典型的信息物理融合的 CPS 系统,也是"互联网＋"智能交通领域中无人驾驶汽车研究的重要组成部分。

3) CPS 的主要技术特征

从自动泊车这个实例中,我们可以清楚地认识到:CPS 是在环境感知的基础上,形成可控、可信与可扩展的网络化智能系统,扩展新的功能,使系统具有更高的智慧。CPS 系统的主要技术特征可以总结为"感、联、知、控"四个字。

(1)"感"是指多种传感器的协同感知物理世界的状态信息。

(2)"联"是指连接物理世界与信息世界的各种对象,实现信息交互。

(3)"知"是指通过对感知信息的智能处理,正确、全面地认识物理世界。

(4)"控"是指根据正确的认知,确定控制策略,发出指令,指挥执行器处理物理世界的问题。

CPS 是环境感知、嵌入式计算、网络通信深度融合的系统。图 3-18 给出了 CPS 中物理世界与信息世界交互过程的示意图。

CPS 是环境感知、嵌入式计算、通信网络、智能控制深度融合的系统。CPS 是在环境感知的基础上,形成可控、可信与可扩展的网络化智能系统,扩展新的功能,使系统具有更高的智慧。

从以上分析中,我们会得到两点启示:

第一,CPS 作为一种全新的计算模式,跨越计算机、软件、网络与移动计算、嵌入式系统、人工智能等多个研究领域。

第二,"互联网＋"与 CPS 的发展向我们展示了:"世界万事万物,凡存在皆联网;凡联网皆计算;凡计算皆智能"的趋势,这也正是"互联网＋"要追求的终极目标。

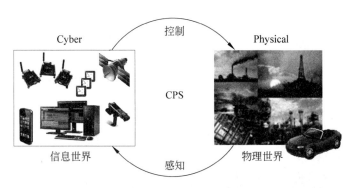

图 3-18 物理世界与信息世界的交互

3.1.6 可穿戴计算

1. 可穿戴计算基本概念

可穿戴计算（Wearable Computing）是实现人机之间自然、方便与智能交互的重要方法，成为接入互联网的主要技术，也必将影响未来的"互联网＋"行业应用的智能硬件设计与制造。在很多必须将使用者双手解放出来的应用场景，例如战场上作战的士兵、装配车间的装配工、高空作业的高压输变电线路维修工、驾驶员、运动员、老人与小孩，如果要为他们设计互联网智能终端设备，就必须考虑采用可穿戴设备的设计思路。术语"可穿戴计算"侧重于描述作为一种计算模式的技术特征，"可穿戴计算设备"侧重于描述"人机合一"的应用特征。

研究可穿戴计算与互联网之间的关系，需要注意以下几个问题：

（1）可穿戴计算产业自 2008 年以来发展迅猛，尤其是在 2013 年到 2015 年经历了一个集中的爆发期，消费市场的需求不断显现，产品以运动、户外、影音娱乐为主。随着互联网应用的发展，目前可穿戴计算应用正在向智能医疗、智能家居、智能交通、智能工业、智能电网领域延伸和发展。

（2）可穿戴计算融合了计算、通信、电子、智能等多项技术，人们通过可穿戴的设备，如智能手表、智能手环、智能温度计、智能手套、智能头盔、智能服饰与智能鞋，接入互联网与物联网，实现了人与人、人与物、物与物的信息交互和共享。同时也体现出可穿戴计算设备是"以人为本"和"人机合一"，以及为佩戴者提供"专属化""个性化"服务的本质特征。

（3）可穿戴计算设备以"互联网＋"云-端模式运行，以及可穿戴计算与大数据技术的融合，将对可穿戴计算设备的研发与互联网的应用带来巨大的影响。

2. 可穿戴计算设备的分类与应用

根据可穿戴计算设备在人体穿戴的部位不同，可穿戴计算设备可以分为：头戴式、身着式、手戴式、脚穿式。

1）头戴式设备

头戴式设备主要用于智能信息服务、导航、多媒体、3D 与游戏。头戴式设备可以分为两类：眼镜类与头盔类。图 3-19 给出了头戴式可穿戴设备的示意图。

智能眼镜作为可穿戴计算设备的先行者，拥有独立的操作系统，用户可以通过采用

图 3-19   头戴式可穿戴设备

语音、触控或自动的方式，去操控智能眼镜，实现摄像、导航、通话以及接入互联网等功能。

智能头盔具有语音、图像、视频数据的传输和定位，以及实现虚拟现实与增强现实的功能，目前已经广泛应用于科研、教育、健康、心理、训练、驾驶、游戏、玩具中。智能导航头盔内置 GPS 位置传感器、陀螺仪、加速度传感器、光学传感器和通信模块，为驾驶者定位、规划路线和导航。在军事应用中，作战人员可以通过头盔中摄像镜头，实现变焦、高清显示，以增强观察战场环境和目标的能力，快速提取和共享战场信息。目前科研人员正在研究用安装在智能头盔上的脑电波传感器，来获取头盔佩戴者的脑电波数据。

2）身着式

用于智能医疗的可穿戴背心、智能衬衫研发已经有很多年的历史了。身着式可穿戴计算设备主要用于智能医疗、婴儿、孕妇与运动员监护、健身状态监护等。其中，科学家将传感器内嵌在背心、衬衫、婴儿服、孕妇服或健身衣中，贴着人体，测量人的心律、血压、呼吸频率与体温等。智能衣服可以具备监控呼吸、强度训练指引、压力水平等功能。例如，Athos 智能运动服的上衣内置了 16 个传感器，其中 12 个传感器用来检测肌电运动，另外 2 个传感器是用来跟踪运动员心率，2 个传感器是用来跟踪运动员的呼吸状态。传感器数据通过蓝牙模块传送到智能手机 App，通过互联网接入云端的分析软件。用户可以通过 App 设定运动的目标，如有氧运动、肌肉张力、减肥指标等，根据监测的数据，可以了解运动员的肌肉、生理状态与运动参数，进一步判断是否达到了设定的训练目标。

智能婴儿服内嵌了多个传感器与接入点，传感器采集数据通过蓝牙模块传送到接入点，接入点再将汇聚后的数据通过 Wi-Fi 接入互联网，传送到婴儿父母亲的智能手机。父母可以实时监视婴儿的体征数据，及时了解婴儿的身体状态。智能尿布可以分析戴尿布婴儿的尿液，检测尿路感染、脱水等健康信息。尿布内嵌入了传感器，从尿液中跟踪水分、细菌和血糖水平。尿布正面上有一个二维码，可以用智能手机扫描一个完整的"尿样分解报告信息"。这个思路也可以扩展到老年人健康监护中。

Intel 公司展示了一款智能 T 恤，并发布了一个智能衣服平台。Intel 研究人员在衣服里面嵌入了传感器,并透过导电纤维将数据,通过蓝牙或 Wi-Fi 方式接入互联网,将数据传输到智能手机或计算机,只要穿上衣服,就能够精确地测量到心律等生理参数。

科学家发明了一种如同人的皮肤一样的"表皮电子"(epidermal electronics),它可以贴在孕妇的肚子上监测婴儿的胎心音与其他参数。

为在高温或低温环境下工作人员设计的智能恒温外套,可以根据内嵌在衣服上的传感器检测的温度,智能恒温外套可以通过衣服内部的气流温度来调节人体温度。

电子鼓 T 恤在体恤上安装了几排连接鼓点的按键,音乐爱好者可以一边走一边敲打按键,信号传送到发声装置,穿上电子鼓 T 恤就像随身携带着架子鼓一样。

目前正在研究的有智能防弹衣、传感器网衣。智能防弹衣有两个主要的功能,一是制作防弹衣的是一种融入可在液态和固态之间转换的特殊材料,平时穿着很柔软、轻便,一旦传感器感知外部巨大声响或受力时就自动变硬;二是如果战士中弹,智能防弹衣自动向战场卫生兵报告中弹人的位置和中弹部位。一个人的身体姿态往往是在少年时期慢慢形成的,很多人走路、站姿、坐姿不好,长大以后很难调整。成年人在不同的社交场合也存在姿态需要纠正的问题。为了适应这种需求,科学家正在研究一种传感器网衣。传感器网衣由传感器、红外线摄像头组成,上方的红外线摄像头利用三维跟踪技术,收集了身体姿势信息,并且通过互联网将这些信息汇总到云平台的数据处理中心,经过计算后向用户身体的不同部位执行器发出震动指令,并显示在智能手机上。各种身着式可穿戴设备如图 3-20 所示。

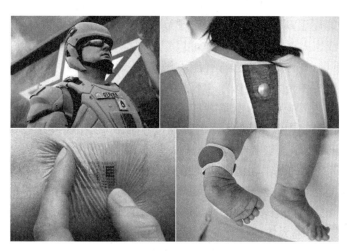

图 3-20　身着式可穿戴设备示意图

3)手戴式

手戴式或腕戴式设备主要有智能手表、智能手环、智能手套、智能戒指等几种类型(如图 3-21 所示)。

智能手表可以通过蓝牙、Wi-Fi 接入互联网,与智能手机通信。当智能手机收到短信、电子邮件电话时,智能手表就会提醒用户,并且可以通过智能手表回拨电话,在手表的屏幕上进行短信与邮件的快速阅读。智能手表还能够定位、控制拍照、控制音乐的播放、查询天气、日程提示、电子钱包等功能。智能手表可以记录佩戴者的运动轨迹、运动速度、

图 3-21 智能手表、智能手环、智能手套与智能戒指

运动距离、心律、计算运动中消耗的卡路里。

人们将智能手环的功能总结为：运动管家、信息管家、健康管家。智能手环通过加速度传感器、位置传感器实时跟踪运动员的运动轨迹，可以计步、测量距离、计算卡路里与脂肪消耗，同时能够监测心跳、皮肤温度、血氧含量，并与配套的虚拟教练软件合作，给出训练建议。智能手环可以显示时间、佩戴人的位置、短信、邮件通知、会议提示、闹钟振动、天气预报等信息。智能手环可以随时将被患者、老年人或小孩的位置、身体与安全状况，通过互联网向医院或家人通报。智能手环可以记录日常生活中的锻炼、睡眠和饮食等实时数据，分析睡眠质量，并将这些数据与智能手机同步，起到通过数据指导健康生活的作用。

智能手套早期主要是为智能医疗与残疾人服务的。智能手套可以利用声纳与触觉帮助盲人回避障碍物的智能手套。目前智能手套已经扩展到为更多的人服务。有的智能手套的大拇指部分充当麦克风、耳机播放声音和进行通话；食指能够进行自拍，无名指和小拇指甩动就能进行拍照，能够提供智能手机、单反相机、流媒体播放器、游戏主机、家庭影院、MP3 播放器等产品的基本功能。指尖条码扫描仪、RFID 读写器将大大方便产品代码的读取。指尖探测器可以方便地检测到物体表面的酸碱度等信息。

当你骑自行车需要转弯或变道的时候，并不能像机动车那样打开转向灯来提醒后面的车辆，这时候后面车速太快的话就很容易发生事故了。可以作为转向灯的骑车手套利用在一双露指手套的手背部分添加了发光二极管，当骑车需要变道或者转向时，只需动一下手指激活开关，就可以显示转向。智能手套可以用近场通信(NFC)模块和陀螺仪传感器来判断用户的手势，进行人机交互。

智能手套可以直接用手势动作来控制不同的乐器、音效、音量。当你到达书房时想听民乐"春江花月夜"时，你只需要用手"指"一下，音乐就会响起。作为音乐创作者，你可以自己为了自己的表演设置不同的手势和动作，也可以用来控制游戏、视频节目 3D 显示。

智能手套可以监测到佩戴者打高尔夫球挥杆时的加速度、速率、速度、位置以及姿势，可以以每秒钟 1000 次的运算速度来分析传感器所记录的数据，计算出佩戴者是否发力过猛，击球位置是否正确、姿势是否规范等问题，从而提升佩戴者的高尔夫球技。

　　智能指套能够将电子信号传送到皮肤上,并转变成一种真实的触感。他们将一些柔性电路嵌入普通指套上,当用户套上这种指套时,会感受到这些电路产生的各种电子信号的刺激,最终在大脑中形成各种不同的触感,甚至能感觉到质地和温度等。研究人员希望利用智能指套来改变外科手术的工作方式。当外科医生戴上这种智能指套,手指会变得超级灵敏,能够感觉到手下触摸到的人体组织的很多细节,帮助医生准确地进行手术。智能拐杖可以帮助老人定位、脉搏与血压测试、迷路导航、紧急状况报警与求救。

　　智能戒指可以由佩戴者自己定义控制姿态,去实现对其他智能设备的控制,甚至可以在空中或任意的物体的表面上手写短信,用手机发送到互联网。科学家研究在智能戒指上配上 LED 显示屏,通过旋转智能戒指,就可以读取智能手机的日期、提示、短信与来电信息,也可以作为儿童跟踪器。智能戒指式盲文扫描仪可以帮助盲人读书。

　　测量心跳的智能戒指可以用不同的颜色表示心跳是正常或运动过速,并可以通过震动来提醒佩戴者。

　　4)脚穿式

　　脚穿式可穿戴计算设备近期发展很快。智能鞋通过无线的方式连接到智能手机,这样智能手机就可以存储并显示穿戴者的运动时间、距离、热量消耗值和总运动次数,以及运动时间、总距离和总卡路里等数据。

　　卫星导航鞋的一句宣传语是:"No Place Like Home"(何处是家园)。卫星导航鞋内置了一个 GPS 芯片、一个微控制器和天线。左脚鞋的鞋头上装有一圈 LED 灯,形状像一个罗盘,它能指示正确的方向,右鞋鞋头也有一排 LED 灯,能显示当前地点距离目的地的远近。出发前,用户需要在计算机中设计好旅行路线,用数据线将其传输至鞋中,然后同时叩击双脚鞋跟开始旅程。智能袜子使用 RFID 芯片,可以确保准确配对。智能鞋可以通过蓝牙与智能手机连接,并从网络地图上获取方位信息,在需要转弯的时候,通过左脚或右脚的振动为使用者指路。智能鞋对于有视力障碍的人更有帮助。没有互联网的支持,这些功能都实现不了。智能跑步鞋、卫星导航鞋与智能鞋的工作原理如图 3-22 所示。

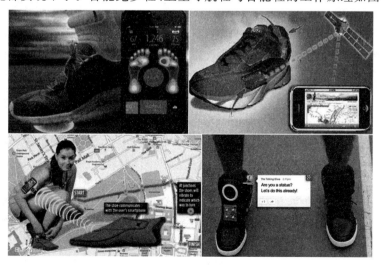

图 3-22　智能跑步鞋、卫星导航鞋与智能鞋

从以上的讨论中，我们可以得出几点结论：

（1）可穿戴计算设备特殊的"携带""交互"方式，催生了"蓝领计算"模式。可穿戴计算模式强调用户在"工作空间"（work space）、在"特定的时间关键的工作"（intense time critical work），以及在"生活空间"（daily life space）进行活动时，能够得到在"信息空间"（cyber space）自然、有效与多人协作的支持。这是一种非常适合"互联网＋"应用的现场作业和信息处理模式。

（2）可穿戴计算设备的技术短板已经开始被突破。面向可穿戴计算设备更加微型和低能耗的芯片已经问世；柔性显示与柔性电池技术已经开始商业应用；虚拟现实与增强现实等智能人机交互技术正在快速发展；"互联网＋"云-端模式与大数据技术的支持，使得可穿戴计算设备在体积、计算能力、功能与续航能力上将会大幅度地提升。

（3）可穿戴计算技术与设备已经广泛应用于智能工业、智能医疗、智能家居、智能安防、航空航天、体育、娱乐、教育与军事等领域，渗透到社会生活的方方面面。可穿戴计算模式将有力地推动"互联网＋"应用的发展。

3.1.7　软件的发展与"软件定义一切"

1. 计算机软件发展的三个阶段

从1946年计算机诞生以来，计算模式与软件技术无不随着社会与技术的发展发生着深刻的变化。计算机软件的发展也经历过三个阶段。

1）第一个阶段（1946—1975年）：软硬件一体化阶段

早期计算机主要用于破解密码与弹道计算等军事用途。当时还没有"软件"的概念。所有的技术都是用机器语言（即汇编语言）编写的"程序"来实现的。"程序"告诉CPU和硬件做什么，如何理解和执行一组指令。这一阶段的特点是"软硬一体化"。

2）第二个阶段（1975—1995年）：软件产品化与产业化阶段

到了20世纪60年代初开始出现"软件"的概念。"软件"一般是指设计比较成熟、功能比较完善、具有某种使用价值的程序。"软件产品"是指由软件开发商开发，具有特定功能的一整套程序、数据与文档（一般有安装与使用手册），以软盘或光盘为载体，或通过授权和网络下载的方式出售给用户。当然，也有很多软件产品是免费的。"软件产品"进一步可以分为系统软件与应用软件两大类。我们熟悉的操作系统Windows、UNIX、Linux以及数据库管理系统Oracle、DB2等属于系统软件；文字处理软件WPS、Word，以及电子表格软件Excel等属于应用软件。"软件产品"与书籍、论文、音乐、电影一样，受到知识产权（版权）保护。随着"软件"产业化的发展，"软件产业"的重要性日益凸显。目前"软件产业"已经成为各国经济与社会发展的基础性、先导性、战略性产业。

3）第三个阶段（1995年—现在）：软件的网络化与服务化阶段

从20世纪90年代中期开始，随着互联网的快速发展，软件随之进入网络化与服务化阶段。我们每一天都会使用的智能手机App软件标志着软件已经进入了"网络化"阶段，而云计算是对软件进入"服务化"阶段做了最好的诠释。

互联网应用推动了软件从单机向"网络计算"环境的延伸；移动互联网应用推动了软件向"移动计算"方向延伸；物联网应用推动着软件向"人-机-物融合"计算环境的延伸。

"网络计算""移动计算"与"人-机-物融合"应用对软件技术的发展提出了新的需求,"互联网+"、大数据、智能技术发展与应用推动着"软件定义一切"技术的研究与发展。

2."软件定义一切"的基本概念

1)现代计算方法与现代组网方法

"软件定义一切"的概念并不神秘。我们平时使用的操作系统就充分地体现了"软件定义一切"的思想。操作系统管理着计算机的硬件资源,控制着程序运行,提供了友善的人机交互接口,为应用软件运行提供支持。如果没有操作系统,只能使用机器语言、汇编语言的方式来使用计算机,这就会造成编程麻烦、使用困难。正是操作系统为用户使用计算机系统提供了便利。所以,对于用户来说,操作系统就是用"软件定义"了一台计算机的功能和使用方法。

与计算机产业的快速发展相比,网络产业创新发展相对缓慢。传统互联网体系结构、协议与技术与移动互联网、物联网,以及大数据、智能技术应用需求的不适应问题日渐突出,研究新的网络体系结构、协议与技术已经是势在必行。人们自然会想到:既然能够用软件去定义计算机,那么能不能用软件去定义网络呢?"软件定义网络"(Software Defined Network,SDN)创始人、美国斯坦福大学 Nick Mckeown 教授回答了这个问题。

Nick Mckeown 教授曾经对计算机产业快速创新发展做出如下的分析。他指出:早期的 IBM、DEC 等计算机生产商生产的计算机是一种封闭的产品,它们有专用的处理器硬件、特有的汇编语言、操作系统和专门的应用软件。在这种封闭的计算环境中,用户被捆绑在一个计算机生产商的产品上,用户开发自己需要的应用软件相当困难。现在的计算环境发生了根本的变化,绝大多数计算机系统的硬件建立在 X86 及与 X86 兼容的处理器之上,嵌入式系统的硬件则主要由 ARM 处理器组成。这样就使得用 C、C++、Java 语言开发的操作系统很容易移植。在 Windows、MAC OS 操作系统,以及 Linux 等开源操作系统开发的应用程序很容易从一个厂商的平台迁移到另一个厂商的平台。

促进计算机从"封闭、专用设备"进化到"开放、灵活的计算环境",进而带动计算机与软件产业快速创新发展的因素主要有以下四点:

(1)确定了面向计算的、通用的三层体系结构:处理器—操作系统—应用程序。

(2)制定了处理器与操作系统、操作系统与应用程序的开放接口标准。

(3)计算机功能的软件定义的方法带来了更加灵活软件编程能力。

(4)开源模式催生了大量开源软件,加速了软件产业的发展。

图 3-23(a)给出了现代计算环境的特点:通用的底层硬件,软件定义功能,支持开源模式的应用程序。

基于以上的分析,Nick Mckeown 教授建议参考现代计算机的系统结构,将新的网络系统划分为如图 3-23(b)所示的"网络设备硬件—SDN 控制平面—应用程序"3 个功能模块;同时制定控制平面与网络设备硬件、控制平面与应用程序之间的开放接口。

Nick Mckeown 教授对现代计算方法与现代组网方法精辟的分析,指导着 SDN 技术研究的方向。

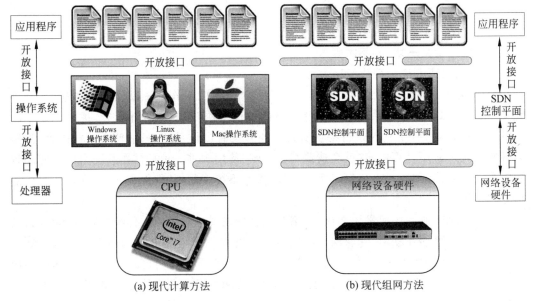

图 3-23　现代计算方法与现代组网方法的比较

2) SDN 结构与基本工作原理

传统的互联网中,网络的核心设备—路由器是一台专用的计算机硬件设备,它承担着"路由选择"与"分组转发"两大功能,其结构如图 3-24(a)所示。路由器的路由选择与分组转发能力一直是限制网络系统性能与灵活性的瓶颈。

按照 SDN 的研究思路,我们可以将传统的网络设备(交换机或路由器)的数据平面与控制平面分离。网络控制功能集中到控制平面的 SDN 控制器,数据平面只负责分组的转发,其结构如图 3-24(b)所示。

在传统的网络结构中,路由器或交换机的控制平面只能从自身节点在局部区域网络拓扑视图去建立和更新路由表;当路由器接收到数据分组时,也只能从路由表中找出"最佳"下一跳节点;数据平面根据路由表查找的结果将分组转发出去。几十年来,网络一直沿用着这种"完全分布""静态"和"固定"的模式工作。

在 SDN 网络中,SDN 并不是要取代路由器与交换机的控制平面,而是以整个网络视图的方式加强控制平面,根据动态的流量、延时、服务质量与安全状态,来决定各个节点的路由和分组转发策略,然后将控制指令推送到路由器与交换机的控制平面,由控制平面去操控数据平面的分组转发过程。

可编程性是 SDN 的核心。SDN 不是一种协议,而是一种适用于运行和编程的网络体系结构。在 SDN 网络中,编程人员只要掌握控制器的 API 编程方法,就可以写出控制各种网络(如路由器、交换机、网关、防火墙、网络攻击监测、服务器、无线基站)的程序,而不需要知道各种网络设备配置命令的具体语法、语义;控制器负责将 API 程序转化成指令去控制各种网络设备。新的网络应用也可以方便地通过 API 程序添加到网络中,而无须关心数据平面实现的细节。SDN 可以智能地优化网络路由、网络管理与网络安全性,使得网络具有更大的灵活性、更高的性能与更好的安全性。

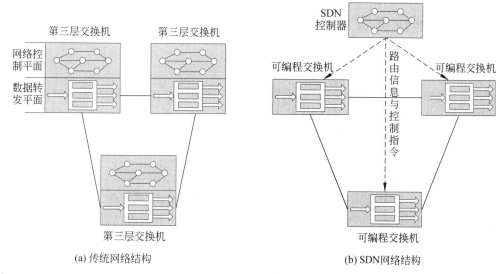

图 3-24 SDN 基本工作原理示意图

从"软件定义网络"的例子中我们可以看出:"软件定义一切"的基本思路是"硬件资源虚拟化,管理功能可编程"。

3. 理解"软件定义一切"的概念需要注意的问题

理解"软件定义一切"的概念,需要注意以下几个问题。

(1) 21 世纪互联网已经渗透到政治、经济、文化领域,改变了工业、农业、交通、医疗、环保、金融、物流与政府管理模式。只要有计算机、互联网的地方必然有软件。"万物皆可互联、一切均可编程"。软件在当今社会已经是"无处不在""无孔不入"。未来所有的成功企业都将基于数据驱动。通过软件定义网络、定义基础设施、定义存储、定义应用系统的功能,使得网络、计算、存储能力得到优化,因此"软件定义一切"可以提高制造业、零售业、运输业、金融业的运行效益。

(2)"软件定义一切"的本质就是打破过去的一体化的计算、存储、网络硬件基础设施的管理与运行模式,通过"硬件资源虚拟化,管理功能可编程",用软件控制和优化系统功能,提供更开放、灵活、智能与高效的服务。

(3)"软件定义一切"的时代要求我们突破"边界思维"。既然"互联网+"颠覆了很多传统产业,产生了很多新的业态,最终要实现"人-机-物"的融合,使人类对外部世界具有"更全面的感知能力、更广泛的互联互通能力、更智慧的处理能力",那么就要求我们"突破"传统的思维方式,"跨越"传统的产业与业务边界,用创造性的思维去看待"软件定义一切"给当今社会带来的变化。今天我们看到"软件定义网络""软件定义数据中心"与"软件定义安全",明天我们就有可能看到"软件定义汽车"或"软件定义卫星"。软件"无孔不入",软件定义"无处不在"。一切皆有可能。

"软件定义一切"对于我们每一个人既是机遇,也是挑战。软件定义一切的时代需要我们突破"边界思维"。从这个角度看,无论哪个专业的大学生都应该了解"软件定义一切"的基本概念、技术与应用。

3.2　集成电路与智能硬件技术

3.2.1　微电子技术和产业发展的重要性

实现社会信息化的关键是计算机和通信技术,推动计算机和通信技术发展的基础是微电子技术,而微电子技术的核心是集成电路(Integrated Circuit,IC)设计与制造技术。因此,集成电路是信息产业的核心技术,谁不掌握集成电路技术,谁就不可能成为信息技术的强国,必然要受制于人,对于发展"互联网+"更是如此。

由于制造微电子集成电路芯片(chip)的原材料主要是半导体材料——硅。因此有人认为,从20世纪中期开始人类进入了继石器时代、青铜器时代、铁器时代之后的硅器时代(Silicon Age)。一位日本经济学家认为,谁控制了超大规模集成电路技术,谁就控制了世界产业。英国学者则认为,如果哪个国家不掌握集成电路技术,哪个国家就只能列入不发达国家的行列。因此,没有芯片就没有现代化。

微电子技术和集成电路产业发展的重要性还可以用以下两组统计数据来加以说明。

(1) 从集成电路对国民经济发展影响的角度看,国民经济总产值每增加100~300元,就必须有10元电子工业和1元集成电路产值的支持。发达国家在发展过程中,经济增长存在着一个规律:电子工业产值的增长速率是国民经济总产值增长速率的3倍,微电子产业的增长速率又是电子工业增长速率的2倍。

(2) 从微电子与集成电路产品对国民经济发展贡献率的角度看,集成电路对国民经济的贡献率远高于其他门类的产品。如果以单位质量钢筋对GDP的贡献率为1来计算,小汽车贡献率为5,彩电贡献率为30,计算机贡献率为1000,而集成电路的贡献率则高达2000。微电子产业发展之所以如此之快,除了微电子工业本身对国民经济的巨大贡献之外,还与它极强的渗透性有关,几乎所有的传统产业只要与微电子技术结合,用微电子技术进行改造,才会使传统产业得到快速的发展。

微电子技术已经广泛地应用于国民经济、国防建设,乃至家庭生活的各个方面。随着人工智能、可穿戴设备、云计算、大数据、"互联网+"的快速发展,进一步推动了我国微电子与集成电路产业发展。2014年国务院发布《国家集成电路产业发展推进纲要》将集成电路产业上升至国家战略高度,强调"集成电路产业是信息技术产业的核心,是支撑经济社会发展和保障国家安全的战略性、基础性和先导性产业"。有的学者研究了2015年5月公布的《中国制造2025》确定的十大核心技术之后指出:十大核心技术中,80%都离不开集成电路的支持。

3.2.2　微电子与集成电路技术发展

1. 晶体管的发明

物质从导电性的角度可以分为导体、绝缘体与半导体。典型的导体材料如铜、铁等金属材料。典型的绝缘体如橡胶、玻璃等材料。而半导体的电阻率介于导体与绝缘体之间。典型的半导体材料有硅、锗、砷化镓等。科学家发现,如果在半导体材料中扩散进不同的元素,半导体的导电特性就会发生很多特殊的变化,因此半导体材料、特性与制备技术的研究引起了物理学家的重视。

　　半导体研究的发展可以追溯到 20 世纪 30 年代。第二次世界大战期间,雷达的出现使高频探测成为一个重要问题,而电子管无法满足这一要求。同时,电子管也不适用于移动式军用设备。军事应用的迫切需求以及半导体理论和技术上的一系列重大突破,促进了性能更优越、体积更小、耗电更少的半导体器件的研究与发展。1947 年 12 月,第一个点接触型晶体管在贝尔实验室诞生。图 3-25 是世界上第一个点接触型晶体管的照片。

图 3-25　世界上第一个点接触型晶体管的照片

　　1950 年,肖克莱(William Schokley)、巴丁(John Bardeen)和布拉顿(Wailter Houser Brattain)发现了可以取代点接触型晶体管的单晶锗结型晶体管。为此,肖克莱、巴丁和布拉顿共同分享了 1956 年的诺贝尔物理学奖。图 3-26 是三位诺贝尔物理学奖获得者在实验室工作的照片。

图 3-26　三位诺贝尔物理学奖获得者在实验室工作的照片

　　随着技术的发展,晶体管功能越来越强,体积越来越小,耗电越来越少,在各种电子信息产品中广泛应用。晶体管成为 20 世纪最伟大的发明之一,它揭开了人类社会进入电子时代的序幕,对人类社会的所有领域和产业都产生了重大和深远的影响。图 3-27 给出了从 1941 年到 1997 年电子管到晶体管、集成电路的发展过程示意图。

　　2. 集成电路的研究与发展

　　晶体管发明之后不到五年,1952 年 5 月英国皇家研究所的达默(G. W. A. Dummer)

电子管　　　　　　晶体管　　　　　　小规模集成电路　　　　大规模集成电路

图 3-27　从电子管到晶体管、集成电路的发展过程

在美国工程师协会举办的座谈会上发表的论文中第一次提出了"集成电路"的概念。他在文章中说到："可以想象，随着晶体管和半导体工业的发展，电子设备可以在一个固体块上实现，而不需要外部的连接线。这块电路将由绝缘层、导体和具有整流放大作用的半导体等材料组成。"之后，经过几年的实践和工艺技术水平的提高，以德州仪器公司的科学家基尔比(Jack Kilby)为首的研究小组研制出了世界上第一块集成电路。这是一个由 4 个元器件组成的振荡器。1958 年 9 月，当基尔比教授接上电源时，示波器立即显示出集成电路产生的漂亮的正弦波波形。图 3-28 是基尔比教授与世界上第一块集成电路的照片。由于基尔比教授对人类社会的重大贡献，他获得了 2000 年诺贝尔物理学奖。

图 3-28　诺贝尔物理学奖获得者基尔比教授与世界上第一块集成电路

集成电路是指通过一系列特定的加工工艺，将多个分立的晶体管等有源器件，与无源器件电阻、电容，集成在一块半导体单晶片（如硅或砷化镓等）或陶瓷等基片上，做成一个不可分割的、整体能够执行特定功能的电路组件。集成电路打破了电子技术中器件与线路分离的传统，使得晶体管与电阻、电容等元器件，以及连接它们的线路都集成在一块小小的半导体基片上，提高了电子设备的性能、缩小体积、降低成本、减少能耗，大大促进了电子工业的发展。集成电路的发明使电子工业进入了集成电路时代。

衡量集成电路有两个主要的参数：集成度与特征尺寸。集成电路的集成度是指：单块集成电路芯片上所容纳的晶体管及电阻器、电容器等元器件数目。特征尺寸是指：集成电路中半导体器件加工的最小线条宽度。

集成度与特征尺寸是相关的。当集成电路芯片的面积一定时，集成度越高，功能就越强，性能就越好，但是特征尺寸就会越小，制作的难度也就越大。所以，特征尺寸也常用来表示集成电路设计和制造技术水平高低的重要指标。

在微电子学研究的空间,它的特征尺寸通常是微米(μm,$1\mu m = 10^{-6} m$)与纳米(nm,$1nm = 10^{-9} m$)来描述的。

在过去的几十年中,以硅材料为主要加工材料的微电子制造工艺从开始的几个微米技术到现在的几十纳米技术,集成电路芯片的特征尺寸越小,集成度就越高,成本就越低。目前,14nm 的芯片制造技术已经成熟,并将逐步形成 10nm、7 nm 的生产能力,正在形成工程化的是 3nm 的制造工艺。芯片制造能力发展很快,几乎是一年或两年就是一代。

集成电路也已经从最初的小规模芯片,发展到目前的大规模,甚大规模集成电路和系统级芯片(System on Chip,SoC);单个电路芯片集成的元件数从当时的十几个发展到目前的几亿个甚至几十、上百亿个,研究工作则已经进入深亚微米领域。

随着计算技术、通信技术、网络应用的快速发展,电子信息产品向高速度、低功耗、低电压和多媒体、网络化、移动化趋势发展,要求系统能够快速地处理各种复杂的智能问题,除了需要数字集成电路以外,还需要根据应用的需求加上生物传感器、图像传感器、无线射频电路、嵌入式存储器等。基于这样一个应用背景,20 世纪 90 年代后期人们提出了系统芯片 SoC 的概念。目前集成电路呈现出两个明显的发展趋势:

(1) 20 世纪末出现的系统芯片(SoC)预示着集成电路行业正在出现一个从量变到质变的突破。

(2) 系统芯片 SoC 的设计与生产必将导致计算机辅助设计工具、生产工艺与产业结构的重大变化。

3.2.3 系统芯片 SoC 研究与应用

"系统芯片 SoC"也称为"片上系统"。SoC 技术的兴起是对传统芯片设计方法的一场革命。21 世纪 SoC 技术快速发展,并且成为市场的主导。

SoC 与传统集成电路的关系和过去集成电路与分立元器件的关系很类似。使用传统集成电路制造的电子设备需要设计一块印刷电路板,再将集成电路与其他的分立的元件(电阻、电容、电感)焊接到电路板上,构成一块具有特定功能的电路单元。

系统芯片 SoC 就是将一个电子系统的多个部分集成在一个芯片上,组成能够完成某种完整电子系统功能的芯片。SoC 的概念可以用图 3-29 来描述。图 3-29 的左端是一款用多块大规模集成电路和一些分立元件组成的手机电路结构图,图的右端是将手机的多块大规模集成电路和部分元器件集成在一起的 SoC 芯片内部版图。

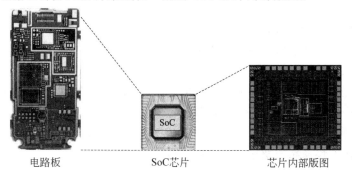

电路板   SoC芯片   芯片内部版图

图 3-29　SoC 芯片示意图

系统芯片 SoC 技术的应用，可以进一步提高电子信息产品的性能和稳定性，减小体积，降低成本和功耗，缩短产品设计与制造的周期，提高了市场竞争力。例如，IBM 公司发布的逻辑电路和存储器集成在一起的一种 SoC 芯片，速度相当于 PC 处理速度的 8 倍，存储容量提高了 24 倍，存取速度也提高了 24 倍。NS 公司将原来 40 个芯片集成为 1 个芯片，推出的全球第一个用单片芯片构成的彩色图形扫描仪，价格降低了近一半。

SoC 芯片已经成为世界各国 IT 企业竞争的热点。2018 年 4 月，有两款 SoC 芯片的问世引起了学术界的高度重视。一是美国高通公司宣布了用 10 纳米工艺制造的图像处理的 SoC 芯片问世。该芯片采用多核 CPU、向量处理器和 GPUd 结构，集成了图像信号处理器和人工智能引擎，能够为深度学习提供高达每秒 2.1 万亿次的计算性能，具备物体探测、追踪、分类和面部识别功能，为工业级与消费级智能安防摄像头、运动摄像头、可穿戴摄像头的设计提供了一款高水平的 SoC 芯片。另一款是作为国产移动高端处理器芯片麒麟 980。华为公司在成功研制 10nm 工艺的麒麟 970 芯片之后，7nm 工艺生产的麒麟 980 处理器芯片开始量产，2019 年 1 月又相继推出鲲鹏 920 芯片、5G 基站核心芯片天罡、5G 基带芯片巴龙 5000，这标志着我国在移动高端处理器芯片研发上已经走到世界前列。

3.2.4　智能硬件研究与发展

2012 年 6 月，谷歌智能眼镜的问世将人们的注意力吸引到可穿戴计算设备的应用上。之后出现了大量的可穿戴计算产品，小型的有智能手环、智能手表、智能衣、智能鞋、智能水杯，大型的有智能机器人、无人机、无人驾驶汽车。它们的共同特点是：实现了"互联网＋传感器＋计算＋通信＋智能＋控制＋大数据＋云计算"等多项技术的融合，其核心是智能技术，基础是集成电路设计制造技术。

智能硬件的出现标志着硬件技术向着"云＋端"融合方向发展的趋势，划出了传统的智能设备、可穿戴计算设备与新一代智能硬件的界限，预示着智能硬件（Intelligent Hardware）将成为"互联网＋"产业发展新的热点。

2016 年 9 月，我国政府在《智能硬件产业创新发展专项行动（2016—2018 年）》（以下简称为《智能硬件行动计划》）中，明确了我国将重点发展的五类智能硬件产品：智能穿戴设备、智能车载设备、智能医疗健康设备、智能服务机器人、工业级智能硬件设备。同时明确了重点研究的六项关键技术：低功耗轻量级底层软硬件技术、虚拟现实/增强现实技术、高性能智能感知技术、高精度运动与姿态控制技术、低功耗广域智能物联技术、"云＋端"一体化协同技术。

从以上讨论中，我们可以得出三点结论：

（1）智能硬件的技术水平取决于智能技术应用的深度，支撑它的是集成电路、嵌入式、云计算与大数据技术。

（2）智能硬件已经从民用的可穿戴计算设备，延伸到"互联网＋"制造业、"互联网＋"农业、"互联网＋"医疗、"互联网＋"交通等领域。

（3）"互联网＋"的应用推动了智能设备的研究与发展，智能硬件产业的发展又将为"互联网＋"应用的快速拓展奠定了坚实的基础。

3.3　通信与网络技术

"互联网+"是建立在通信与网络技术之上的,了解支撑"互联网+"发展的核心技术,必须了解现代通信与网络技术。本节在系统地讨论计算机网络基本概念的基础上,介绍下一代互联网与下一代电信网的概念、技术与应用。

3.3.1　分组交换技术与互联网的发展

如果将"分组交换"概念的提出与"ARPANET"网络的出现作为计算机网络技术发展起点的话,那么计算机网络技术已经经历了半个多世纪的发展历程。网络技术正在沿着"互联网-移动互联网-物联网"的轨迹,"由小到大"一步一步地发展、壮大,"由表及里"地渗透到各行各业与社会的各个领域。现在社会热议的几个关键词——"互联网+""网络空间安全"与"网络强国",而奠定它们发展的基础是分组交换技术。

1. 分组交换技术特点

20世纪60年代中期,在与苏联的军事力量竞争中,美国军方认为需要一个专门用于传输军事命令与控制信息的网络。因为当时美国军方的通信主要依靠电话交换网,电话交换网是相当脆弱的。电话交换系统中任何一台交换机或连接交换机的一条中继线路的损坏,尤其是几个关键长途电话局交换机如果遭到破坏,就有可能导致整个系统通信的中断。美国国防部高级研究计划署ARPA要求设计一种新的网络,用于将分布在不同地理位置的计算机系统互联成计算机网络研究计算机网络首先要回答两个基本的问题:采用什么样的网络拓扑? 采用什么样的数据传输方式?

1) 采用什么样的网络拓扑

研究人员比较了两种基本的网络拓扑结构方案。第一种是集中式拓扑构型。在集中式网络中,所有主机都与一个中心节点连接,主机之间交互的数据都要通过中心节点转发。这种结构同样存在着可靠性较差问题。如果中心节点受到破坏,整个网络将会瘫痪。尽管可以在集中式拓扑的基础上形成非集中式的星-星结构,但是集中式结构致命的弱点仍然难以克服。图3-30给出了集中式和非集中式的拓扑构型示意图。

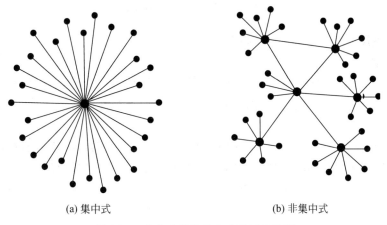

(a) 集中式　　　　　　　　　　　　　(b) 非集中式

图 3-30　集中式和非集中式的拓扑构型

第二种设计方案是采用分布式网状结构拓扑构型。分布式网络没有中心节点,每个节点与相邻节点连接,从而构成一个网状结构。在网状结构中,任意两节点之间可以有多条传输路径。如果网络中某个节点或线路损坏,数据还可以通过其他的路径传输。显然,这是一种具有高度容错特性的网络拓扑结构。图 3-31 给出了网状拓扑的结构示意图。

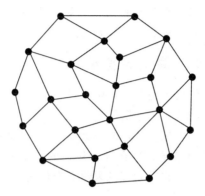

图 3-31   网状拓扑结构

2)采用什么样的数据传输方式

针对网状拓扑中计算机系统之间的数据传输问题,研究人员提出了一种新的数据传输方法——分组交换。图 3-32 给出了分组交换工作原理示意图。

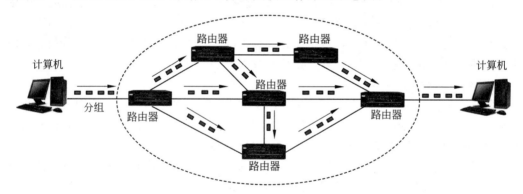

图 3-32   分组交换工作原理示意图

分组交换技术涉及三个重要的概念。

(1)存储转发。

研究人员设想:网状结构的每一个节点都是一台路由器。发送数据的计算机称作源主机,连接源主机的路由器称作源路由器,接收数据的主机称作目的主机,连接目的主机的路由器称作目的路由器。

在"存储转发"工作模式中,源主机将数据发送给源路由器。源路由器在正确接收数据之后先存储起来,启动路由选择算法,在相邻的路由器中选择最合适的下一个路由器,然后将数据转发到下一个路由器。下一个路由器也采取先将接收到的数据存储起来,寻找它的下一个路由器,再将数据转发出去。这样,数据通过一个一个路由器的接收、转发,最终会到达目的路由器。由目的路由器将数据递交给目的主机。这种由多个路由器接收、存储、转发数据的传输方式就叫作"存储转发"。

在存储转发方式中,无论网络拓扑如何变化,只要在源主机与目的主机之间存在一条传输路径,数据总能够从源主机传送到目的主机。这就克服了传统电话交换网可靠性差的缺点。

这样,计算机网络就形成了由路由器、连接路由器的传输线路组成的通信子网,以及由计算机系统组成的资源子网的二级结构模式。在网络技术的讨论中,通常也将通信子网叫作传输网。

(2)分组。

传统的电话交换网是用于人与人之间通话的需求,因此电话交换网在正式通话之前需要在两台电话机之间先建立线路连接,然后才能通话;通话结束之后需要释放两台电话机之间的线路连接。我们在每一次打电话之前拨号接通的时间一般都需要花费几十秒的时间。这个建立连接的延迟时间相比于人与人之间通话的时间来还是比较短的,也是人能接受的。但是计算机与计算机之间的数据通信属于"突发性"的。计算机之间随时可能要求在几毫秒或更短的时间内,完成几 KB 的语音文件、几 MB 的文本或图像文件,或者是几 GB 的视频数据的传输。

传输不同类型、不同长度、不同传输实时性要求的数据有两种方法。一种方法是路由器不管被传输数据的类型、长度与实时性要求的不同,一律当作一个报文来传输。另一种方法是源主机需要预先按照通信协议的规定,将待发送的长数据分成长度固定的片,将每一片数据封装成格式固定的"分组",再交给路由器来传输。

第一种方法的缺点是:路由器在存储转发的过程中,必须要按最长报文来准备接受缓冲区,这样对于语音类的短报文,路由器存储区的利用率会很低。同时,在通信线路传输误码率系统的情况下,传输的报文越长出错的概率就越大,路由器处理长报文出错的计算量就越大,出错重传花费的时间越长,效率越低。

第二种方法将"分组交换"的分组长度和格式固定,头部带有源地址、目的地址与校验字段,路由器在接收到分组之后,可以快速地根据校验字段检查分组传输是否出错。如果没有出现传输错误,立即根据分组头的源地址、目的地址以及当时连接路由器的通信线路的状态,为该分组寻找出"最适合"的下一个转发路由器,快速转发出去。因此,"分组交换"非常适合计算机与计算机之间的数据传输。

(3)路由选择。

我们可以用一个简单的例子来说明路由选择的基本概念。最简单的路由选择算法是"热土豆法"。设计"热土豆法"的灵感来自于人们的生活实践。当人们的手上在接到一个"烫手"的热土豆时,本能反应是立即扔出去。路由器在处理转发的数据分组时也可以采取类似的方法,当它接收到一个待转发的数据分组时,也是尽快地寻找一个输出路径转发出去。当然,一种好的路由选择算法应该具有自适应能力,它能够在发现网络中任何一个中间节点或一段链路出现故障时,具有选择绕过故障的节点或链路来转发分组的能力。

2. 互联网的发展

"分组交换"概念为计算机网络研究奠定了理论基础,"分组交换网"的出现也预示着现代网络通信时代的到来。互联网、移动互联网、物联网的网络与通信技术都是建立在分组交换概念的基础上的。

在开展分组交换理论研究的同时，ARPA 开始准备组建世界上第一个分组交换网——ARPANET。1972 年 10 月，罗伯特·卡恩（Robert Kahn）在华盛顿 DC 召开的第一届国际计算机与通信会议（ICCC）上首次公开演示了 ARPANET 的功能。当时参加演示的 40 台计算机分布在美国各地，演示的项目包括网上聊天、网上弈棋、网上测验、网上空管模拟等，其中网上聊天演示引起了极大的轰动，吸引了世界各国计算机与通信学科的科学家加入到计算机网络研究的队伍之中，开启了互联网时代的到来。

图 3-33 给出了接入互联网的主机数量的增长过程。图的横坐标是时间，纵坐标是接入互联网的主机数。从图中可以看出，从 1990 年到 1995 年接入互联网主机数在持续增长，特别是从 1993 年开始进入快速增长阶段。

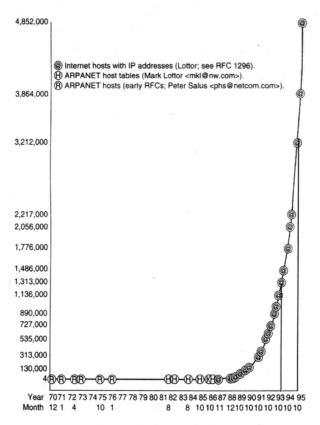

图 3-33   接入互联网的主机数量的增长过程

世界经济的发展推动着信息产业的发展，信息技术与互联网应用已成为衡量 21 世纪综合国力与核心竞争力的重要标准。1993 年 9 月，美国公布了国家信息基础设施（National Information Infrastructure，NII）建设计划，NII 被形象地称为信息高速公路。美国建设信息高速公路的计划触动了世界各国，各国开始认识到信息产业发展将对经济发展的重要作用，很多国家开始制定各自的信息高速公路建设计划。1995 年 2 月，全球信息基础设施委员会（Global Information Infrastructure Committee，GIIC）成立，目的是推动与协调各国信息技术与信息服务的发展与应用。在这种情况下,全球信息化的发展趋势已经不可逆转。

1987年9月20日,第一封用英、德两种文字书写的"跨越长城 走向世界"的电子邮件从中国发到德国。1994年4月20日,中国实现了与互联网的连接。

20世纪90年代,接入互联网的计算机全球只有20万台,进入21世纪全球70亿人口中将近30亿成为互联网的网民。从产生的信息量角度看,一家大的微博网站在一天内发布的信息量,就可以超过"纽约时报"60年出版报纸信息量的总和;全球最大的视频网站一天上传的视频可以连续播放98年。如今互联网两天传输的信息量总和就相当于人类历史留下的全部记忆。

互联网已经成为全球最大的互联网络,也是最有价值的信息资源宝库。互联网是通过路由器实现多个广域网和局域网、城域网、局域网互联的大型网际网,它对推动世界科学、文化、经济和社会的发展有着不可估量的作用。人们清晰地认识到:互联网已经使人类从工业时代走进了信息时代。

3.3.2 计算机网络的分类与特点

在计算机网络发展的过程中,发展最早的是广域网技术,其次是局域网技术。早期的城域网技术是包含在局域网技术中同步开展研究的,之后出现了个人区域网。从网络结构的角度,我们可以认为:互联网使用TCP/IP协议将分布在不同地理位置的广域网、城域网、局域网与个人区域网互联起来形成覆盖全球的"网际网"。

随着互联网+应用的发展,智能医疗对人体区域网提出了强烈的需求,促进了人体区域网技术的发展与标准的制定,扩展了计算机网络的种类。目前,计算机网络从传统的广域网、城域网、局域网、个人区域网等四类,增加了人体区域网,变为五种基本的类型:广域网、城域网、局域网、个人区域网、人体区域网。

研究互联网技术,必须了解广域网、城域网、局域网、个人区域网与人体区域网的基本概念。

1. 广域网(Wide Area Network,WAN)

广域网又称为远程网,所覆盖的地理范围从几十公里到几千公里。广域网覆盖一个国家、地区,或横跨几个洲,形成国际性远程计算机网络。初期广域网的设计目标是将分布在很大地理范围内的若干台大型、中型或小型计算机互联起来,用户通过连接在主机上的终端访问本地主机或远程主机的计算与存储资源。随着互联网应用的发展,广域网作为核心主干网的地位日益清晰,广域网的设计目标逐步转移到将分布在不同地区的城域网、局域网的互联上。

广域网分为两类,一类是公共数据网络,另一类是专用数据网络。由于广域网建设投资很大,管理困难,因此大多数广域网都是由电信运营商负责组建、运营与维护。网络运营商组建的广域网为用户提供高质量的数据传输服务,因此这类广域网属于公共数据网络(Public Data Network,PDN)的性质。但是出于对网络安全与性能有特殊要求,一些大型企业网络(如银行网、电力控制网、电子政务网、电子商务网等)以及大型物联网应用系统,它们需要组建自己专用的广域网,作为大型网络系统的主干网。

2．城域网（Metropolitan Area Network，MAN）

支持一个现代化城市的宽带城域网结构一般可以分为核心交换、汇聚与接入等三个层次。用户可以通过计算机由有线或无线局域网接入，通过固定、移动电话由电信通信网络接入，或者是通过电视由有线电视 CATV 传输网接入；汇聚层将大量用户访问互联网的设备汇聚到核心交换层；通过核心交换层连接国家核心交换网的高速出口，接入到互联网。宽带城域网已成为现代化城市建设的重要信息基础设施之一。

宽带城域网的应用和业务主要有：大规模互联网用户的接入，网上办公、视频会议、网络银行、网购等办公环境的应用，网络电视、视频点播、网络电话、网络游戏、网络聊天等交互式应用，家庭网络的应用，以及物联网的智能家居、智能医疗、智能交通、智能物流等应用。

3．局域网（Local Area Network，LAN）

局域网用于将有限范围内（例如一个实验室、一幢大楼、一个校园）的各种计算机、终端与外设互联成网。局域网可以分为有线与无线的局域网。局域网中应用最为广泛的是以太网（Ethernet）。传统的以太网是采用有线的 IEEE 802.3 标准，无线以太网（Wi-Fi）采用的是 IEEE 802.11 标准。目前以太网正在向城域以太网、光以太网以及适应物联网应用的工业以太网方向扩展。

4．个人区域网（Personal Area Network，PAN）

随着笔记本计算机、智能手机、PDA 与信息家电的广泛应用，人们逐渐提出自身附近 10m 范围内个人活动空间的移动数字终端设备（如鼠标、键盘、投影仪）联网的需求。由于个人区域网络主要是用无线通信技术实现联网设备之间的通信，因此就出现了无线个人区域网络（WPAN）的概念。目前在无线个人区域网的通信技术主要有蓝牙、ZigBee、基于 IPv6 低功耗个人区域网 6LoWPLAN 技术等。

5．人体区域网（Body Area Network，BAN）

互联网＋医疗的应用给计算机网络提出了新的需求，促进了人体区域网（BAN）的发展。物联网智能医疗的需求主要表现在以下两点。

（1）"互联网＋"医疗应用系统需要将人体携带的传感器或移植到人体内的生物传感器节点组成人体区域网，将采集的人体生理信号（如温度、血糖、血压、心跳等参数），以及人体活动或动作信号、人所在的环境信息，通过无线方式传送到附近的基站。因此用于"互联网＋"医疗的个人区域网是一种无线人体区域网 WBAN。

（2）"互联网＋"医疗应用系统不需要有很多节点，节点之间的距离一般在 1m 左右，节点之间的传输速率最大为 10Mb/s。无线人体区域网 WBAN 的研究目标是希望为健康医疗监控应用提供一个集成硬件、软件的无线通信平台，特别强调要适应于可植入的生物传感器与可穿戴计算设备的尺寸，以及低功耗、低速率的无线通信要求。因此，无线个人区域网 WBAN 又称为无线个人传感器网络 WBSN。

2012 年 IEEE 正式批准了，无线人体区域网（WBAN）的 IEEE 802.15.6 标准。这也为传统的计算机网络增加了一种更小覆盖范围的网络类型和标准。无线人体区域网结构如图 3-34 所示。

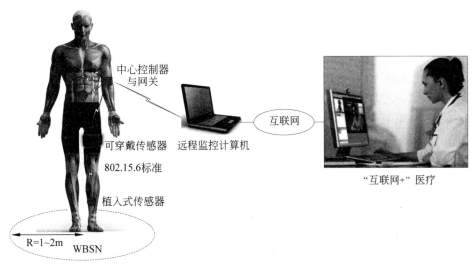

图 3-34　无线人体区域网结构示意图

　　互联网就是将广域网、城域网、局域网、个人区域网与人体区域网互联起来形成的"网际网"。

3.3.3　下一代互联网技术的研究与发展

1. 互联网核心技术——TCP/IP 协议

　　1977 年 10 月,ARPANET 研究人员提出了 TCP/IP 协议体系。其中,TCP(Transport Control Protocol)协议实现源主机与目的主机之间的分布式进程通信的功能,IP(Internet Protocol)协议实现传输网中路由选择与分组转发功能。TCP/IP 协议成为互联网的核心协议。

　　IP 协议在发展过程中存在着多个版本,最主要的有两个版本:IPv4 与 IPv6。描述 IPv4 协议的最早文档出现在 1981 年。那个时候互联网的规模很小,计算机网络主要用于连接科研部门的计算机,以及部分参与 ARPANET 研究的大学计算机系统。在这样的背景下产生的 IPv4 协议,不可能适应以后互联网大规模的扩张的要求,研究人员针对暴露的问题不断"打补丁",完善 IPv4 协议。当互联网规模发展到一定程度时,局部地修改已显得无济于事时,最终人们不得不期待着研究一种新的网络层协议,去解决 IPv4 协议面临的所有困难,这个新的协议就是 IPv6 协议。学术界也将基于 IPv6 协议的互联网技术称为下一代互联网技术。

2. IPv6 协议的主要特征

　　IPv4 协议与网络规模矛盾突出地表现在 IPv4 地址上,推动下一代互联网技术研究的直接动力是 IPv4 地址的匮缺。

　　IPv4 的地址长度为 32 位。在 2011 年 2 月 3 日的美国迈阿密会议上,最后 5 块 IPv4 地址被分配给全球 5 大区域互联网注册机构之后,IPv4 地址全部分配完毕。IPv4 地址的匮缺严重地制约了互联网应用的发展。无论是从解决网络 IP 地址匮缺的角度,还是从提高互联网应用的安全性角度,解决的主要途径都是从 IPv4 协议向 IPv6 协议过渡。

IPv6 的主要特征可以总结为：巨大的地址空间、新的协议格式、有效的分级寻址和路由结构、地址自动配置、内置的安全机制。

3. 下一代互联网技术的研究与发展

我国发展"互联网+"就必须坚定不移地发展 IPv6 技术。主要理由有三点。

1) 发展"互联网+"对 IP 地址的需求

IPv6 的地址长度定为 128 位,因此 IPv6 可以提供多达超过 2^{128}(3.4×10^{38})个地址。如果我们用十进制数写出来可能有的地址数,它可以写为：

340 282 366 920 938 463 463 374 607 431 768 211 456

人们经常用地球表面每平方米平均可以获得多少个 IP 地址,来形容 IPv6 的地址数量之多。如果地球表面面积按 $5.11 \times 10^{14} \, \mathrm{m}^2$ 计算,那么地球表面每平方米平均可以获得的 IP 地址数量为 6.65×10^{23},即：

665 570 793 348 866 943 898 599

从以上分析中可以得出的第一个结论是：我国发展"互联网+",未来将有大量的智能移动终端设备、智能控制设备、智能汽车、智能机器人、可穿戴计算设备需要分配 IPv6 地址,只有 IPv6 协议能满足这个要求。

2) 发展"互联网+"对网络安全性的需求

我们在访问互联网 Web、E-mail 等时都需要得到域名系统(Domain Name System,DNS)的支持。DNS 的作用是：将主机域名转换成 IP 地址,使得用户能够方便地访问各种互联网资源与服务,它是互联网各种应用层协议实现的基础。域名系统是一种命名方法,而实现域名服务的是分布在世界各地的域名服务器体系。

支持互联网运行的域名服务器是按层次来设置的,每一个域名服务器都只对域名空间中的一部分进行管辖,由多个层次结构的域名服务器系统覆盖整个的域名空间。根据域名服务器所处的位置和所起的作用,域名服务器可以分为四种类型：根域名服务器、顶级域名服务器、权限域名服务器与本地域名服务器,根域名服务器对于 DNS 系统的整体运行具有极为重要的作用。任何原因造成根域名服务器停止运转,都会导致整个 DNS 系统的崩溃。而恰恰支持 IPv4 的 13 个 DNS 根域名服务器中,唯一的主根服务器部署在美国,其余 12 台辅助的根服务器有 9 台在美国,2 台在欧洲,1 台在日本,没有一台在我国。这种局面对于我国发展"互联网+"是非常不利的。我国发展"互联网+"不能受制于人,因此我们必须高度重视下一代互联网与 IPv6 技术的研究,重视网络基础设施的建设。

3) 发展互联网与信息产业的需求

由于美国在互联网与相关的 IT 技术发展较早,因此他们在互联网的核心技术与标准,路由器、交换机与芯片等关键软硬件设备的核心技术与标准方面占有主导权。尽管我国像华为、中兴公司在核心网络设备的研发与制造方面已经取得了很大的进展,但是在 IPv4 技术上受制于人的局面很难在很短的时间内扭转。一方面我国要大力发展"互联网+"产业,另一方面互联网在某些技术方面有受制于人,这就迫使我们必须坚定不移地发展 IPv6 技术与产业。在发展互联网产业的过程中我国政府与企业界深刻地认识到：谁能率先在 IPv6 方面有所作为,谁就能够在未来的竞争中占据有利地位。

我国政府高度重视、积极推动 IPv6 的研究与试验工作。2003 年启动下一代网络示范工程 CNGI,国内的网络运营商与网络通信产品制造商纷纷研究支持 IPv6 的软件技术与网络产品。2008 年,北京奥运会成功地使用 IPv6 网络,我国成为全球较早商用 IPv6 的国家之一。2008 年 10 月中国下一代互联网示范工程 CNGI 正式宣布从前期的试验阶段转向试商用。目前我国下一代互联网示范工程 CNGI 已经成为全球最大的示范性 IPv6 网络。这些工作都为"互联网+"的发展奠定了坚实的基础。

随着全球范围内的 IPv6 快速部署,我国的华为、中兴等网络设备制造企业近年来发布了大量的 IPv6 产品,涵盖了路由器、交换机、接入服务器、防火墙、VPN 网关、域名服务器等领域,部分产品已经达到国际领先的水平,能够满足商用 IPv6 部署的需求。

4. 我国政府推进 IPv6 发展的行动计划

我国政府在 2017 年 11 月发布的《推进互联网协议第六版(IPv6)规模部署行动计划》中明确提出:

(1) 加强 IPv6 环境下工业互联网、物联网、车联网、云计算、大数据、人工智能等领域的网络安全技术、管理及机制研究,增强新兴领域网络安全保障能力。

(2) 用 5 到 10 年时间,形成下一代互联网自主技术体系和产业生态,建成全球最大规模的 IPv6 商业应用网络,实现下一代互联网在经济社会各领域深度融合应用,成为全球下一代互联网发展的重要主导力量。

(3) 2020 年 IPv6 活跃用户数超过 5 亿。2025 年我国 IPv6 网络规模、用户规模、流量规模位居世界第一位,网络、应用、终端全面支持 IPv6,全面完成向下一代互联网的平滑演进升级,形成全球领先的下一代互联网技术产业体系。

2018 年 1 月,我国下一代互联网国家工程中心正式宣布推出 IPv6 公共 DNS 服务体系,并在北京、广州、芝加哥、伦敦、法兰克福等多地部署了 DNS 服务器,向全球免费提供公共 DNS 服务。

下一代互联网的推进将有力地支持着我国"互联网+"工业、"互联网+"农业、"互联网+"交通、"互联网+"医疗、"互联网+"物流、"互联网+"政府管理等领域应用的发展。

3.3.4 下一代移动通信技术的研究与发展

1. 蜂窝系统的基本概念

1) 大区制通信的局限性

移动通信最基本的要求是你不管走到哪里都有无线信号,都可以打电话。实现这个目标就是要解决无线信号覆盖范围的问题。而解决无线信号覆盖范围问题最容易想到的方法有两种。一种方法是像广播电视一样,在城市最高的山顶上架设一个无线信号发射塔,或者是在城市中心建一座高高的发射塔,希望通过在发射塔上安装一台大功率的无线信号发射机,发射的无线信号能够覆盖一个城市几十公里范围的整个区域。另外一种办法是采用卫星通信技术,利用卫星信号可以覆盖地球表面一个很大面积的优点,去解决大范围的无线通信问题。这就是所谓移动通信中的"大区制"的信号覆盖方法(如图 3-35 所示)。

大区制存在着三个主要的问题。

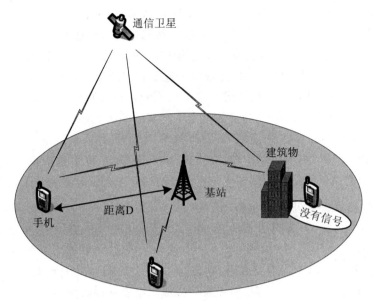

图 3-35　大区制通信结构示意图

（1）大区制适合于广播式单向通信的需求，如传统的电视广播、广播电台。手机与电视机、收音机不一样，它是需要双向通信的。大区制边缘位置的手机，距无线信号发射塔比较远，如果手机需要将信号传送到发射塔，就需要手机发射的信号功率比较大。

（2）手机发射信号功率大就带来了三个问题。一是手机的体积不可能做得太小；二是手机价格就会很贵，手机价格贵，使用的人就会少，不能形成规模效益，手机使用的费用也会相应地提高；三是手机发射功率大，对人体的电磁波辐射影响增大，不符合环保的要求。

（3）由于城市里建筑物、地下车库，或者是汽车、火车的金属车顶都会阻挡无线信号，不能保证手机在一些特殊环境中通信的畅通。

正是由于存在这些问题，电信业在移动通信中不采用"大区制"，而是采用"小区制"。

2）小区制的基本概念

小区制是将一个大区制覆盖的区域划分成多个小区，在每个小区（cell）中设立一个基站（base station），用户手机与基站通过无线链路建立连接，实现双向通信的目的。

小区制的特点主要表现在以下几个方面：

（1）小区制是将整个区域划分成若干个小区，多个小区组成一个区群。由于区群结构酷似蜂窝，因此小区制移动通信系统也叫作"蜂窝移动通信系统"。

（2）每个小区架设一个（或几个）基站。小区内的手机与基站建立无线链路。

（3）区群中各小区基站之间可以通过光缆、电缆或微波链路与移动交换中心连接。移动交换中心通过光缆与市话交换网络连接，从而构成一个完整的蜂窝移动通信网络系统。

图 3-36 给出了蜂窝移动通信网络系统结构示意图。

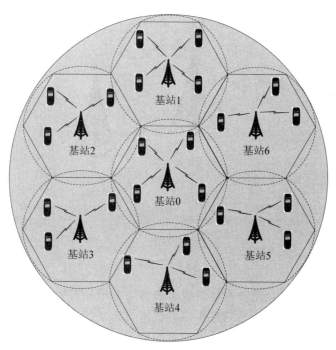

图 3-36　蜂窝移动通信系统结构示意图

2．无线信道与空中接口

　　如果将移动通信与有线通信相比较的话，它们的区别主要在信道与接口标准上。图 3-37 给出了移动通信与有线通信在信道与接口区别的示意图。

　　如图 3-37(a)所示，只要我们将家中的电话机与预先安装在墙上的电话线插座口，用带有标准接头的电话线连接，就可以连到电话局的程控交换机，接入电话交换网，与世界上任何一个地方的固定电话用户通话。

　　如图 3-37(b)所示，移动通信中手机与基站使用的是无线信道。无线信道是手机与基站之间的无线"空中接口"。基站通过空中接口的下行信道向手机发送语音、数据与信令，手机通过空中接口的上行信道向基站发送语音、数据与信令信号。手机通过基站接入蜂

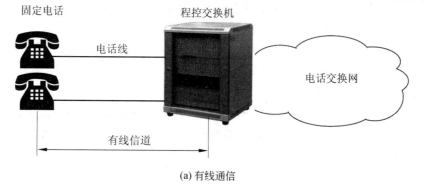

(a) 有线通信

图 3-37　移动通信与有线通信在接口与信道的示意图

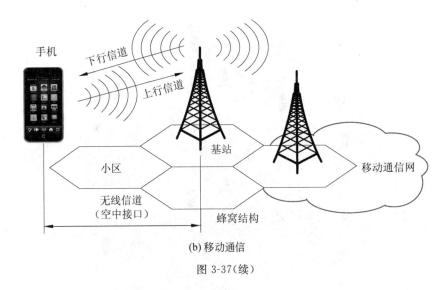

(b) 移动通信

图 3-37(续)

窝移动通信系统中。要做到用户在移动状态下有条不紊地通信，就必须严格遵循移动通信的空中接口标准。正是移动通信空中接口技术与标准的进步，演绎出移动通信从 1G、2G、3G、4G 到 5G 的发展历程。

3.3.5　M2M 技术及其在"互联网＋"中的应用

如果我们将用户通过手机与另一位用户通话、网络视频，或者是以微信方式通信定义为"人与人"(Human to Human，H2H)通信的话，那么"互联网＋"应用系统的控制中心计算机通过移动通信网远程控制智能电表、智能路灯、智能测控装置、智能家居家庭网关与智能机器人，就应该是"机器与机器"通信。产业界将这种"机器与机器"(Machine-to-Machine)的通信方式简称为"M2M"通信。

理解 M2M 的概念需要注意：M2M 是指不在人的控制下的一种通信方式；M2M 中的"机器"可以是传统意义上的机器，也可以是物联网智能硬件或软件。

移动通信网主要是为人与人之间在移动状态下打电话和访问互联网而设计的。在研究物联网应用时，我们自然会想到：能不能利用无处不在的移动通信网，实现"互联网＋"的目的。也就是说，我们希望将移动通信网的使用对象，由人扩大到感知与执行设备、移动终端设备，将"人与人"的通信扩大到"机器与机器"的通信。

研究人员预测，未来用于人与人通信的手机数量可能仅占整个移动通信网终端数的很小一部分，更大量的将是采用 M2M 方式通信的"机器"。这里的"机器"有两种含义，一种是传统意义上的机器，如自动售货机、电力传输网中的智能变压器、安装有智能传感器的大型机械设备；另一种含义是"互联网＋"中的智能终端设备、智能机器人、牛的 RFID 耳钉、汽车上的传感器等智能硬件，甚至是软件。只要这些硬件或软件配置有能够执行 M2M 通信协议的接口模块，就可以构成 M2M 终端。我们可以通过一个生活中的例子来帮助大家进一步了解"M2M"通信方式的原理与特点。

你也许用过通过"互联网＋"预约出租车、专车的手机"呼车软件"。"呼车软件"是由出租车与专车司机的 App 程序、用户端的 App 程序与运营中心的控制软件组成。安装了司机端 App 程序的手机,随时将标识车辆位置的 GPS 数据发送给后台的呼车管理服务器,并接受呼车管理服务器的指令。

当用户打开用户端 App 程序时,地图界面上立即显示你的当前位置。它首先会问你:是预约,还是立即叫车;是叫出租车,还是叫专车。

如果你想马上叫出租车,那么你只需要选择"出租车",并在用户界面的"你去哪里?"的提示行中填上你要去的目的地信息,发送出去,然后你就可以安心地等待。

呼车管理服务器接收到是你的手机自动给出的当前位置,以及你填写的目的地地址,它会立即发送服务信息:"请稍后,正在为你呼叫出租车。"

呼车管理服务器同时将需要用车用户的当前位置与目的地址,发送给你附近的出租车。当其中一辆或几辆出租车可以为你提供服务时,司机将通过手机界面的按钮回复。

如果呼车管理服务器收到多位司机回复时,它可以自动选择最先回复的,或选择离用户最近的出租车。然后呼车管理服务器立即向你发出服务接收信息,例如:车牌号为 A123 的出租车大约在 1 分钟后达到,司机电话为 139＊＊＊,请稍候。

用户在手机地图上可以看到多辆出租车移动的画面,其中必然有一辆正在向用户当前的位置靠近。几分钟后,一辆出租车停在用户的面前,它可以将用户安全地送到目的地。

到达目的地之后,司机通过手机界面向呼车管理服务器报告已经送达的信息。呼车管理服务器向用户手机发送已产生的费用信息。如果用户确认是正确的,用户可以通过手机支付完成付款过程。

这样,一次便捷的呼叫和预约出租车的出行过程就完成了。在这个过程中,用户可以不需要用手机打一个电话,用户的手机变成了一台移动终端设备。整个过程是在"机器与机器"交互的过程中完成的。然而,隐藏在"机器与机器"交互过程后面的是无线 M2M 协议(Wireless M2M Protocol,WMMP)。

WMMP 协议是支持移动通信网中"机器与机器"交互的通信协议。用户、出租车司机发送给服务器的数据,以及服务器发送给用户与司机的数据,在移动通信网中都按照 WMMP 通信协议的格式,被封装成"M2M 数据包"进行传输(如图 3-38 所示)。

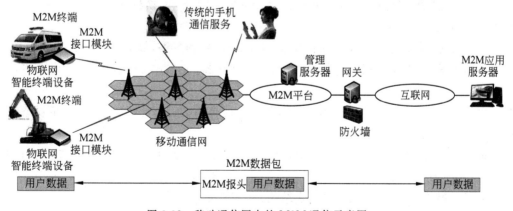

图 3-38 移动通信网中的 M2M 通信示意图

目前,M2M 技术与 WMMP 协议已经开始应用于大型设备远程监控与维修、桥梁与铁路远程监控、环境监控、手机移动支付、物品位置跟踪、自动售货机状态监控、车辆运行状态与位置监控、物流监控、自动售货机远程监控、移动 POS 支付、大楼与物业监控以及重点防范场地与家庭安全监控之中，成为支撑"互联网＋"工业、"互联网＋"农业、"互联网＋"交通、"互联网＋"医疗、"互联网＋"物流、"互联网＋"安防的网络通信方式之一。

研究人员对 M2M 通信模式未来发展的趋势进行了预测，并将移动通信网的终端类型与用户规模从"以人为中心"向"以机器为中心"的应用过渡的过程分成 6 个层次，形成一个"金字塔型"（如图 3-39 所示）的结构。

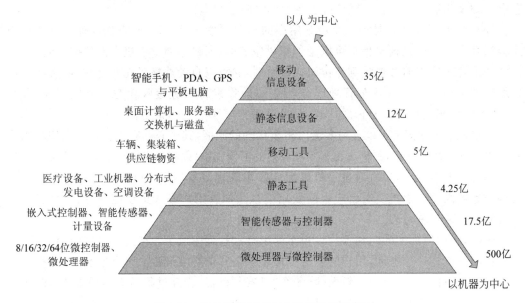

图 3-39   移动通信网 M2M 应用发展示意图

金字塔的最高层是"移动信息设备层"。研究人员预测未来将有 35 亿台设备要通过 M2M 方式进行通信，它们主要是智能手机、PDA、GPS 与平板电脑。

第二层是"静态信息设备层"，包括桌面计算机、服务器、交换机与磁盘等，设备数量大约为 12 亿台。

第三层是"移动工具层"，包括车辆、集装箱、供应链物资等，数量大约有 5 亿个。

第四层是"静态工具层"，包括医疗设备、工业机器、分布式发电设备、空调设备等，数量大约为 4.25 亿台。

第五层是"智能传感器与控制器层"，包括智能传感器、嵌入式控制器与计量设备，数量大约为 17.5 亿台。

第六层是"微处理器与微控制器层"，包括 8 位/16 位/32 位/64 位微处理器与微控制器，数量大约为 500 亿台。

从以上讨论中，我们可以得出两点结论：

（1）未来会有更多的智能传感器与控制器、微处理器与微控制器将通过 M2M 方式接入到"互联网＋"应用系统中。

（2）移动通信网必然要成为"互联网＋"的通信与网络基础设施的重要组成部分。

3.3.6 移动通信技术与5G的发展

1.移动通信技术的发展

在过去的30多年中,移动通信经历了从语音业务到移动宽带数据业务的演变,促进了移动互联网应用的高速发展。移动互联网应用不仅深刻地改变了人们的生活方式,也极大地影响着当今社会的经济与文化的发展。

1995年出现的第一代移动通信(1G)是模拟方式,用户语音信息以模拟信号方式传输。

1997年出现的第二代移动通信(2G)采用全球移动通信系统(GSM)、码分多址(CDMA)等数字技术,使得手机能够接入互联网。但是,2G手机只能提供通话和短信功能。

第三代(3G)移动通信技术的特点用一句话描述,那就是"移动+宽带",它能够在全球范围内更好地实现与互联网的无缝漫游。3G手机已经能够支持高速数据传输,能够处理音乐、图像、视频,能够进行网页浏览,开展网上购物与网上支付活动。3G的使用加速了移动互联网应用的快速发展。

第四代(4G)通信技术是继3G之后的又一次无线通信技术演进。与3G相比,它最大突破点是将移动上网的速度提高了10倍。

4G通信的设计目标是:更快的传输速度、更短的延时与更好的兼容性。4G网络能够以最高100Mb/s的速度传输高质量的视频图像数据,通话成为4G手机一个最基本的功能。下载一部长度为2GB的电影,只需要几分钟。用4G网络在线看电影,视频的画面流畅,再也不会出现"卡带"的现象。通过4G网络,急救车内的工作人员可以与医院的医生实时召开视频会议,在病人运送的过程中进行会诊,指导对危重病人的抢救。通过4G网络,医院之间可以实时传送CT图像、X光片,保障远程医疗会诊的顺利开展,使更多的农村与边远地区的患者能够受益。通过4G网络,大量的视频探头拍摄的道路、社区、公共场所、突发事件现场的图像,可以迅速地传送到政府管理部门,帮助管理部门及时掌握情况,研究处置方案。这是一个理想状态,全世界电信运营商都在向实现这个美好愿景努力。

2012年1月,国际电信联盟ITU确定由中国拥有核心自主知识产权的移动通信标准TD-LTE-A,成为4G的两大国际标准之一,使我国首次在移动通信标准上实现了从"追赶"到"引领"的重大跨越。

2015年2月,工业和信息化部向中国移动、中国电信和中国联通等三大电信运营商发放4G牌照,标志着我国4G商用时代的到来。

2.5G与"互联网+"

在移动通信领域,"没有最快,只有更快"。在推进4G商用的同时,研究人员正在紧锣密鼓地研究第五代(5G)移动通信技术。我国政府高度重视5G技术的研究、标准的制定与应用推广工作。2018年4月,国家发改委等有关部门已批准联通、电信、移动在北京、天津、青岛、杭州、南京、武汉等部分城市试点建设5G网络。预计在2020年,5G技术进入商用阶段。

1)5G的需求与推动力

根据麦肯锡的预测,在未来十大热门行业中,移动互联网与物联网占据了重要的地位。物联网已经成为 5G 技术研究与应用发展的重要推动力。5G 与物联网的关系可以从以下两个方面去认识。

（1）"互联网＋"规模的发展对 5G 技术的需求。

面对"互联网＋"不同行业的应用场景，"互联网＋"应用系统对网络传输延时要求从 1ms 到数秒不等，每个小区在线连接数从几十个到数万个不等。特别是面向 2020 年"互联网＋"的人与物、物与物互联范围的扩大，"互联网＋"工业、"互联网＋"医疗、"互联网＋"交通应用的发展，数以千亿计的智能感知与控制设备、智能机器人、可穿戴计算设备、无人驾驶汽车、无人机接入到互联网；"互联网＋"应用系统的控制指令和数据实时的传输，对移动通信与移动通信网提出了高带宽、高可靠性与低延时的迫切需求。

产业界预计，2020 年全球移动通信网的数据通信量将出现爆发式增长的局面。2010—2020 年全球移动通信量将增长 200 倍；2010—2030 年全球移动通信量将增长 2 万倍。我国移动通信网的数据量的增速高于全球平均水平，2010—2020 年全球移动通信量将增长 300 倍；2010—2030 年全球移动通信量将增长 4 万倍。

未来全球移动终端联网设备数量将达到千亿的规模。到 2020 年，全球联入移动通信网的终端数量将达到 70 亿个，其中我国将有 15 亿个。到 2030 年，"全球互联网＋"终端联入移动通信网的数量将达到 1000 亿个，其中我国将有 200 亿个。

"互联网＋"规模的超常规发展，大量的"互联网＋"应用系统将部署在山区、森林、水域等偏僻地区。很多"互联网＋"感知与控制节点，密集部署在大楼内部、地下室、地铁与隧道中，4G 网络与技术已难以适应，只能寄希望于 5G 网络与技术。

（2）"互联网＋"的发展对 5G 技术的需求。

"互联网＋"工业、"互联网＋"农业、"互联网＋"交通、"互联网＋"医疗等各个行业，业务类型多、业务需求差异性大。尤其是在"互联网＋"工业的工业机器人与工业控制系统中，节点之间的感知数据与控制指令传输必须保证是正确的，延时必须在毫秒量级，否则就会造成工业生产事故。在"互联网＋"交通的应用中，无人驾驶汽车与智能交通控制中心之间的感知数据与控制指令传输尤其要求准确性，延时必须控制在毫秒量级，否则就会造成车毁人亡的重大交通事故。

5G 技术的成熟和应用能够使很多"互联网＋"应用的带宽、可靠性与延时的瓶颈得到解决。

2）5G 的技术目标

从电信产业界对 5G 应用的预期：未来 5G 典型的应用场景主要是人们的居住、工作、休闲与交通区域，特别是人口密集的居住区、办公区、体育场、晚会现场、地铁、高速公路、高铁等。这些地区存在着超高流量密度、超高接入密度、超高移动性，这些都对 5G 网络性能有较高的要求。为了满足用户要求，5G 研发的技术指标包括：用户体验速率、流量密度、连接数密度、端-端延时、移动性与用户峰值速率等。具体的性能指标如表 3-1 所示。

从表 3-1 中可以看出，5G 的用户体验速率在 0.1～1Gb/s；流量密度为每平方米 10Mb/s；连接数密度为每平方千米可以支持 100 万个在线设备；端-端延时可以达到 1ms；在特定的移动场景中，允许用户最大的移动速度为 500km/h；单用户理论的峰值速率，常规情况为 10Gb/s，特定场景能够达到 20Gb/s。

表 3-1　5G 性能指标

名　　称	定　　义	单　　位	性能指标
用户体验速率	真实网络环境中，在有业务加载的情况下，用户实际可以获得的速率	Gb/s	0.1～1
流量密度	单位面积的平均流量	Mb/s/m²	10
连接数密度	单位面积上支持的各类在线设备数	个/km²	1×10^6
端-端延时	在已经建立连接的发送端与接收端之间，数据从发送端发出，到接收端正确接收所需要的时间	ms	1
移动性	在特定的移动场景下，用户可以获得体验速率的最大移动速度	km/h	500
用户峰值速率	单用户理论峰值速率	Gb/s	常规情况 10 特定场景 20

　　5G 网络作为面向 2020 年之后的技术，需要满足移动宽带、物联网以及其他超可靠通信的要求，同时它也是一个智能化的网络。5G 网络具有自检修、自配置与自管理的能力。

　　因此，产业界有人预言：进入 5G 时代，受益最大的是"互联网＋"与物联网。5G 的设计者将"互联网＋"与物联网应用纳入到整个技术体系之中，5G 技术的应用将大大推动"互联网＋"万物互联的发展。

　　3. NB-IoT 与物联网

　　1）NB-IoT 的技术特点

　　业内人士都认识到：未来在基于移动蜂窝网接入技术的竞争中，应用规模、运营成本与接入成本将起到决定性的作用。窄带物联网（Narrow Band Internet of Things，NB-IoT）是一种基于移动蜂窝网，面向低功耗、广覆盖（Low Power Wide Area，LPWA）的接入技术。NB-IoT 研究的目标瞄准的是物联网市场。NB-IoT 概念一提出，就引起了几乎所有电信运营商与通信企业的高度重视。

　　NB-IoT 的核心标准已经在 2016 年 6 月完成。在 NB-IoT 国际标准的制定中，我国企业发挥了重要的作用。2016 年 10 月，中国移动联合华为等厂商进行了基于 3GPP 标准的 NB-IoT 商用产品的实验室测试，希望能够促进蜂窝物联网与"互联网＋"产品的快速成熟，推动我国物联网与"互联网＋"发展。华为公司将 NB-IoT 称为"蜂窝物联网"。

　　NB-IoT 技术的特点主要表现在：广覆盖、大规模、低功耗、低成本等几个方面。

　　（1）"广覆盖、大容量"表现在 NB-IoT 构建于蜂窝网络中，只占用大约 180kHz 的带宽，单个小区支持 10 万个移动终端接入。

　　（2）"低功耗、低成本"表现在 NB-IoT 终端模块的待机时间可长达 10 年，终端模块的成本将不超过 5 美元。

　　2）NB-IoT 应用领域

　　NB-IoT 作为"互联网＋"一种经济、实用的接入技术，将会广泛应用于各行各业。

　　（1）公用事业。在"互联网＋"公用事业应用中，NB-IoT 可以用于水表、气表、电表与供热计量表的远程抄表业务；智能水务的管网监控、漏损远程监测、质量检查；智能灭火器材管理、远程消防栓监控，以及资产跟踪。

（2）智能医疗。在"互联网＋"医疗与健康应用中，NB-IoT 可以用于药品溯源、远程医疗监控、血压计与血糖计远程监控、可穿戴背心监控、无线个人传感器网络通信。

（3）智慧城市。在"互联网＋"智慧城市应用中，NB-IoT 可以用于智能路灯监控、智能停车监控、城市垃圾桶监控、公共安全监控、建筑工地监控、共享单车防盗、车辆防盗、城市水位监测，以及儿童、老人、宠物跟踪。

（4）智能农业。在"互联网＋"农业应用中，NB-IoT 可以用于精准农业的环境参数（如水、温度、光照、农药与化肥）监测与控制，畜牧养殖中的动物健康状态监测与跟踪，水产养殖中环境参数的监测与控制，食品安全溯源。

（5）智能环保。在"互联网＋"环保应用中，NB-IoT 可以用于城市水污染、噪声污染、光污染的监测，雾霾与空气质量监测，危险品管理。

（6）智能物流。在"互联网＋"物流应用中，NB-IoT 可以用于运输车辆跟踪、仓储管理、集装箱跟踪、物流配送状态监控。

（7）智能家居。在"互联网＋"家居应用中，NB-IoT 可以用于门禁管理、电梯故障监控、烟感与火警监控、家庭安全监控。

（8）智能工业。在"互联网＋"工业应用中，NB-IoT 可以用于生产设备状态监控、能源设备与油气监控、厂区安全监控、大型设备监控。

（9）智能电网。在"互联网＋"电网应用中，NB-IoT 可以用于智能电表监控、智能变电站监控、输变电线路与高压线设备监控、电力维修状态监控。

NB-IoT 的应用如图 3-40 所示。

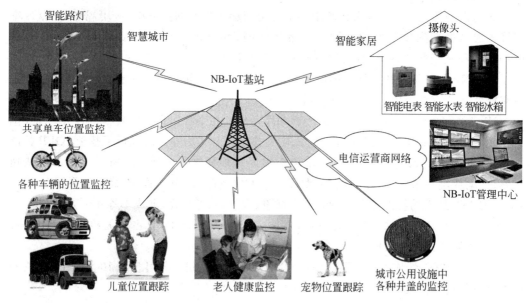

图 3-40   NB-IoT 应用示意图

由于 NB-IoT 作为"互联网＋"的一种经济、实用的接入技术，在成本、覆盖范围、功耗与连接数量等技术上做到了极致，因此 NB-IoT 与 5G 技术的成熟与应用，对于推动"互联网＋"应用的快速发展将会产生重要的作用。

3.4 大数据技术

3.4.1 大数据的基本概念

1. 大数据研究的背景

一提起大数据,人们马上就联想到 Google"流感指数"、沃尔玛的"啤酒+尿不湿"的销售。其实,人类利用大数据去服务社会已经由来已久,应用的领域也很广。我国地理学家创造的"胡焕庸线"就是早期我国科学家用大数据研究中国人口分布与经济发展典型的实例。

1935 年,我国著名地理学家胡焕庸先生在《中国人口之分布》中,以当时中国的总人口约为 4.75 亿,以 1 点表示一万人,将掌握的 2 万多个点标注在中国地图上,按照人口分布密度的等值线,画出北起黑龙江瑷珲(即现在的黑河市)南到云南腾冲的一条线,将中国版图分为东南半壁和西北半壁两部分,进一步指出 96% 的人口分布在 36% 国土面积的东南半壁,4% 的人口分布在 64% 国土面积的西北半壁,这就是著名的"胡焕庸线"。在没有计算机的时代,胡焕庸先生用手工描出 2 万个点,在计算出人口分布的等值线该是多么繁重的工作。2000 年,根据第五次全国人口普查资料与精确计算表明,按胡焕庸线计算而得 94.1% 的人口,分布在全国国土面积 43.8% 东南半壁。因此,我们可以骄傲地说:"胡焕庸线"是我国科学家在 80 年前将大数据与可视化方法运用社会科学研究取得的重大发现。

在这之后的几十年里,人们参照"胡焕庸线",分析了东、西两部分的电力消费,产业分布与 GDP 规模,农业与畜牧业资源、自然风景与旅游资源等,"胡焕庸线"在国家发展规划布局、产业布局、民政建设布局中起到了重要的指导作用。如果将我国高铁"八横八纵"布局与"胡焕庸线"对照,我们会发现"胡焕庸线"在交通发展规划中也发挥了重要的作用。这个例子也告诉了我们:人类运用数据去认识社会的活动由来已久。

随着互联网在商业、金融、银行、医疗、环保与制造业领域的应用,计算机要处理的数据规模越来越大,处理的难度也越来越高,人们逐渐认识到"大数据"技术的重要性。

2008 年 9 月,*Nature* 杂志上出版了一期专刊,专门讨论未来大数据时代具有挑战性的科学问题。"大数据"(Big Data)的概念开始引起了各国政府、学术界与产业界的高度重视。

2009 年,Google 公司的科学家在 *Nature* 杂志上发表了一篇用大数据预测感冒流行的论文,引起了全世界公共卫生防疫专家与计算机科学家的高度重视(如图 3-41 所示)。2009 年出现一种新的流感病毒,这种甲型 H1N1 流感结合了导致禽流感和猪流感病毒的特点,在短短的几周内迅速地传播开来。由于患者可能在患病多日之后才到医院就诊,因此关于新型流感的统计数据往往要滞后一到两周。对于快速传播的疾病,信息滞后是致命的。

Google 公司的科学家通过互联网,每天可收到来自全世界的 30 亿条以上的搜索指令,Google 云中保存这大量的用户搜索相关词条的数据。科学家将 5000 万美国人最频繁检索的词条,如"哪些是治疗咳嗽和发热的药物",与美国疾病控制中心在 2003 年到

2008 年季节性流感传播时期的数据进行了比较。为了找出特定的检索词条的使用频率与流感传播在时间、空间之间的联系,他们总共处理了 4.5 亿个不同的数学模型。科学家发现,他们选择了 45 条检索词条与相应的数学模型分析,计算的结果与 2007 年、2008 年美国疾病控制中心的官方公布的实际流感病例数据对比,相关度高达 97%。

图 3-41　*Nature* 杂志与"大数据"(Big Data)

这项研究成果表明:基于大数据的分析结果,能够判断出哪个地区、哪个州,可能有多少人患了流感。这种预测非常及时,不像疾病控制中心要在流感爆发之后的一两周之后才能够做出判断。所以,在 2009 年甲型 H1N1 流感爆发的时候,公共卫生机构的官员不是仅仅依靠分发口腔试纸与医院患病人数统计的方法,而是将 Google 建立在大数据分析基础上产生的预测数据,作为应对甲型 H1N1 流感传播的决策依据。这就是谷歌的"流感指数"。因此,正如一些学者所说:数据是物理世界的"DNA",它是物理世界在网络世界的客观映射。各行各业、社会的各个方面都存在着大量的数据,大数据研究将会渗透到各行各业与社会的各个方面。

2."互联网+"对大数据发展的贡献

如果我们将全球互联网、移动互联网所产生的数据快速增长看作是一次数据"爆炸"的话,那么物联网所引起的是数据"超级大爆炸"。物联网中大量的传感器、RFID 标签、视频探头,以及智能工业、智能农业、智能交通、智能电网、智能医疗、智能物流、智慧环保、智能家居等智慧城市的应用,都是造成数据"超级大爆炸"的重要原因。

在智能交通应用中,一个中等城市仅车辆视频监控的数据,3 年累计达到 200 亿条,数据量达到 120TB。在智能医疗应用中,一张普通的 CT 扫描图像数据量大约为 150MB;一个基因组序列文件大约为 750MB;标准的病理图的数据量大约为 5GB。如果将这些数据乘以一个三甲医院病人的人数和平均寿命,那么仅一个医院累计存储的数据量就可以达到几 TB,甚至是几 PB。

智慧城市的数据大致有 3 种来源。一是通过"互联网+"政府管理系统中,从社会各个层面调查、搜集的数据形成了政府在制定政策时辅助决策的民意数据;二是各级政府部门办公都会形成很多业务数据;三是政府部门通过各种"互联网+"智慧城市系统自动感知城市、农村的气象、地质、公路、水资源、陆地、海洋等实时、动态的环境数据。因此,政府管理数据可以进一步细分为:民意数据、业务数据与环境数据(如图 3-42 所示)。

这 3 类数据收集的方式不同,数据量不同,数据发展的速度也不同。它们之间存在一些交叉和重叠。有一些民意数据也同时是政府的业务数据,有一些对环境监控产生的数据也是某些政府部门的业务数据。随着物联网应用的开展,环境数据增长会最快。环境数据包括各种传感器数据、RFID 数据与视频监控等感知数据,以及数字地图、遥感、GPS、GIS 等空间数据。它们具有各种各样的形式与结构,具有不同的语义。这三类数据都呈现出一种快速增长的趋势。这种数据增长方式表现在三个维度上:一是同类数据的数据量在快速增长;二是数据增长的速度在加快;三是数据的多样化,新的数据种类与新的数

图 3-42 智慧城市大数据的组成示意图

据来源在不断增长。这种增长趋势如图 3-43 所示。

根据预测,到 2020 年接入物联网的智能终端设备数将超过数百亿,这些智能终端设备所产生的数据量将远远超出人类的预想。

3. 大数据的数据量单位

我们在学习计算机知识的时候,熟悉计算机处理数据的二进制"位"(bit)的概念,知道计算机储存数据的基本单元是"字节"(byte)。在使用计算机写作业和上网时,知道一张纸上的文字大约需要占用 5KB 的存储空间,下载一

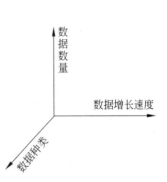

图 3-43 数据的三维增长

首歌曲大约需要占用 4MB 的存储空间,下载一部电影大约需要占用 1GB。这些我们都已经很熟悉了。随着海量数据的出现,数据单位也在不断发展。为了客观地描述信息世界数据的规模,科学家定义了一些新的数据量单位。表 3-2 给出了数据量单位与换算关系。

表 3-2 数据量单位与换算关系

单位	英文标识	单位标识	大小	含义与例子
位	bit	b	0 或 1	计算机处理数据的二进制数
字节	byte	B	8 位	计算机存储数据的基本物理单元,存储一个英文字母用 1 字节表示,一个汉字用 2 字节表示
千字节	KiloByte	KB	1024 字节或 2^{10} 字节	一张纸上的文字约为 5KB
兆字节	MegaByte	MB	2^{20} 字节	一个普通的 MP3 格式的歌曲约为 4MB
吉字节	GigaByte	GB	2^{30} 字节	一部电影大约是 1GB
太字节	TeraByte	TB	2^{40} 字节	美国国会图书馆所有书籍的信息量约为 15TB,截至 2011 年底其网络备份数据量为 280TB,今后每个月以 5TB 的速度增长
拍字节	PetaByte	PB	2^{50} 字节	NASA EOS 对地观测系统 3 年观测的数据量约为 1PB
艾字节	ExaByte	EB	2^{60} 字节	相当于中国 13 亿人每人一本 500 页书的数据量的总和
皆字节	ZetaByte	ZB	2^{70} 字节	截至 2010 年人类拥有的信息量的总和约为 1.2ZB

续表

单位	英文标识	单位标识	大小	含义与例子
佑字节	YottaByte	YB	2^{80} 字节	超出想象 1YB＝1024ZB＝1 208 925 819 614 629 174 706 176B
诺字节	NonaByte	NB	2^{90} 字节	超出想象
刀字节	DoggaByte	DB	2^{100} 字节	超出想象

我们以 YB 为例，给出不同单位之间的换算关系为：

$$1YB = 1024 \ ZB$$
$$= 1024 \times 1024 \ EB$$
$$= 1024 \times 1024 \times 1024 \ PB$$
$$= 1024 \times 1024 \times 1024 \times 1024 \ TB$$
$$= 1024 \times 1024 \times 1024 \times 1024 \times 1024 \ GB$$

3.4.2 大数据的特征

大数据并不是一个确切的概念。到底多大的数据是大数据，不同的学科领域、不同的行业会有不同的理解。目前对于大数据存在着多种定义。比较典型的有两种定义。第一种是从技术能力角度出发给出的定义：大数据是指无法使用传统和常用的软件技术与工具在一定的时间内完成获取、管理和处理的数据集。第二种定义是从数据是新的生产要素的角度，认为：大数据是一种有大应用、大价值的数据资源。

对"大数据"的人为的主观定义将随着技术发展而变化，同时不同行业对大数据量上的衡量标准也不会相同。目前，不同行业看法比较一致的是数据量在几百个 TB 到几十个 PB 量级的数据集都可以叫作"大数据"。

数据量的大小不是判断是否是"大数据"的唯一标准，判断这个数据是不是"大数据"，要看它是不是具备以下"5V"的特征：

（1）大体量（Volume）：数据量达到数百 TB 到数百 PB，甚至是 EB 的规模。

（2）多样性（Variety）：数据为多种格式与多种类型，如结构化数据与非结构化的网页、文档、语音、图像与视频等。

（3）时效性（Velocity）：数据需要在一定的时间限度下得到及时处理，例如有些"互联网＋"应用系统要求系统在毫秒量级的时间内就要给出大数据分析结果。

（4）准确性（Veracity）：处理结果要保证一定的准确性与预测性。

（5）高价值（Value）：分析挖掘的结果可以带来重大的经济效益与社会效益。

大数据的"5V"特征如图 3-44 所示。

对于大数据的认识需要注意以下几点。

（1）在提起"大数据"时很多人特别重视数据量的"大"。但是这并不是问题的要害，重要的是能不能从 TB、PB 量级的大数据中，分析、挖掘出有价值知识。

（2）数据的大小也是相对的。同样大小的数据（如 1TB 数据），如果用智能手机处理就是大数据，而对于高性能计算机就算不上是大数据。大数据应该是指"规模大、变化快、

图 3-44   大数据的"5V"特征

价值高"的数据。

（3）大数据除了具有"大小、多样性"特征之外，很多"互联网＋"应用系统对于大数据能不能得到"实时"或"准实时"处理的要求很高。例如智能交通、智能工业、智能电网等应用。我们可以想象一个场景：如果一个城市智能交通疏导系统的计算能力不足，系统只能在获取数据 5 分钟之后给出各个主管道路口疏导的方案，而城市交通瞬息万变，尽管系统给出的疏导方案再完美，它远远滞后于路况的变化，这样的处理结果也是没有实际价值的。因此，产业界定义大数据的三要素是"大小、多样性、速度"。

（4）对于大数据研究的科学价值的认识，我们可以援引 2007 年图灵奖获得者吉姆·格雷的观点来说明。吉姆·格雷指出：科学研究将从实验科学、理论科学、计算科学，发展到数据科学。科学研究将从传统划分的三类（实验科学、理论科学与计算科学），发展到第四类的"数据科学"。大数据对世界经济、自然科学、社会科学的发展将会产生重大和深远的影响。

3.4.3 大数据国家战略

著名的国际咨询机构麦肯锡公司于 2011 年 5 月发布的《大数据：下一个创新、竞争和生产力的前沿》报告。研究报告指出：大数据将成为全世界下一个创新、竞争和生产率提高的前沿。抢占这个前沿，无异于抢占下一个时代的"石油"和"金矿"。IT 界流传着这样一句话："数据是下一个'Intel Inside'，未来属于将数据转换成产品的公司和人们。"

一个国家掌握和运用大数据的能力成为国家竞争力的重要体现，各国纷纷将大数据作为国家发展战略，将产业发展作为大数据发展的核心。

2012 年 3 月 29 日，美国政府为进一步推进了"大数据"战略，由国防部、能源部等 6 个联邦政府部门宣布，投入 2 亿多美元来启动"大数据研究与发展计划"，以推动大数据的提取、存储、分析、共享和可视化。报告指出：像美国历史上对超级计算和互联网的投资一样，这个大数据发展研究计划将对美国的创新、科研、教育和国防产生深远的影响。2012 年 7 月，联合国发布了一本关于大数据的白皮书《大数据促发展：挑战与机遇》。欧盟 2014 年推出了"数据驱动的经济"战略,倡导欧洲各国抢抓大数据发展机遇。

我国政府与学术界也高度重视大数据的研究与应用。2015 年 9 月发布了我国政府《关于促进大数据发展的行动纲要》。2016 年 3 月《中华人民共和国国民经济和社会发展第十三个五年规划纲要》首次提出要实施国家大数据战略。为推动我国大数据产业持续健康发展,实施国家大数据战略,有力地支撑制造强国和网络强国建设,2016 年 12 月工信部正式发布《大数据产业发展规划(2016—2020 年)》(以下简称《大数据规划》)。

理解《大数据规划》需要注意以下几点。

(1)以强化大数据产业创新发展能力为核心,明确要推动大数据应用,加快传统产业数字化、智能化,做大做强数字经济,能够为我国经济转型发展提供新动力,为重塑国家竞争优势创造新机遇,为提升政府治理能力、建设服务型政府开辟新途径。大数据产业是支撑国家战略的重要抓手。

(2)加快实施"互联网+"行动计划和"中国制造 2025"战略,建设公平普惠、便捷高效的民生服务体系,为大数据产业创造了广阔的市场空间,是我国大数据产业发展的强大内生动力,将引导着大数据产业持续健康地发展。

(3)到 2020 年,技术先进、应用繁荣、保障有力的大数据产业体系基本形成。大数据相关产品和服务业务收入将突破万亿元。

为了适应大数据产业对高层次人才的需求,教育部已于 2016 年在本科专业中新设立了"数据科学与大数据技术"专业。

3.4.4　大数据与"互联网+"

"互联网+"使用各种感知手段获取大量的数据不是目的,而是如何通过大数据处理,提取正确的知识与准确的、有价值的信息,这才是"互联网+"对大数据研究提出的真正需求。我们可以举"挖掘机指数"的例子来说明这个问题。

1. "挖掘机指数"与国家宏观经济决策

"挖掘机指数"是从"挖掘机病历"中演变出来的。三一重工是我国一家著名的生产挖掘机等重型机械的公司。过去一台在外地施工的挖掘机出了故障,公司要派出工程师实地勘察,判断故障原因,再进行维修。传统的大型机械维护既费工费时,又耽误用户的使用。三一重工研究人员决定应用"互联网+"技术,在挖掘机的不同部位安装传感器,将挖掘机工作过程中的状态参数由通信模块通过互联网,传送到三一重工的长沙数据中心。数据中心就可以对不同地区施工的各台挖掘机进行健康状态分析和故障预测,一旦发现故障立即派出维修车辆和技术人员,进行现场快速维修。

挖掘机的工作状态数据不但对设备维修有用,而且这些数据可以告诉我们:这台挖掘机是不是在作业? 在什么地方作业? 是不是每一天都要作业? 每次作业时间有多长? 挖掘机的工作量有多大? 零件磨损和油耗情况怎样? 通过七年多的积累,三一重工形成了 5000 多个维度,每天 2 亿条,超过 40TB 的大数据资源。随着数据的不断积累,数据的作用也就发生了巨大的变化。

对于三一重工来说,企业可以根据这些数据,实时地掌握每一台销售出去的挖掘机"健康状况",有的放矢地开展售后服务。通过大数据,实现对用户的精准服务和成本的精确控制。

对于国家掌握经济运行状态的高层管理人员来说,长沙三一重工数据中心的巨大屏幕上显示的在全国各地运行的 20 余万台工程机械,无论是从混凝土浇筑的工地上,还是从挖掘、吊装、路面、港口、桩工等施工工地上获取的数据,每挖一铲、每打一钻、车辆每前进一米都与一个地区的经济运行数据相关联,分析这些数据就能实时,能客观地展现出一张反映经济活力的地图。因此,人们将通过对三一重工根据大型施工机械实时汇聚的大数据进行分析,所产生出反映出不同地区经济活力的数据,命名为"挖掘机指数"。"挖掘机指数"是我国经济运行情况的晴雨表,它能够为我国家宏观经济决策提供科学依据。

2.飞机发动机健康大数据与企业发展模式转型

"挖掘机指数"能够为我国家宏观经济决策提供了科学依据。我们还可以举一个微观些的例子——"飞机发动机健康大数据应用",来说明大数据应用与企业发展转型的关系。

安全是航空产业的命脉。发动机是飞机的心脏,对于飞机的飞行安全至关重要。研究物联网大数据对于飞机发动机安全问题意义重大。

根据国际飞机信息服务研究机构提供的数据,全球在 2011 年就有大约 21 500 架商用的喷气式飞机,有 43 000 台喷气式发动机。每一架飞机通常采用双喷气发动机的动力配置。每一台喷气式发动机包含涡轮风扇、压缩机、涡轮机等 3 个旋转设备,这些设备都分别装有测量旋转设备状态参数的仪器仪表与传感器。每架飞机一天大约起飞 3 次,那么商用喷气式飞机每年平均要起飞 2300 万次。美国通用电气公司 GE 旗下的 GE 航空,为了确保飞机飞行安全,建立了一个覆盖每一台喷气式发动机从生产、装机、飞行、维修整个生命周期健康状态监控的物联网大数据应用系统,其结构如图 3-45 所示。

用于发动机健康状态监控的物联网大数据系统记录了每一台发动机的生产数据,以及安装到每一架飞机的记录。飞机在每一次正常飞行的过程中,每一台喷气式发动机中每个旋转设备的传感器与仪表,将实时测量的飞行状态数据,通过卫星通信网发送到大数据分析中心,保存在发动机状态数据库中。大数据分析中心工作人员使用大数据分析工具,对每一台发动机的数据进行分析、比较,评价发动机性能、燃油消耗与健康状况,发现潜在的问题,预测可能发生的故障,快速、精准、预见性地针对每一台发动机制定日常维护与维修计划,包括维修时间、地点、预计维修需要的时间以及航班的调度。制定好维修计划之后,大数据分析中心与航空公司、机场进行协调,在待维修的飞机还没有降落之前,就在相应的机场安排好维修技术人员与备件。GE 航空将这种服务叫作"On-Wing Support"。推出这项服务之后,如果一架从美国芝加哥飞往上海的飞机发动机需要维修,那么航班在上海机场降落后,最多只需要 3 个小时就可以完成维修任务,安全地飞回芝加哥。物联网大数据技术在飞机发动机日常维护中的应用,可以大大地提高飞机飞行安全性,缩短飞机维修时间,减少发动机备件库存的数量,节约了飞机维护成本,提高了飞机运行效率。

GE 航空的前身是 GE 公司旗下的飞机发动机公司(GE Aircraft Engine),公司原来只制作飞机发动机。在开展"On-Wing Support"业务之后,改名为 GE 航空(GE Aviation)。改名之后的 GE 航空标志着公司发展的转型,它已从一家单纯的"生产型"企业转型为"生产+服务"型企业。由于公司的业务从单纯的制造业,增加了基于产品大数

喷气式发动机生产

发动机产品

发动机安装到飞机上

健康状态良好的飞机
继续执行飞行任务

执行飞行任务

On-Wing Support

物联网大数据技术的应用
极大地提高飞机飞行的安全性与效率

根据维修计划对发动机
进行维修与日常保养

安装在发动机上的传感器实时获
取发动机在飞行状态的动态数据

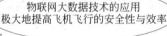

根据发动机健康状态的分析
结果安排发动机维修计划

大数据分析中心根据发动机的动态
运行数据分析发动机的健康状态

发动机动态运行的感知数据通过
卫星通信网发送到大数据分析中心

大数据分析中心

图 3-45   物联网大数据技术在飞机发动机日常维护中的应用

据分析的延伸服务，为企业创造了新的价值。

  这家公司产业转型升级的思路告诉我们：将物联网大数据技术应用在飞机发动机日常维护中，这家公司就不仅仅是只制造发动机、卖发动机的航空发动机制造商，同时它也是一家航运信息管理服务商。它的业务从飞机发动机制作、销售，扩展到运维管理、能力保障、运营优化、航班管理的信息服务。

  从这两个例子我们可以得出三点结论：

  （1）大数据应用为我们提供从信息社会海量数据中发现新知识，创造新价值，提升新能力,形成新业态的强劲动力。如何结合各行各业的实际需求,研究数据模型与算法,是"互联网+"向大数据技术提出的新的需求。

(2) 大数据的应用水平直接影响着"互联网+"应用系统存在的价值与重要性。大数据的应用的效果是评价"互联网+"应用系统技术水平的关键指标之一。

(3) 大数据就在我们身边,已经和我们如影相随。任何一个专业的每位大学生,都必须掌握大数据的基础知识与应用技能,这是时代发展对大学生提出的新的要求。

3.5 智能技术

3.5.1 人工智能的基本概念

人工智能(Artificial Intelligence,AI)是计算机科学、控制论、信息论、神经生理学、心理学、语言学等多种学科高度发展、紧密结合、互相渗透而发展起来的一门交叉学科,其诞生的时间可追溯到20世纪50年代中期,它与认知计算研究相伴而行。

世界上第一台计算机诞生于1946年。随着计算机的经过十多年的应用,人们开始认识到计算机除了可以进行快速的数值计算之外,还可以帮助人类做更多的事。在谈到人工智能研究是如何开始时,人们不能不记住几位来自不同学科年青学者的重要贡献。

1956年暑期,在美国Dartmouth大学由年轻数学助教J. McCarthy和他的三位朋友,哈佛大学年轻的数学家M. Minsky、IBM公司信息研究中心的N. Lochester与贝尔实验室信息部数学家C. Shannon共同发起,邀请了MIT、IBM、RAND等单位的学者举办了一个历时两个月的夏季学术讨论班。讨论班共有10位学者,他们分别从事计算机、数学、神经生理学、心理学等学科教学和研究工作。这些来自不同学科的学者们在一个很宽松的环境中,就"如何让计算机帮助人类做更多事情"的问题上发表了各自的想法。在共同的命题之下,不同学科的学者们碰出了思想的火花,他们第一次正式使用了"人工智能"的术语,从而也开创了人工智能这个新的研究方向。

实际上"人工智能"至今仍然没有一个被大家公认的定义。不同领域的研究者从不同的角度给出了各自不同的定义。最早人工智能定义是"使一部机器的反应方式就像是一个人在行动时所依据的智能"。有的科学家认为"人工智能是关于知识的科学,即怎样表示知识、获取知识和使用知识的科学";也有的科学家认为"让机器做本需要人的智能才能够做到的事情的一门科学"。尽管人们对于人工智能定义的表述不同,但是我们可以从这些定义中总结出共性的部分,那就是:人工智能研究的目标是如何使计算机能够学会运用知识,像人类一样完成富有智能的工作。

关于计算机是否具有智能的问题,著名计算机科学家图灵在1950年就发表了一篇《机器能思考吗?》的论文,提出了著名的"图灵测试"。图灵测试的目的是研究如何认识一个计算机系统是否具有智能的问题。参与测试的对象是一台计算机、一个志愿者与一个测试者。计算机和志愿者分别在两个房间中,测试者既看不到计算机,也看不到志愿者。测试者通过键盘提问,计算机和志愿者均通过屏幕回答问题,让测试者判断哪个房间中是计算机,哪个房间中是志愿者。图灵测试环境如图3-46所示。

为防止通过非智力因素获取信息,测试者不允许从任何一方得到除了回答以外的任

图 3-46   图灵测试示意图

何信息。志愿者真实地回答问题，并试图说服测试者自己这一方是人，而另一方是计算机。同样，计算机也努力说服测试者自己一方是人，对方才是计算机。如果测试者在一系列的测试中，不能准确地判断出人和计算机，就说明该计算机通过了测试，具有了图灵测试意义下的智能。

如果我们仔细想一想就会发现，其实这样的测试对计算机并不公平。从计算智能的设计者来说，他只希望计算机能够学习人的优点，而不会让计算机去学习人的缺点。计算机的优点是数值计算能力强，而掌握人的社会知识学习比较困难。如果测试者出一道数值计算的题，数值越大，对于计算机来说不会有困难，可以快速计算出来，而对于人来说就显得困难了。如果不考虑给计算机适当地延迟提交答案的时间，测试者可以很快地判断出哪个房间里是计算机。如果出一道生活常识题，涉及人的情感问题，人可以很快答出来，而计算机预先没有存储答案，或没有给它提供可以通过学习的案例，那么计算机就答不出来。显然，我们不能够简单地定义计算机智能的内涵。

从这个测试的研究中，我们可以得出两点结论。一是制造一台能够通过图灵测试的计算机并不是一件容易的事。图灵预言，50 年之后计算机的存储容量达到当时存储容量的 10^9 倍时，测试者有可能在连续交谈超过 5 分钟时，正确判断的概率不超过 70%。现在看来，计算机性能已经远远超过了图灵的预期，但是计算机并没有完全实现图灵测试所要求的智能。人类智能是涉及信息描述和信息处理的复杂过程，实际上人自身也没有能力将人的智力认识是非常不完全的，不能够用形式化的方法表述出来，因此要计算机完全达到人的智能，还有一段很长的路要走。

二是在要求计算机具有智能的时候，应该注意发挥计算机的特长。计算机在复杂的数值计算、大规模数据库查询、互联网信息检索等方面具有人类不可比拟的优势。即便是目前的网络信息检索结果还不十分令人满意，但是可以想象，如果没有计算机的帮助，恐怕人们已经放弃在互联网上搜索信息，因为在互联网上信息搜索太困难和太乏味。因此，计算机应该在人类不太擅长的领域内发挥更大的作用，延伸人类的智力，扩大人类认识世界的能力。

目前，研究人工智能主要有两条技术路线。一条是由心理学家、生理学家开展的"信息处理的智能理论"研究。他们认为大脑是智能活动的物质基础，要揭示人类智能的奥秘，就必须弄清大脑的结构。因此他们试图从大脑的神经元模型着手研究，搞清大脑信息处理过程的机理,为人工智能的实现提供理论依据。另一条是计算机科学家们提出的从模拟人脑功能的角度来实现人工智能的路线。计算机科学家试图通过计算机程序的运行,从效果上达到和人们智能行为活动过程相类似的作为。作为实现人工智能的近期目标,这条技术路线比较实际,目前已经有很多研究人员加入到该方向的研究中。

3.5.2 人工智能技术的研究与应用

当前人工智能技术的研究与应用主要集中在以下几个方面。

1. 自然语言理解(Natural Language Understanding)

自然语言理解研究就是要让计算机"听懂"人类的语言,"看懂"人类的文字。自然语言理解的研究开始于 20 世纪 60 年代初,它是研究用计算机模拟人的语言交互过程,使计算机能理解和运用人类社会的自然语言(如汉语、英语等),实现人机之间通过自然语言的交互,以帮助人类查询资料、解答问题,甚至是执行人类的命令。自然语言理解研究的基础内容是语音识别,它的研究涉及计算机科学、语言学、心理学、逻辑学、声学、数学等学科的知识。语音识别系统工作过程如图 3-47 所示。

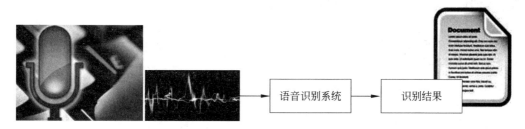

图 3-47 语音识别系统工作过程示意图

语音识别是智能人机交互的基础,目前已经广泛应用于可穿戴计算装置、智能机器人、无人驾驶汽车、计算机文字输入、翻译机以及智慧家庭与儿童玩具中。

自然语言理解研究还包括计算机对书写文字的识别与理解。书面语言理解是将文字输入到计算机,计算机"看懂"文字符号,也用文字输出应答。书面语言理解又叫作光学字符识别(Optical Character Recognition,OCR)技术。OCR 技术是指用扫描仪等电子设备获取纸上打印的字符,通过检测和字符比对的方法,翻译并显示在计算机屏幕上。书面语言理解的对象可以是印刷体或手写体。20 世纪 70 年代初期 OCR 技术取得突破,目前已经进入广泛应用的阶段,包括智能手机在内的很多电子设备都成功地使用了 OCR 技术。

2. 数据库的智能检索(Intelligent Retrieval from Database)

数据库系统是存储某个学科大量事实的计算机系统。随着应用的进一步发展,存储信息量越来越庞大,因此解决智能检索的问题便具有实际意义。将人工智能技术与数据库技术结合起来,建立演绎推理机制,变传统的深度优先搜索为启发式搜索,从而有效地提高了系统的效率,实现数据库智能检索。智能信息检索系统应具有如下的功能:能理解自然语言,允许用自然语言提出各种询问;具有推理能力,能根据存储的事实,演绎出所需的答案;系统拥有一定常识性知识,以补充学科范围的专业知识。系统根据这些常识,将能演绎出更一般询问的一些答案来。

3. 专家系统（Expert Systems）

专家系统是人工智能中最重要、最活跃的一个应用领域，它实现了人工智能从理论研究走向实际应用，从一般推理策略探讨转向运用专门知识的重大突破。专家系统是一个智能计算机程序系统，系统存储有大量的、按某种格式表示的特定领域专家知识构成的知识库，并且具有类似于专家解决实际问题的推理机制，能够利用人类专家的知识和解决问题的方法，模拟人类专家来处理该领域问题。同时，专家系统应该具有自学习能力。

我们可以选取一个简单的能够帮助医生对血液感染患者进行诊断的 MYCIN 专家系统为例，来形象地解释专家系统的基本概念。MYCIN 是美国斯坦福大学研究人员在 20 世纪 70 年代用 LISP 语言编写的专家系统。系统分为两个部分。一是通过患者的病史、症状与化验结果等原始数据，利用数据库中的专业医疗知识进行推理、判断，找出导致感染的病菌；二是结合数据库中的药理数据提供针对这种病菌的治疗药方。MYCIN 系统进行诊断的过程如图 3-48 所示。多次实验数据的统计结果表明：MYCIN 系统开出正确处方的概率为 69%，高于非细菌感染专业医师的正确率，低于细菌感染专业医师的正确率 80%。目前，用于医疗临床决策支持的专家系统发展非常迅速，出现了诊断型、解释性、预测性、监测性与教学型等多种类型的专家系统。

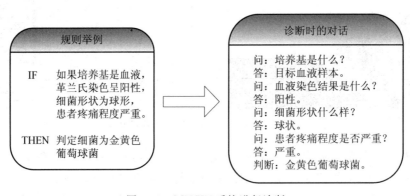

图 3-48　MYCIN 系统进行诊断

专家系统的开发和研究是人工智能研究中面向实际应用的课题，受到极大重视，已经开发的系统涉及医疗、地质、气象、交通、教育、军事等领域。目前专家系统主要采用基于规则的演绎技术，开发专家系统的关键问题是知识表示、应用和获取技术，困难在于许多领域中专家的知识往往是琐碎的，不精确的或不确定的，因此目前研究仍集中在这一核心课题上。此外对专家系统开发工具的研制发展也很迅速，这对扩大专家系统应用范围、加快专家系统的开发过程，起到了积极的作用。

4. 定理证明（Theorem Proving）

把人证明数学定理和日常生活中的演绎推理变成一系列能在计算机上自动实现的符号演算的过程和技术称为机器定理证明和自动演绎。机器定理证明是人工智能的重要研究领域，它的成果可应用于问题求解、程序验证和自动程序设计等方面。数学定理证明的过程尽管每一步都很严格有据，但决定采取什么样的证明步骤，却依赖于经验、直觉、想象力和洞察力，需要人的智能。因此，数学定理的机器证明和其他类型的问题求解，就成为人工智能研究的起点。

在人工智能发展的初期,1957 年 A. Newell、J. Shaw 和 H. Simon 等人编制出一个称为逻辑理论机(The Logic Theory Machine)的数学定理证明程序。该程序的模型体现了数学家证明问题的 3 个步骤的思考原则,即:先想出大致的解题计划;根据记忆中的公理定理和推理规则组织解题过程;进行方法和目的分析,修正解题计划。该程序证明了 B. A. W. Russell 和 A. N. Whitehead 编著的《数学原理》一书中 38 个定理。

在定理证明方面最成功的工作还是"四色定理"的证明。四色定理又称四色猜想,是世界近代三大数学难题之一。其表述很简单:"任何一张地图只用四种颜色就能使具有共同边界的国家着上不同的颜色。"1976 年,美国伊利诺斯大学的数学家对前人的工作进行了改进,在两台不同的计算机上用了 1200 个小时,进行 100 亿次判断,终于完成了四色定理的证明,解决了这个历时 100 多年的难题。

5. 博弈(Game Playing)

计算机博弈(或机器博弈)就是让计算机学会人类的思考过程,能够像人一样下棋。计算机博弈有两种方式,一是计算机和计算机之间的对抗,二是计算机和人之间的对抗。

1997 年 5 月,IBM 研发的深蓝计算机(Deep Blue)击败了国际象棋世界冠军卡斯帕罗夫,成为历史上第一台能击败国际象棋世界冠军的超级计算机。深蓝计算机重 1270 公斤,有 32 个 CPU,每秒钟可以计算 2 亿步。2016 年 3 月 9 日至 15 日,阿尔法狗(AlphaGo)与韩国围棋九段李世石的"世纪大战",阿尔法狗以 4∶1 的成绩完胜棋圣,再次将人们的眼光引向了人工智能(如图 3-49 所示)。

图 3-49 从深蓝到阿尔法狗

2017 年 2 月,历经 20 多天的鏖战,4 名顶尖德州扑克选手再次输给了美国卡内基-梅隆大学开发的人工智能德州扑克软件"Libratus"。

博弈问题为搜索策略、机器学习等问题的研究提供了很好的实际应用背景,它所产生的概念和方法对人工智能其他问题的研究也有重要的借鉴意义。

6. 自动程序设计(Automatic Programming)

自动程序设计是指采用自动化手段进行程序设计的技术和过程,也是实现软件自动化的技术。研究自动程序设计的目的是提高软件生产效率和软件产品质量。

自动程序设计的任务是设计一个程序系统,它接收关于所设计的程序要求实现某个目标非常高级描述作为其输入,然后自动生成一个能完成这个目标的具体程序。自动程序设计具有多种含义。按广义的理解,自动程序设计是尽可能借助计算机系统,特别是自动程序设计系统完成软件开发的过程。软件开发是指从问题的描述、软件功能说明、设计说明,到可执行的程序代码生成、调试、交付使用的全过程。按狭义的理解,自动程序设计是从形式的软件功能规格说明到可执行的程序代码这一过程的自动化。因而自动程序设计所涉及的基本问题与定理证明和机器人学有关,要用到人工智能的方法来实现,它也是软件工程和人工智能相结合的课题。

7. 组合调度问题(Combinatorial and Scheduling Problems)

有许多实际的问题是属于确定最佳调度或最佳组合的问题,例如互联网中的路由优化问题,旅游公司要为游客确定一条最短的旅行路线。该类问题的实质是对由几个节点组成的一个图的各条边,寻找一条最小耗费的路径,使得这条路径只对每一个节点经过一次。在大多数的这类问题中,随着求解节点规模的增大,求解程序所面临的困难程度按指数方式增长。人工智能研究者研究过多种组合调度方法,使"时间-问题大小"曲线的变化尽可能地缓慢,为很多类似的路径优化问题找出最佳的解决方法。

8. 感知问题(Perception Problems)

视觉与听觉都是感知问题。计算机对摄像机输入的视频信息,以及话筒输入的声音信息的处理最有效的方法应该是建立在"理解"能力的基础上,使得计算机具有视觉和听觉。视觉是感知问题之一。在人工智能中研究的感知过程通常包含一组操作。例如,可见的景物由传感器编码,并被表示为一个灰度数值的矩阵。这些灰度数值由检测器加以处理。检测器搜索主要图像的成分,如线段、简单曲线和角度等。这些成分又被处理,以便根据景物的表面和形状来推断有关景物的三维特性信息。机器视觉的前沿研究领域包括实时并行处理、主动式定性视觉、动态和时变视觉、三维景物的建模与识别、实时图像压缩传输和复原、多光谱和彩色图像的处理与解释等。机器视觉已在机器人装配、卫星图像处理、工业过程监控、飞行器跟踪和制导以及电视实况转播等领域获得极为广泛的应用。

3.5.3 智能技术在"互联网+"人机交互中的应用

从目前可穿戴计算设备的应用推广经验看,智能硬件从一开始设计就必须高度重视用户体验,而用户体验的入口就在人机交互方式上。"应用创新"是"互联网+"发展的核心,"用户体验"是"互联网+"应用设计的灵魂。"互联网+"的用户接入方式多样性、应用环境差异性,就决定了"互联网+"智能硬件在人机交互方式上的特殊性。因此,一个成功的智能硬件设计,必须根据不同"互联网+"应用系统需求与用户接入方式,认真地解决好"互联网+"智能硬件的人机交互问题。很多人机交互的奇思妙想甚至会成就"互联网+"在某一个领域的应用。

1. 人机交互研究的重要性

人机交互研究的是计算机系统与计算机用户之间的交互关系的问题,作为一个重要的研究领域一直受到了计算机界与计算机厂家的高度关注。学术界将人机交互建模研究列为信息技术中与软件、计算机并列的六项关键技术之一。

人机交互方式主要有:文字交互、语音的交互、基于视觉的交互。人机交互需要研究

的问题实际上很复杂。例如,在基于视觉的交互中,研究人员需要解决的问题如图 3-50
所示。

智能眼镜的视觉交互要解决:
位置判断:场景中是否有人?有多少人?哪些位置有人?
身份认证:那些人是谁?
视线跟踪:那些人正在看什么?
姿势识别:那些人头、手、肢体的动作表示什么样的含义?
行为识别:那些人正在做什么?

图 3-50　视觉交互中需要解决的问题

从这些研究问题可以看出,人机交互的研究不可能只靠计算机与软件去解决,它涉及
人工智能、心理学与行为学等诸多复杂的问题,属于交叉学科研究的范畴。

个人计算机和智能手机已经与人们须臾不可分离,之所以男女老少都能够接受个人
计算机与智能手机,首先要归功于个人计算机和智能手机便捷、友善的人机交互方式。个
人计算机操作系统的人机交互功能是决定计算机系统"友善性"的一个重要因素。传统意
义下个人计算机的人机交互功能主要是靠键盘、鼠标、屏幕实现的。人机交互的主要作用
是:理解并执行通过人机交互设备传送用户的命令,控制计算机的运行,并将结果通过显
示器显示出来。为了让人与计算机的交互过程更简洁、更有效和更友善,计算机科学家一
直在开展语音识别、文字识别、图像识别、行为模式识别等技术的研究。

2."互联网+"智能硬件人机交互的特点

随着"互联网+"应用的深入,传统的键盘、鼠标输入方法,以及屏幕文字、图形交互方
式已经不能适合移动环境、便携式"互联网+"终端设备的应用需求。在可穿戴计算设备
的研制中,人们就已经发现:在嘈杂环境中语音输入的识别率将大大下降,同时在很多场
合对着手机和移动终端设备发出控制命令的做法会使人很尴尬。研究人员认识到:必须
摒弃传统的人机交互方式,研发出新的人机交互方法。"互联网+"智能硬件人机交互的
特点如图 3-51 所示。

可穿戴计算设备在研究人机交互中使用了虚拟交互、人脸识别、虚拟现实与增强现
实、脑电控制等新技术。这些新技术能够适应"互联网+"智能硬件的特殊需求,对于研究
"互联网+"智能硬件人机交互技术有着重要的参考和示范作用。

3."互联网+"智能硬件人机交互的技术研究

1)虚拟交互技术

虚拟人机交互是很有发展前景的一种人机交互方式,而虚拟键盘(Virtual Keyboard,
VK)技术很好地体现出虚拟交互技术的设计思想。

实际上,MIT 研究人员在研究"第六感"问题时已经提出了虚拟键盘的概念。这个系
统可以在任何物体的表面形成一个交互式显示屏。他们做了很多非常有趣的实验。例
如,他们制作了一个可以阅读 RFID 标签的表带,利用这种表带,可以获知使用者正在书
店里翻阅什么书籍。他们还研究了一种利用红外线与超市的智能货架进行沟通的戒指,

传统的键盘、鼠标输入方法，以及屏幕文字、图形交互方式已经不能适合移动环境、便携式终端设备的应用需求

在嘈杂环境中语音输入的识别率将大大下降，同时在很多场合对着手机和移动终端设备发出控制命令的做法会使人很尴尬

"互联网+"智能硬件设计必须摒弃传统的人机交互方式，研发出新的人机交互方法

虚拟现实　　增强现实　　脑电控制　　语音识别　　人脸识别

图 3-51　"互联网+"智能硬件人机交互的特点

人们利用这种戒指可以及时获知产品的相关信息。旅客的登机牌可以显示航班当前的飞行情况及登机口，以及到达登机口的路径。

另一个实验是使用者利用四个手指上分别戴着的红、蓝、绿和黄四种颜色的特殊的标志物，系统软件可以识别四个手指手势表示的指令。如果用户的左右手的拇指与食指分别带上了四种颜色的特殊的标志物，那么用户用拇指和食指组成一个画框，相机就知道你打算拍摄照片的取景角度，并自动将拍好的照片保存在手机中，带回到办公室后在墙壁上放映这些照片。如果用户需要知道现在是什么时间，用户只要在自己胳膊上画一个手表，软件就可以在用户的胳膊上显示一个表盘，并显示现在的时间。如果用户希望读电子邮件，那么用户只需要用手指在空中画一个@符号，用户可以在任何物体的表面显示的屏幕中选择适当的按键，然后选择在手机上阅读电子邮件。如果用户希望打电话，系统可以在用户的手掌上显示一个手机按键，用户无须从口袋中取出手机就能拨号。如果用户在汽车里阅读报纸的时候，用户也可以选择在报纸上放映与报纸文字相关的视频。当用户面对墙上的地图时，用户可以在地图上用手指出用户想去的海滩的位置，系统便会"心领神会"地显示出用户希望看到的海滩的场景，看那里人是不是很多，用户好决定是不是现在就去那里。图 3-52 给出了虚拟键盘的示意图。

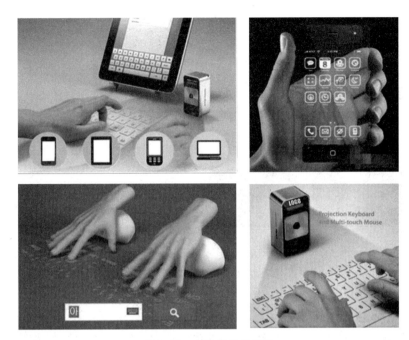

图 3-52 虚拟键盘示意图

虚拟人机交互方法的出现引起学术界与产业界的极大兴趣,也为"互联网+"智能硬件人机交互研究开辟了一种新的思路。

2)人脸识别技术

"互联网+"人机交互的一个基本问题是用户身份认证。在网络环境中用户的身份认证需要使用到人的"所知""所有"与"个人特征"。"所知"是指密码、口令;"所有"是身份证、护照、信用卡、钥匙或手机;"个人特征"是指人的指纹、掌纹、声纹、笔迹、人脸、血型、视网膜、虹膜、DNA、静脉,以及个人动作等特征。个人特征识别技术属于生物识别技术的研究范畴。目前最常用的生物特征识别技术是指纹识别、人脸识别、声纹识别、掌纹识别、虹膜识别与静脉识别。

互联网很多应用的身份认证主要是用口令和密码,这种方法非常方便,但是可靠性不高。学术界一直致力于"随身携带和唯一性"的生物特征识别技术。指纹识别已经用在门锁、考勤与出入境管理中。随着火车站、公交车、机场、景区的刷脸验票、公共场所的人脸识别,以及无人超市的"刷脸支付"的出现,将人们的注意力转移到"人脸识别"技术的应用上。

通过人脸进行人的身份认证要解决:人脸检测、人脸识别与人脸检索等三个问题。人脸检测是根据人的肤色等特征来定位人脸区域;人脸识别是确定这个人是谁;人脸检索是指给定包含一个或多个人脸图像的图像库或视频库中,查找出被检索人脸图像的身份。这个过程如图 3-53 所示。

利用人的生物特征进行身份认证有多种方法,早期比较成熟的有指纹识别、虹膜识别。但是与人脸识别(刷脸)相比,虹膜识别要求被检测者与检测设备距离很近,指纹识别则要求被检测者必须将手指按在制定的区域才能完成检测,而人脸识别不受这些限制,比

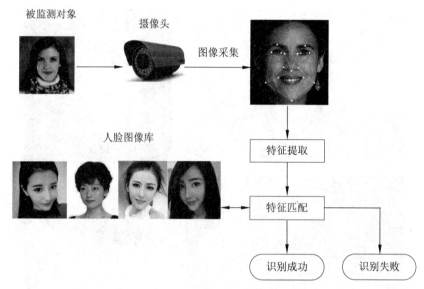

图 3-53　人脸识别过程示意图

较容易实现，因此人脸识别技术成熟之后，就快速地应用到各个领域，如火车站、飞机场、景区、公交车、音乐会的用户身份识别，银行、支付宝、电商、超市、ATM 机的"刷脸支付"；微信、微博、QQ、电商网站的用户的"刷脸登录"中；甚至在街头的广告牌上嵌入摄像头，用软件分析摄像头拍摄用户路过公告栏时关注的区域、时间与表情等信息，发现新的潜在用户，用推送技术向这些新用户定向发送广告。

　　3）虚拟现实与增强现实技术

　　虚拟现实（Virtual Reality，VR）又叫作"灵境技术"。"虚拟"是有假的，主观构造的内涵；"现实"是有真实的，客观存在的内容。理解虚拟现实技术内涵，需要注意以下两点：

　　（1）一般意义上的"现实"是指自然界和社会运行中的任何真实的、确定的事物与环境，而虚拟现实中的"现实"具有不确定性，它可以是真实世界的反映，也可能在真实世界中就根本不存在，是由技术手段"虚拟"的。虚拟现实中的"虚拟"是指由计算机技术生成的一个特殊的环境。

　　（2）"交互"是指人们在这个特殊的虚拟环境中，通过多种特殊的设备（如虚拟现实的头盔、数据手套、数字衣或智能眼镜等），将自己"融入"这个环境之中，并能够操作、控制环境或事物，实现人们某些特殊的目的。

　　虚拟现实是要从真实的现实社会环境中采集必要的数据，利用计算机模拟产生一个三维空间的虚拟世界，模拟生成符合人们心智认识的、逼真的、新的虚拟环境，提供使用者视觉、听觉、触觉等感官的模拟，从而让使用者如同身临其境一般，可以实时、不受限制地观察三维空间中的事物，并且能够与虚拟世界的对象进行互动。图 3-54 给出了虚拟现实各种应用的示意图。

　　增强现实（Augmented Reality，AR）属于虚拟现实研究的范畴，同时也是在虚拟现实技术基础上发展起来的一个全新的研究方向。

　　增强现实是一种实时地计算摄像机影像的位置、角度，加上计算机产生的虚拟信息准

图 3-54 虚拟现实应用示意图

确地叠加到真实世界中,将真实环境与虚拟对象结合起来,构成一种虚实结合的虚拟空间,让参与者看到一个叠加了虚拟物体的真实世界。这样不仅能够展示真实世界的信息,还能够显示虚拟世界的信息,两种信息相互叠加、相互补充,因此增强现实是介于现实环境与虚拟环境之间的混合环境(如图 3-55 所示)。增强现实技术能够达到超越现实的感官体验,增加参与者对现实世界感知的效果。

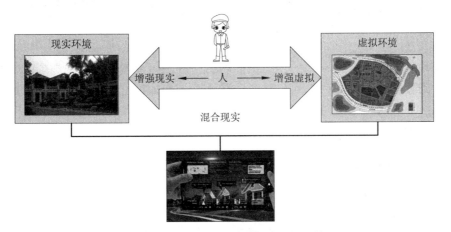

图 3-55 现实环境与虚拟环境的统一体

目前,增强现实技术已经广泛应用于各行各业。例如,根据特定的应用场景,利用增强现实技术可以在汽车、飞机上在增强现实的仪表盘上增加虚拟的内容;可以使用在线、基于浏览器的增强现实应用,为网站的访问者提供有趣和交互式的亲身体验,增加网站访问的趣味性;在医学教育中手术现场直播的画面上通过增强现实的方法,增加场外教授的讲解与虚拟的教学资料,提高教学效果。在智能医疗领域应用中,医生可以利用增强现实技术对手术部位进行精确定位。在古迹复原和数字文化遗产保护应用中,游客可以在博物馆或考古现场,"看到"古迹的文字解说,可以在遗址上对古迹进行"修复"。在电视转播体育比赛时,我们可以实时地将辅助信息叠加到画面中,使得观众可以得到更多的比赛信息。利用增强现实技术,我们可以通过智能手机观察一个苹果,屏幕上可以显示出苹果的产地、营养成分与商品安全信息;阅读报纸时可以显现出选中单词的详细注解,或者用语言读出书中的故事;购房时在图纸或毛坯房中就可以显示房屋装修后的效果图,以及周边的配套设施、医院、学校、餐馆与交通设施。图 3-56 给出了增强现实应用示意图。

图 3-56　增强现实应用示意图

增强现实是人机交互领域一个非常重要的应用技术,在增强现实中虚拟内容可以无缝地融合到真实场景的显示中,可以提高人类对环境感知的深度,增强人类智慧处理外部世界的能力。因此,虚拟现实与增强现实技术在"互联网＋"人机交互与智能硬件的研发中蕴含着巨大的潜力。

3.5.4　智能机器人研究及其在"互联网＋"中的应用

1. 机器人的基本概念

机器人学(Robotics)是一个涉及计算机科学、人工智能方法、智能控制、精密机械、信息传感技术、生物工程的交叉学科。机器人学的研究大大地推动人工智能技术的发展。

随着工业自动化和计算机技术的发展,到 20 世纪 60 年代机器人开始进入大量生产和实际应用的阶段。后来由于自动装配、海洋开发、空间探索等实际问题的需要,对机器的智能水平提出了更高的要求。特别是危险环境,人们难以胜任的场合更迫切需要机器人,从而推动了机器人的研究。机器人学的研究推动了许多人工智能思想的发展,有些技术可在人工智能研究中用来建立世界状态模型和描述世界状态变化的过程。关于机器人动作规划生成和规划监督执行等问题的研究,推动了规划方法研究的发展。此外由于智能机器人是一个综合性的课题,除机械手和步行机构外,还要研究机器视觉、触觉、听觉等传感技术,以及机器人语言和智能控制软件等。按照机器人的技术特征,一般将机器人技术的发展归纳为四代。

第一代机器人的主要特征是:位置固定、非程序控制、无传感器的电子机械装置,只能够按给定的工作顺序操作。典型的第一代机器人有搬运机器人 Verstran、工业机器人 Unimate 与家用机器人 Eletro。

第二代机器人的主要特征是:传感器的应用提高了机器人的可操作性。研究人员在机器人上安装各种传感器,如触觉传感器、压力传感器和视觉传感系统。第二代机器人向着人工智能的方向发展。

第三代机器人的主要特征是:安装了多种传感器,能够进行复杂的逻辑推理、判断和决策。1968 年,美国斯坦福大学研发成功第一个有视觉传感器,具有初级的感知和自动生成程序能力,能够自动避开障碍物的机器人 Shakey。

第四代机器人的主要特征是:具有人工智能、自我复制、自动组装的特点,从机器人网络向"云机器人"方向演进。

2. 智能机器人在"互联网+"中的应用前景

智能机器人在"互联网+"中的应用前景可以从以下三个方面来认识。

(1)通过网络控制的智能机器人正在向我们展示出对世界超强的感知能力与智能处理能力。智能机器人可以在"互联网+"的环境保护、防灾救灾、安全保卫、航空航天、军事,以及工业、农业、医疗卫生等领域的应用中发挥重要的作用,必将成为"互联网+"的重要成员。

(2)发展"互联网+"的最终目的不是简单地将物与物互联,而是要催生很多具有计算、通信、控制、协同和自治性能的智能设备,实现实时感知、动态控制和信息服务。智能机器人研究的目标同样追求的是机器人的行为、学习、知识的感知能力。在这一点上,智能机器人与"互联网+"研究目标有很多相通之处。

(3)互联网、云计算、大数据与智能机器人技术的融合导致"云机器人"的出现。由于云计算强大的计算与存储能力,可以将智能机器人大量的计算和存储任务集中到云端,同时允许单个机器人访问云端计算与存储资源,这就为需要较少的机器人机载计算与存储,降低机器人制造成本。如果一个机器人采用集中式机器学习并能够适应了某种环境,它新学到的知识能够即时地提供给系统中的其他机器人,允许多个机器人之间进行即时软件升级,让大量机器人的智能学习变得简单,大大提高智能机器人在"互联网+"应用的高度和深度。

2013 年 12 月 22 日,中国工信部发布《关于推进工业机器人产业发展的指导意见》,该意见指出,到 2020 年,我国将形成较为完善的工业机器人产业体系。2015 年 5 月国务院发布的《中国制造 2025》规划,将智能机器人产业列为重点发展领域之一,明确了围绕汽车、机械、电子、危险品制造、国防军工、化工、轻工等工业机器人、特种机器人,以及医疗健康、家庭服务、教育娱乐等服务机器人应用需求,积极研发新产品,促进机器人标准化、模块化发展,扩大市场应用。智能机器人产业迎来了战略性的发展契机。

3. 机器人的分类与应用

经过几十年的发展,机器人已经广泛应用于工业、农业、科技、家庭、服务业与军事领域。机器人的分类方法有很多种，但是应用最广的还是按照应用领域进行分类。按照应用领域进行分类，机器人可以分为民用和军用两大类。

民用机器人又可以进一步分为工业机器人、农业机器人、服务机器人、仿人机器人、微机器人与微操作机器人、空间机器人以及特种机器人等。特种机器人包括水下机器人、灭火机器人、救援机器人、探险机器人、防暴机器人等类型，是代替人类在人不能够到达的地方或从事危险工作最重要的工具，也是机器人研究最重要的领域之一。

军事机器人按照应用的目的分类，可以分为侦察机器人、监视机器人、排爆机器人、攻击机器人与救援机器人。按照工作环境分类，可以分为地面军用机器人、水下军用机器人、空中军用机器人。

从应用的角度，智能机器人可以分为 11 类（如图 3-57 所示），我们简单介绍其中六类机器人。

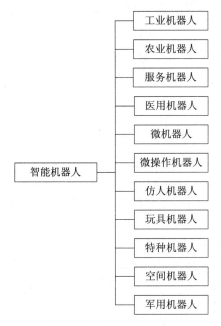

图 3-57　机器人的分类

1）工业机器人

工业机器人被视为是实现"工业 4.0"与实现"中国制造 2025"战略目标的重要工具。

工业机器人是面向工业领域的多关节机械手和多自由度机器人，一般用于机械制造业中以代替人完成大批量、高质量要求的工作。工业机器人最早应用于汽车制造业，用于焊接、喷漆、上下料与搬运，逐步扩大到摩托车制造、舰船制造、化工生产，以及家电产品中电视机、电冰箱、洗衣机等行业的自动生产线上，完成电焊、弧焊、喷漆、切割、电子装配，以及物流系统的搬运、包装、码垛等作业。目前工业机器人逐步延伸和扩大了人的手足与大脑的功能，可以代替人去从事危险、有害、有毒、低温与高温等恶劣环境中的工作，代替人完成繁重、单调的重复劳动，提高劳动生产效率，保证了生产质量。

工业机器人的优点在于它可以通过更改程序，方便地改变工作内容和方式，如改变焊接的位置与轨迹、变更装配部件或位置,以满足生产要求的变化。随着工业生产线越来越高的柔性化要求,对各种工业机器人的需求也越来越大。目前世界各国都在大量使用工业机器人。图 3-58 是工业机器人在汽车生产线上的应用照片。

图 3-58 工业机器人

2) 农业机器人

进入 21 世纪以来,新型多功能农业机械将得到日益广泛的应用,智能化机器人也会在广阔的田野上越来越多地代替手工完成各种农活。目前各国研制的农业机器人主要包括施肥机器人、喷灌机器人、嫁接机器人、除草机器人、收割机器人、果树剪枝机器人、采摘柑橘机器人、果实分拣机器人、采摘蘑菇机器人、园丁机器人、抓虫机器人与昆虫机器人等。图 3-59 是各种农业机器人的照片。

图 3-59 农业机器人

3）服务机器人

各国研发了很多种服务机器人。2002 年，丹麦 iRobot 公司推出的吸尘器机器人 Roomba，它能够避开障碍，自动设计运行路线。当能量不足时，还能够自动驶向充电插座。这款产品成为目前世界上销量最大的家庭用机器人。机器人可以模仿人类张开闭合嘴唇、挤眉弄眼、上肢和下肢自如活动、会自动停止行走，会跳舞、做家务。此外，它们还会表达自己的情绪，高兴或生气时会散发出两种不同的香味。图 3-60 是各种服务机器人的照片。

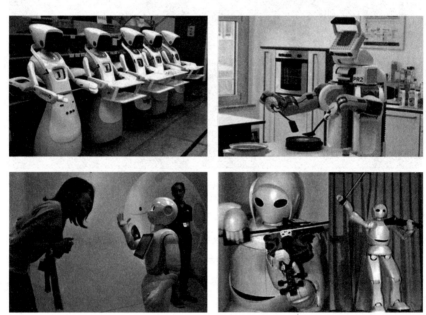

图 3-60　服务机器人

4）医用机器人

世界各国都在研究医用机器人。2000 年，世界上第一个医生可以远程操控的手术机器人"达芬奇"诞生了。它集手臂、摄像机、手术仪器于一身。这一套机器人手术系统内置拍摄人体内立体影像的摄影机，机械手臂可连接各种精密手术器械并如手腕般灵活转动。医生通过手术台旁的计算机操纵杆精确控制机械臂，具有人手无法相比的稳定性、重现性及精确度，侵害性更小，减少疼痛及并发症，缩短病人手术后住院的时间。指挥机器人做手术的另一个优点是医生不必到手术现场，可以通过网络操作机器人，对在异地的病人做远程手术。实践证明，"达芬奇"做手术比人类更精确，失血更少，病人复原更快。图 3-61 为医用机器人的照片。

5）仿人机器人

仿人机器人是当前机器人研究的一个热点领域。这些仿人机器人具有人类的外观特征，能够行走。有的仿人机器人还能够踢足球、跳舞、奏乐、下棋以及进行简单的对话。目前已经出现了机器人演员、机器人主持人、机器人科学家等新的角色。图 3-62 给出了各种仿人机器人的照片。

图 3-61 医用机器人

图 3-62 仿人机器人

6）特种机器人

特种机器人包括水下机器人、灭火机器人、救援机器人、探险机器人、防爆机器人等类型，是代替人类在人不能够到达的地方或从事危险工作最重要的工具，也是机器人研究最重要的领域之一。水下机器人也称为无人遥控潜水器，是一种潜入水中代替人完成某些操作的机器人。目前小型水下机器人已广泛用于市政饮用水系统中水罐、水管、水库检查，排污/排涝管道、下水道检查，海洋输油管道检查与跨江、跨河管道检查，船舶、河道、海洋石油、船体检修,水下锚、推进器、船底探查,码头及码头桩基、桥梁、大坝水下部分检查,航道排障、港口作业,钻井平台水下结构检修、海洋石油工程,核电站反应器检查、管道检查、异物探测和取出,水电站船闸检修,水电大坝、水库堤坝检修,检查大坝、桥墩上是否安装爆炸物以及结构好坏情况,船侧、船底走私物品检测,水下目标观察,废墟、坍塌矿井搜救等,海上救助打捞、近海搜索,水下考古、水下沉船考察等方面。救援机器人主要用在地震救灾、危险环境(如核污染地区)、火山探险等场合。图 3-63 给出救援机器人、危险环境工作的机器人与探险机器人示意图。

图 3-63　救援机器人、危险环境工作的机器人与探险机器人

我国政府高度重视智能机器人产业的发展。2016 年 4 月,工业和信息化部、发展改革委、财政部等三部委联合印发了《机器人产业发展规划(2016—2020 年)》。该《规划》指出:机器人既是先进制造业的关键支撑装备,也是改善人类生活方式的重要切入点。大力发展机器人产业,对于打造中国制造新优势,推动工业转型升级,加快制造强国建设,改善人民生活水平具有重要意义。机器人产业的发展将为"互联网+"应用的发展注入新的活力。

3.5.5　我国发展人工智能的政策环境

人工智能的迅速发展将深刻改变人类社会生活、改变世界。人工智能成为国际竞争的新焦点。人工智能是引领未来的战略性技术,发达国家把发展人工智能作为提升国家竞争力、维护国家安全的重大战略,加紧出台规划和政策,围绕核心技术、顶尖人才、标准规范等强化部署,力图在新一轮国际科技竞争中掌握主导权。我国经济发展进入新常态,深化供给侧结构性改革任务非常艰巨,必须加快人工智能深度应用,培育壮大人工智能产业,为我经济发展注入新动能。我国将人工智能发展放在国家战略层面系统布局,牢牢把握人工智能发展新阶段国际竞争的战略主动,打造竞争新优势、开拓发展新空间,有效保障国家安全。

2017 年 7 月 8 日,国务院发布了《新一代人工智能发展规划》(以下简称为《规划》)。《规划》指出:人工智能发展进入新阶段。经过 60 多年的演进,特别是在移动互联网、大数据、超级计算、传感网、脑科学等新理论新技术以及经济社会发展强烈需求的共同驱动下,人工智能加速发展,呈现出深度学习、跨界融合、人机协同等新特征。大数据驱动知识学习、跨媒体协同处理、人机协同增强智能等成为人工智能的发展重点,受脑科学研究成果启发的类脑智能蓄势待发,芯片化硬件化平台化趋势更加明显,人工智能发展进入新阶段。

《规划》确定了三步走的发展思路。第一步,到 2020 年人工智能总体技术和应用与世界先进水平同步,人工智能产业成为新的重要经济增长点,人工智能技术应用成为改善民生的新途径,有力支撑进入创新型国家行列和实现全面建成小康社会的奋斗目标。第二步,到 2025 年人工智能基础理论实现重大突破,部分技术与应用达到世界领先水平,人工智能成为带动我国产业升级和经济转型的主要动力,智能社会建设取得积极进展。第三步,到 2030 年人工智能理论、技术与应用总体达到世界领先水平,成为世界主要人工智能创新中心,智能经济、智能社会取得明显成效,为跻身创新型国家前列和经济强国奠定重要基础。

发展人工智能需要壮大智能科学技术的高端人才队伍,形成持续创新能力,也对大学教育提出了新的要求。任何一个专业的大学生,都必须学习和掌握智能科学的基本知识与应用技能,这是时代发展对大学生提出的新的要求。

3.6 网络空间安全技术

"互联网+"安全是网络空间安全重要的组成部分,《国家网络空间安全战略》为"互联网+"安全技术的研究指明了方向,《网络安全法》使得"互联网+"安全技术的研究与应用有法可依。了解网络空间安全的基本概念,学习和遵守有关网络安全的法律法规,掌握基本的网络安全技术是每一位大学生必备的知识与技能。

3.6.1 从信息安全、网络安全到网络空间安全

"信息安全""网络安全"与"网络空间安全"是当前信息技术与互联网应用讨论中出镜率最高的三个术语,并且交替出现,似乎它们之间没有区别,术语之间的逻辑关系并不清晰。我们也知道,任何一个新的概念与术语的出现都与技术与应用的发展紧密相连。如果我们将这三个术语放到计算机、计算机网络与互联网发展的大背景之下去看,就可以清晰地认识到它们的区别与联系、传承和发展的关系。

术语"信息安全"最早出现在 20 世纪 50 年代。当计算机开始应用于科学计算、工程计算与信息处理时,计算机科学家就意识到必须研究保护计算机硬件系统、计算机操作系统、应用软件、数据库与存储在计算机系统中的信息安全等问题。随着 20 世纪 80 年代,个人计算机 PC 与局域网的广泛应用,信息安全的研究内容进一步扩大到如何保护联网

个人计算机的信息安全，如何防治病毒与恶意代码的研究。

20世纪90年代，随着互联网的广泛应用，网络攻击、网络病毒、垃圾邮件愈演愈烈，造成严重的网络安全问题。面对互联网的网络安全威胁，在早期针对计算机系统信息安全研究的基础上，研究人员进一步将研究的重点转移到：网络入侵检测、防火墙、防病毒、网络安全审计、网络诱骗与取证、网络协议安全、隐私保护等问题上来。在这样的背景之下，出现"网络安全"的概念与术语也就很容易理解了。

进入21世纪，互联网技术与应用也向移动互联网、物联网发展。互联网的应用已经渗透到社会的方方面面与各行各业；支撑互联网的通信技术也从覆盖地面的有线与无线网络，扩大到太空的卫星通信网（也称作"天网"或"深空网络"）。因此从行业的角度看，互联网已经涉及政治、经济、文化，以及工业、农业、交通、医疗、环保、物流与政府管理等领域。从空间的角度看，互联网已经覆盖了从地球的内部到表层到空间，从基础设施到外部环境，从陆地到海洋的所有部分。新技术与新应用的发展必然会带来新的安全问题。从这些年发生的多起危及网络安全的事件看：发起网络攻击的动机已经从个别黑客出于经济目的的入侵和攻击，转变为有组织的经济犯罪，更严重的是国家之间的网络战，甚至是恐怖活动。网络安全已经成为影响社会稳定、国家安全的重要因素之一。因此，必须从国家安全的角度去研究"网络空间安全"问题。

早在2000年1月7日，美国政府在《美国国家信息系统保护计划》中有这样一段话："在不到一代人的时间内，信息革命和计算机在社会各方面的应用，已经改变了我们的经济运行方式，改变了我们维护国家安全的思维，也改变了我们日常生活的结构。"《下一场世界战争》一书预言："在未来的战争中，计算机本身就是武器，前线无处不在，夺取作战空间控制权的不是炮弹和子弹，而是计算机网络里流动的比特和字节。"

2010年，美国国防部在发布的《四年度国土安全报告》中，将网络安全列为国土安全五项首要任务之一。2011年，美国政府在《网络空间国际战略》的报告中，将"网络空间（Cyberspace）"看作是与国家"领土、领海、领空、太空"等四大常规空间同等重要的"第五空间"。近年来，世界各国都纷纷研究和制定国家网络空间安全政策，成立网络部队，研究网络攻防战，一场网络空间军备竞赛悄然开始。在这样的大背景之下，出现"网络空间安全"的概念与术语也就很容易理解了。

从以上的讨论中，我们可以清晰地认识到：将"信息安全""网络安全"与"网络空间安全"概念和术语放到"计算机""计算机网络"与"互联网"技术与应用发展的大背景之下，就会发现它们之间存在着密切的发展与传承的关系。在不同的场景下，人们用"信息安全""网络安全"或"网络空间安全"来表述的概念是相同的，一般不会产生歧义。

3.6.2 我国《国家网络空间安全战略》涵盖的基本内容

我国政府高度重视网络安全问题。2016年12月，中共中央网络安全和信息化领导小组批准并发布了《国家网络空间安全战略》报告，进一步明确了我国网络空间安全的目标、原则、战略任务。网络空间安全研究的对象包括：应用安全、系统安全、网络安全、网络空间安全基础、密码学及其应用等五个方面的内容。

研究"互联网+"网络安全问题，就必须了解"国家网络空间安全战略"确定的目标、原则与战略任务。

1.网络安全形势

报告指出：网络安全形势日益严峻，国家政治、经济、文化、社会、国防安全及公民在网络空间的合法权益面临严峻风险与挑战。这种威胁主要表现在以下几个方面。

1）网络渗透危害政治安全

政治稳定是国家发展、人民幸福的基本前提。利用网络干涉他国内政、攻击他国政治制度、煽动社会动乱、颠覆他国政权，以及大规模网络监控、网络窃密等活动严重危害国家政治安全和用户信息安全。

2）网络攻击威胁经济安全

网络和信息系统已经成为关键基础设施乃至整个经济社会的神经中枢，遭受攻击破坏、发生重大安全事件，将导致能源、交通、通信、金融等基础设施瘫痪，造成灾难性后果，严重危害国家经济安全和公共利益。

3）网络有害信息侵蚀文化安全

网络上各种思想文化相互激荡、交锋，优秀传统文化和主流价值观面临冲击。网络谣言、颓废文化和淫秽、暴力、迷信等违背社会主义核心价值观的有害信息侵蚀青少年身心健康，败坏社会风气，误导价值取向，危害文化安全。网上道德失范、诚信缺失现象频发，网络文明程度亟待提高。

4）网络恐怖和违法犯罪破坏社会安全

恐怖主义、分裂主义、极端主义等势力利用网络煽动、策划、组织和实施暴力恐怖活动，直接威胁人民生命财产安全、社会秩序。计算机病毒、木马等在网络空间传播蔓延，网络欺诈、黑客攻击、侵犯知识产权、滥用个人信息等不法行为大量存在，一些组织肆意窃取用户信息、交易数据、位置信息以及企业商业秘密，严重损害国家、企业和个人利益，影响社会和谐稳定。

5）网络空间的国际竞争方兴未艾

国际上争夺和控制网络空间战略资源、抢占规则制定权和战略制高点、谋求战略主动权的竞争日趋激烈。个别国家强化网络威慑战略，加剧网络空间军备竞赛，世界和平受到新的挑战。

2.目标

网络空间安全战略总体目标是：以总体国家安全观为指导，贯彻落实创新、协调、绿色、开放、共享的发展理念，增强风险意识和危机意识，统筹国内国际两个大局，统筹发展安全两件大事，积极防御、有效应对，推进网络空间和平、安全、开放、合作、有序，维护国家主权、安全、发展利益，实现建设网络强国的战略目标。具体内容包括：

（1）和平：信息技术滥用得到有效遏制，网络空间军备竞赛等威胁国际和平的活动得到有效控制，网络空间冲突得到有效防范。

（2）安全：网络安全风险得到有效控制，国家网络安全保障体系健全完善，核心技术装备安全可控，网络和信息系统运行稳定可靠。网络安全人才满足需求，全社会的网络安全意识、基本防护技能和利用网络的信心大幅提升。

（3）开放：信息技术标准、政策和市场开放、透明，产品流通和信息传播更加顺畅，数字鸿沟日益弥合。不分大小、强弱、贫富，世界各国特别是发展中国家都能分享发展机遇、共享发展成果、公平参与网络空间治理。

（4）合作：世界各国在技术交流、打击网络恐怖和网络犯罪等领域的合作更加密切，多边、民主、透明的国际互联网治理体系健全完善，以合作共赢为核心的网络空间命运共同体逐步形成。

（5）有序：公众在网络空间的知情权、参与权、表达权、监督权等合法权益得到充分保障，网络空间个人隐私获得有效保护，人权受到充分尊重。网络空间的国内和国际法律体系、标准规范逐步建立，网络空间实现依法有效治理，网络环境诚信、文明、健康，信息自由流动与维护国家安全、公共利益实现有机统一。

3．原则

一个安全稳定繁荣的网络空间，对各国乃至世界都具有重大意义。我国愿与各国一道，加强沟通、扩大共识、深化合作，积极推进全球互联网治理体系变革，共同维护网络空间和平安全。

1）尊重维护网络空间主权

网络空间主权不容侵犯，尊重各国自主选择发展道路、网络管理模式、互联网公共政策和平等参与国际网络空间治理的权利。各国主权范围内的网络事务由各国人民自己做主，各国有权根据本国国情，借鉴国际经验，制定有关网络空间的法律法规，依法采取必要措施，管理本国信息系统及本国疆域上的网络活动；保护本国信息系统和信息资源免受侵入、干扰、攻击和破坏，保障公民在网络空间的合法权益；防范、阻止和惩治危害国家安全和利益的有害信息在本国网络传播，维护网络空间秩序。任何国家都不搞网络霸权、不搞双重标准，不利用网络干涉他国内政，不从事、纵容或支持危害他国国家安全的网络活动。

2）和平利用网络空间

和平利用网络空间符合人类的共同利益。各国应遵守《联合国宪章》关于不得使用或威胁使用武力的原则，防止信息技术被用于与维护国际安全与稳定相悖的目的，共同抵制网络空间军备竞赛、防范网络空间冲突。坚持相互尊重、平等相待，求同存异、包容互信，尊重彼此在网络空间的安全利益和重大关切，推动构建和谐网络世界。反对以国家安全为借口，利用技术优势控制他国网络和信息系统、收集和窃取他国数据，更不能以牺牲别国安全谋求自身所谓绝对安全。

3）依法治理网络空间

全面推进网络空间法制化，坚持依法治网、依法办网、依法上网，让互联网在法制轨道上健康运行。依法构建良好网络秩序，保护网络空间信息依法有序自由流动，保护个人隐私，保护知识产权。任何组织和个人在网络空间享有自由、行使权利的同时，须遵守法律，尊重他人权利，对自己在网络上的言行负责。

4）统筹网络安全与发展

没有网络安全就没有国家安全，没有信息化就没有现代化。网络安全和信息化是一体之两翼、驱动之双轮。正确处理发展和安全的关系，坚持以安全保发展，以发展促安全。安全是发展的前提，任何以牺牲安全为代价的发展都难以持续。发展是安全的基础，不发展是最大的不安全。没有信息化发展,网络安全也没有保障,已有的安全甚至会丧失。

4.战略任务

我国的网民数量和网络规模世界第一,维护好中国网络安全,不仅是自身需要,对于维护全球网络安全乃至世界和平都具有重大意义。中国致力于维护国家网络空间主权、安全、发展利益,推动互联网造福人类,推动网络空间和平利用和共同治理。

"国家网络空间安全战略"确定了九项战略任务:

第一项:坚定捍卫网络空间主权。

第二项:坚决维护国家安全。

第三项:保护关键信息基础设施。

第四项:加强网络文化建设。

第五项:打击网络恐怖和违法犯罪。

第六项:完善网络治理体系。

第七项:夯实网络安全基础。

第八项:提升网络空间防护能力。

第九项:强化网络空间国际合作。

网络空间是国家主权的新疆域。我国必须建设与国际地位相称、与网络强国相适应的网络空间防护力量,大力发展网络安全防御手段,及时发现和抵御网络入侵,铸造维护国家网络安全的坚强后盾。

为了以立法的方式捍卫我国网络空间安全,2016年11月7日全国人民代表大会常务委员会通过了《中华人民共和国网络安全法》(以下简称《网络安全法》),并于2017年6月1日起施行。《网络安全法》是我国第一部全面规范网络空间安全管理的基础性法律,在我国网络安全史上具有里程碑意义。《网络安全法》全文共有7章79条,涵盖了保障网络安全的原则,以及网络安全等级保护制度、个人信息保护、关键信息基础设施运行安全、网络信息安全、监测预警与应急处置、法律责任等具体细则。《网络安全法》也为"互联网+"的网络应用安全提供了法律保障,使得"互联网+"网络安全技术研发有法可依。

3.6.3　网络空间安全体系与技术

网络空间安全研究包括五个方面的内容,即应用安全、系统安全、网络安全、网络空间安全基础,以及密码学及其应用(如图3-64所示)。

1.网络空间安全理论

网络空间安全理论研究的基本内容包括三个部分,即网络空间安全体系结构、大数据安全与对抗博弈问题。

2.系统安全理论与技术

系统安全理论研究主要包括:可信计算、芯片与系统硬件安全、操作系统与数据库安全、应用软件与中间件安全。

3.网络安全理论与技术

网络安全理论与技术研究主要包括:通信安全、网络对抗、互联网安全、网络安全管

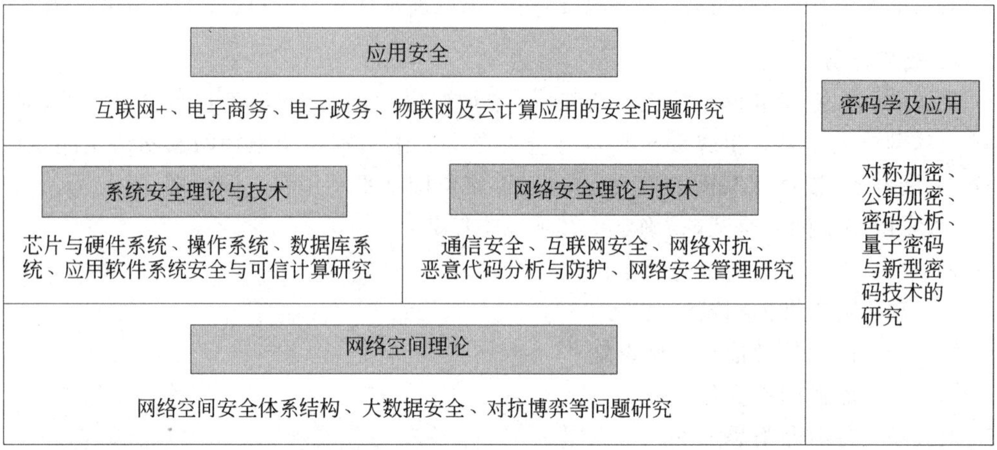

图 3-64　网络空间安全理论涵盖的基本内容

理以及恶意代码分析与防护问题。

4．应用安全

应用安全研究主要包括：电子商务与电子政务安全技术、云计算与虚拟化计算安全技术、社会网络安全、内容安全与舆情监控以及隐私保护问题。

5．密码学及应用

密码学及应用研究主要包括：对称加密、公钥加密、密码分析以及量子密码和新型密码研究等问题。

从以上讨论中可以看出，传统意义上的网络安全只是网络空间安全重要的组成部分，网络空间安全研究涵盖的范围更宽、涉及的问题更复杂。

3.6.4　网络安全体系与网络安全模型

1．网络安全体系结构的基本概念

1989 年发布的 ISO7495-2 描述了 OSI 安全体系结构（Security Architecture），提出了网络安全体系结构的三个概念：安全攻击（Security Attack）、安全服务（Security Service）与安全机制（Security Mechanism）。

1）安全攻击

任何危及网络与信息系统安全的行为都被视为"攻击"。最常用的网络攻击分类方法将分为"被动攻击"与"主动攻击"两类。图 3-65 描述了网络攻击的四种基本的类型。

第一种类型：被动攻击。

窃听或监视数据传输属于被动攻击。网络攻击者通过在线窃听的方法，非法获取网络上传输的数据，或通过在线监视网络用户身份、传输数据的频率与长度，破译加密数据，非法获取敏感或机密的信息。

第二种类型：主动攻击。

主动攻击可以分为三种基本的方式。

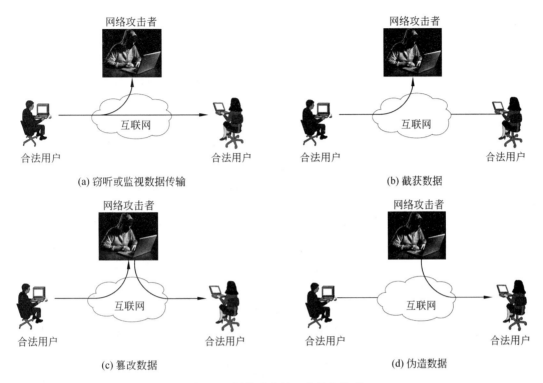

图 3-65 网络攻击的四种基本类型

- 截获数据

网络攻击者假冒和顶替合法的接收用户,在线截获网络上传输的数据。

- 篡改或重放数据

网络攻击者假冒接收者,从中截获网络上传输的数据之后,经过篡改再发送给合法的接收用户;或者是在截获到网络上传输的数据之后的某个时刻,一次或多次重放该数据,造成网络数据传输混乱。

- 伪造数据

网络攻击者假冒合法的发送用户,将伪造的数据发送给合法的接收用户。

2)网络安全服务

为了评价网络系统的安全需求,指导网络硬件与软件制造商开发网络安全产品,ITU推荐的 X.800 标准与 RFC2828 对网络安全服务进行了定义。

X.800 标准定义:安全服务是网络系统的各层协议为保证系统与数据传输足够的安全性所提供的服务。RFC2828 进一步明确:安全服务是由系统提供的对网络资源进行特殊保护的进程或通信服务。

X.800 标准将网络安全服务分为五类。五类安全服务包括:

(1)认证(Authentication):提供对通信实体和数据来源认证与身份鉴别。

(2)访问控制(Access Control):通过对用户身份认证和用户权限的确认,防止未授权用户非法使用系统资源。

(3)数据机密性(Data Confidentiality):防止数据在传输过程中被泄漏或被窃听。

(4) 数据完整性(Data Integrity):确保接收的数据与发送数据的一致性,防止数据被修改、插入、删除或重放。

(5) 防抵赖(Non-Reputation):确保数据由特定的用户发出,证明由特定的一方接收,防止发送方在发送数据后否认,或接收方在收到数据后否认现象的发生。

3) 网络安全机制

网络安全机制包括以下八项基本的内容。

(1) 加密(Encryption):加密机制是确保数据安全性的基本方法,根据层次与加密对象的不同,采用不同的加密方法。

(2) 数字签名(Digital Signature):数字签名机制确保数据的真实性,利用数字签名技术对用户身份和消息进行认证。

(3) 访问控制(Access Control):访问控制机制按照事先确定的规则,保证用户对主机系统与应用程序访问的合法性。当有非法用户企图入侵时,实现报警与记录日志的功能。

(4) 数据完整性(Data Integrity):数据完整性机制确保数据单元或数据流不被复制、插入、更改、重新排序或重放。

(5) 认证(Authentication):认证机制用口令、密码、数字签名、生物特征(如指纹)等手段,实现对用户身份、消息、主机与进程的认证。

(6) 流量填充(Traffic Padding):流量填充机制通过在数据流填充冗余字段的方法,预防网络攻击者对网络上传输的流量进行分析。

(7) 路由控制(Routing Control):路由控制机制通过预先安排好路径,尽可能使用安全的子网与链路,保证数据传输安全。

(8) 公证(Notarization):公证机制通过第三方参与的数字签名机制,对通信实体进行实时或非实时的公证,预防伪造签名与抵赖。

2.网络安全模型与网络安全访问模型

为了满足网络用户对网络安全的需求,相关标准针对网络攻击与通信信道上数据传输的不同情况,分别提出了网络安全模型与网络安全访问模型。

1) 网络安全模型

图 3-66 给出了一个通用的网络安全模型。网络安全模型涉及三类对象:通信对端(发送端与接收端)、网络攻击者以及可信的第三方。发送端通过网络通信信道将数据发送到接收端。网络攻击者可能在通信信道上伺机窃取传输的数据。为了保证网络通信的机密性、完整性,我们需要做两件事:一是对传输数据的加密与解密;二是需要有一个可信的第三方,用于分发加密的密钥和对通信双方身份的确认。

网络安全模型需要规定四项基本任务:

(1) 设计用于对数据加密与解密的算法。

(2) 对传输的数据进行加密。

(3) 对接收的加密数据进行解密。

(4) 制定加密、解密的密钥分发与管理协议。

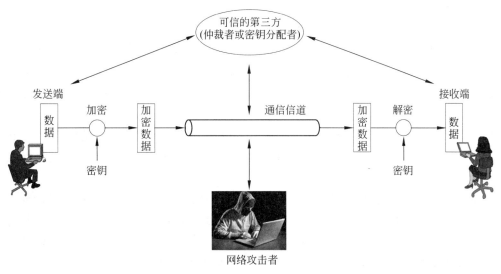

图 3-66 网络安全模型

2) 网络安全访问模型

图 3-67 给出了一个通用的网络安全访问模型。网络安全访问模型主要针对两类对象从网络访问的角度实施对网络的攻击。一类是网络攻击者,另一类是"恶意代码"类的软件。

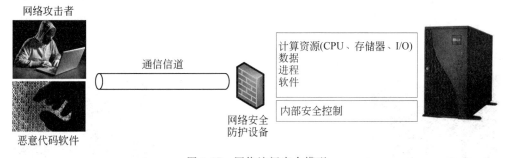

图 3-67 网络访问安全模型

"黑客(hacker)"的含义经历了一个复杂的演变过程,现在人们已经习惯将网络攻击者统称为"黑客"。恶意代码是指:能够利用操作系统或应用软件的漏洞,通过浏览器和利用用户的信任关系,从一台计算机传播到另一台计算机,从一个网络传播到一个网络的程序,目的是在用户和网络管理员不知情的情况下恶意修改网络配置参数,达到破坏网络正常运行与非法访问网络资源的目的。恶意代码包括病毒、特洛伊木马、蠕虫、脚本攻击代码,以及垃圾邮件、流氓软件等多种形式。

3) 网络攻击类型

网络攻击者与恶意代码对网络的攻击的行为分为服务攻击与非服务攻击两类。

第一类,服务攻击。

服务攻击是指网络攻击者对 E-mail、Web 或 DNS 服务器发起攻击,造成服务器工作不正常,甚至造成服务器瘫痪。

第二类，非服务攻击。

非服务攻击不针对某项具体的网络服务，而是针对网络设备或通信线路。攻击者使用各种方法对各种网络设备（如路由器、交换机、网关或防火墙等），以及通信线路发起攻击，使得网络设备出现严重阻塞甚至瘫痪，或者是造成通信线路阻塞，最终使网络通信中断。网络安全研究的一个重要的目标就是研制网络安全防护（硬件与软件）工具，保护网络系统与网络资源不受攻击。

为了帮助大家形象地理解网络攻击的基本概念，我们可以举一个比较典型的分布式拒绝服务攻击（Distributed Denial of Service，DDoS）例子，来描述一种最常见的网络攻击究竟是如何形成的。

从计算机网络的角度看，任何一个自然和友好的网络协议执行过程，都有可能成为攻击者利用的工具。我们在讨论互联网工作原理时知道，互联网中 Web 应用的数据是通过传输层 TCP 协议实现的。为了保证网络中数据报文传输的可靠性和有序性，TCP 协议工作时首先是在通信双方建立传输连接。TCP 连接建立过程中需要经过"三次握手"。"三次握手"完成之后，TCP 连接建立，Web 应用的客户端与服务器端程序才可以在已经建立的 TCP 连接上传输命令和数据。TCP 连接建立的"三次握手"过程如图 3-68 所示。

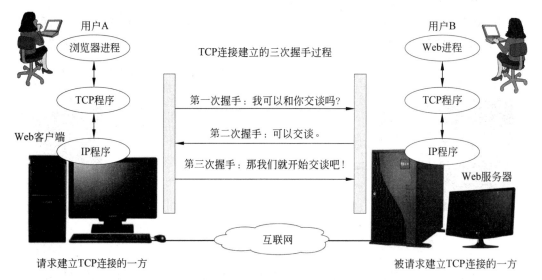

图 3-68　TCP 建立连接的"三次握手"过程示意图

TCP 协议规定客户端与服务器端"三次握手"的过程是：

第一次"握手"：客户端向服务器端发出"连接建立请求"报文。客户端询问服务器端："我可以和你交谈吗？"

第二次"握手"：服务器端向客户端发出"连接建立请求应答"报文，服务器端回答客户端："可以交谈。"

第三次"握手"是客户端向服务器端发出"连接建立请求确认"报文。客户端告诉服务器端："那我们就开始交谈吧！"

就是这样一个看似很优雅和文明的"握手"过程，也可以被网络攻击者利用。如果网络攻击者想给一个 Web 服务器制造麻烦的话,他只要用一个假的 IP 地址向这个 Web 服务器发出一个表面上看是正常的建立 TCP 连接的"请求报文",Web 服务器就会向申请连接的客户端发送一个同意建立连接的"应答报文"。但是由于这个 IP 地址本来就是伪造的,因此 Web 服务器进程不可能得到第三次握手的确认报文。按照 TCP 协议的规定,Web 服务器进程要等待第三次握手的确认报文到来。

如果网络攻击者向服务器发出大量虚假的请求报文,而 Web 服务器没有发现这是一次攻击的话,那么 Web 服务器将处于忙碌地处理应答和无限制地等待状态,最终会导致 Web 服务器不能正常地服务,甚至出现系统崩溃。这就是一种最简单和最常见的分布式拒绝服务(DDoS)攻击。

这就像在现实社会中,如果有一个别有用心的人发布了一条假消息,说有一家人要搬迁到其他城市,他想低价出售一套房屋,他的座机电话号码是03**-72******。一些想买房子的人不了解真实情况,就可能不停地打这个电话,结果这个电话被打爆了,而真正要给这家主人打的有用电话反而打不进来。这家主人没有别的办法,只好用手机给电话局打电话或者直接到电话局去,要求停掉这个座机,因为他快被这个响个不停电话铃声逼疯了。尽管这是一个假想的情况,但是它与 DDoS 攻击有很多类似之处。这种"攻击"行为并不是直接"闯入"到被攻击的服务器,而是通过选择一些容易感染病毒的计算机(俗称"肉机"),预先将能够实行 DDoS 攻击的病毒"悄悄地"植入到大量的"肉机"中,然后在某一个时刻向"肉机"发出攻击命令,让大量的"肉机"在自己不知情的情况下,"同时"向被攻击的服务器连续发出大量的"TCP 建立连接请求",使得被攻击的服务器"不知所措",无法应对这些看似正常的"连接请求",造成服务器无法正常提供服务,甚至造成整个服务系统崩溃。而网络攻击者在发出攻击命令之后早已"神不知鬼不觉"地逃离了,使得网络安全人员无法追查到谁是网络攻击者。人们也将这种攻击方式称作分布式拒绝服务(DDoS)或"僵尸网络(botnet)"攻击。DDoS 攻击过程如图 3-69 所示。

DDoS 攻击只是网络攻击中的一种类型,但是它具有一定的代表性。互联网常见的 DDoS 攻击目前已经出现在物联网,并且还可以通过物联网的硬件设备去攻击互联网。2016 年 10 月 21 日,网络攻击者用木马病毒"Mirai"感染超过 10 万个物联网终端设备-网络摄像头与硬盘录像设备,通过这些看似与网络安全无关的硬件设备,向提供互联网动态域名解析 DNS 服务的 DynDNS 公司网络服务器发动了 DDoS 攻击,造成美国超过半个互联网瘫痪了 6 个小时,其中包括 Twitter、Airbnb、Reddit 等著名的网站,个别网站瘫痪长达 24 小时。

3. 用户对网络安全的需求

从以上的讨论中,我们可以将用户对网络安全的需求总结为以下几点。

(1) 可用性:在可能发生的突发事件(如停电、自然灾害、事故或攻击等)情况下,计算机网络仍然可以处于正常运转状态,用户可以使用各种网络服务。

(2) 机密性:保证网络中的数据不被非法截获或被非授权用户访问,保护敏感数据和涉及个人隐私信息的安全。

(3) 完整性:保证在网络中传输、存储的完整,数据没有被修改、插入或删除。

(4) 不可否认性:确认通信双方的身份真实性,防止对已发送或已接收的数据否认现

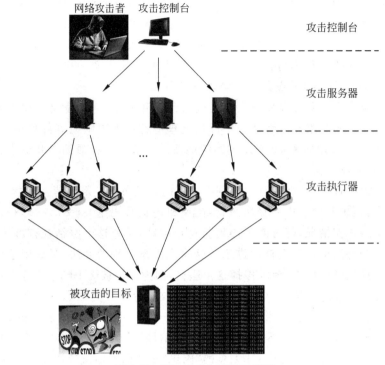

图 3-69   DDoS 攻击过程示意图

象的出现。

（5）可控性：能够控制与限定网络用户对主机系统、网络服务与网络信息资源的访问和使用，防止非授权用户读取、写入、删除数据。

3.6.5　密码学的基本概念

密码学是"互联网＋"保障网络安全的主要工具之一，因此学习"互联网＋"网络安全技术，有必要了解一些密码学及其应用的基础知识。

1. 加密算法与解密算法

加密的基本思想是伪装明文以隐藏其真实内容，即将明文 X 伪装成密文 Y。伪装明文的操作称为"加密"，加密时所使用的变换规则称为"加密算法"。由密文恢复出原明文的过程称为"解密"。解密时所采用的信息变换规则称作"解密算法"。

图 3-70 给出一个加密与解密过程示意图。如果用户 A 希望通过网络给用户 B 发送"My bank accound ＃ is 1947."的报文，他不希望有第三者知道这个报文的内容。他可以采用加密的办法，首先将该报文由明文变成一个无人识别的密文。在网络上传输的是密文。网络如果有窃听者，他即使得到这个密文，也很难解密。用户 B 在接收到密文后，采用双方共同商议的解密算法与密钥，就可以将密文还原成明文。

2. 密钥的作用

加密算法和解密算法的操作通常都是在一组密钥控制下进行的。密码体制是指一个

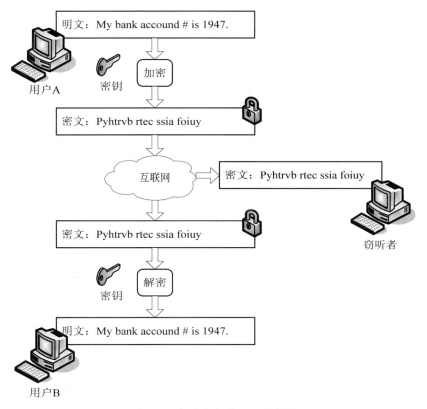

图 3-70 加密与解密过程示意图

系统所采用的基本工作方式以及它的两个基本构成要素,即加密/解密算法和密钥。

传统密码体制所用的加密密钥和解密密钥相同,也称为"对称密码体制"。如果加密密钥和解密密钥不相同,则称为非对称密码体制。加密算法是相对稳定的。在这种意义上,可以把加密算法视为常量,而密钥则是一个变量。可以根据事先约好的规则,对应每个新的信息改变一次密钥,或者定期更换密钥。这里我们可以举最古老的恺撒密码的例子来说明密钥保密的重要性。

恺撒密码属于一种"置位密码",它是将一组明文字母用另一组伪装的字母表示。例如:

明文:a b c d e f g h i j k l m n o p q r s t u v w x y z
密文:Q B E L C D H G I A J N M O P R Z T W V Y X F K S U

这种方法叫作"单字母表替换法"。密钥就是这个明文与密文的字母对应表。明文"nankai"对应的密文就是"OQOJQI"。采用单字母替换的密钥有 26! =4×10^{26} 个。虽然加密方法很简单,但是破译者哪怕是用 $1 \mu s$ 试一个密钥,试遍所有可能的密钥需要 10^{13} 年。当然知道密钥很容易就知道明文是什么。表面上看这个系统很安全,其实人们用字母出现频率的统计方法,很容易找出规律,来破译简单的加密方法。

另一种例子是采用"易位密码法"。它首先是选择一个密钥。这种密钥的特点是一个组成的字母不重复的单词或词组,例如"MEGABUCK"。使用这个密钥字母出现的顺序重新对明文字母的顺序进行排序,使破译者很难理解密文的意义。图 3-71 给出了易位密码方法的原理示意图。例如,本例中按密钥字母在字母表的顺序,字母 A 对应的一列字母"AFLLSKSO"排在密文的前面,下一列是字母 B 对应的第二列字母"SELAWAIA"接在第一列之后,依照这种规则就将原明文变化成对应的密文。接收方知道这个密钥,因此他可以很快就还原出明文。如果只知道加密者使用的是易位法,但是不知道密钥,就不能够将密文还原成明文,即使得到这段文字,但是不知道这段文字表示什么意思。同时,我们也可以看出,破译易位密码法的密钥要比破译单字母表替换法的密钥困难得多。

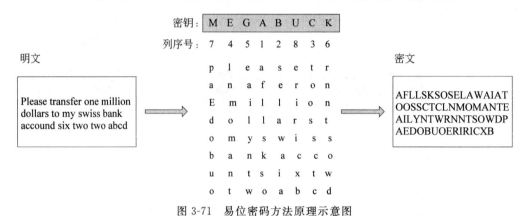

图 3-71　易位密码方法原理示意图

从上面的例子中可以看出,加密算法实际上很难做到绝对保密,现代密码学的一个基本原则是"一切秘密寓于密钥之中"。密钥可以视为加密算法中的可变参数。从数学的角度来看,改变了密钥,实际上也就改变了明文与密文之间等价的数学函数关系。

因此,理解加密与解密的基本原理需要注意以下几个问题。

(1) 加密算法是可以公开的,真正需要保密的是密钥。

加密算法可以公开,而密钥只能由通信双方来掌握。如果在网络传输过程中,传输的是经过加密处理后的数据信息,那么即使有人窃取了这样的数据,由于不知道相应的密钥与解密方法,也很难将密文还原成明文,从而可以保证数据在传输与储存中的安全。

(2) 密钥的位数越长,破译的困难也就越大,安全性也就越好。

对于同一种加密算法,密钥位数越多,密钥空间(key space)越大,也就是密钥的可能的范围也就越大,那么攻击者也就越不容易通过蛮力攻击(brute-force attack)来破译。

蛮力攻击是指破译者用穷举法对密钥的所有组合进行猜测,直到成功地解密。表 3-3 给出了在给定密钥长度下,用穷举法进行猜测时需要尝试的密钥个数。

表 3-3　密钥长度与密钥个数

密钥长度/bit	组合个数
40	$2^{40}=1099511627776$
56	$2^{56}=7.205759403793\times10^{16}$
64	$2^{64}=1.844674407371\times10^{19}$

续表

密钥长度/bit	组合个数
112	$2^{112}=5.192296858535\times10^{33}$
128	$2^{128}=3.402823669209\times10^{38}$

假设用穷举法破译,猜测每 10^6 个密钥用 $1\mu s$ 的时间,那么猜测 2^{128} 个密钥最长时间大约是 1.1×10^{19} 年。所以,一种自然的倾向就是使用最长的可用密钥,它使得密钥很难被猜测出。但是密钥越长,进行加密和解密过程所需的计算时间也将越长。

3. 密码体系

目前常用的加密技术可以分为两类,即对称加密(Symmetric Cryptography)与非对称加密(Asymmetric Cryptography)。

1)对称加密的基本概念

对称加密技术对信息的加密与解密都使用相同的密钥。图 3-72 给出了对称加密的工作原理。采用对称加密,加密方与解密方使用同一种加密算法和相同的密钥。

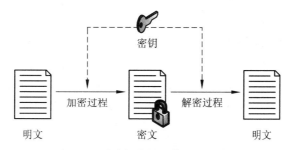

图 3-72 对称加密的工作原理示意图

由于在对称加密体系中加密方和解密方使用相同的密钥,系统的保密性主要取决于密钥的安全性。因此,密钥在加密方和解密方之间的传递和分发必须通过安全通道进行,在公共网络上使用明文传递密钥是不合适的。如果密钥没有以安全方式传送,那么黑客就很可能非常容易地截获密钥。

2)非对称加密的基本概念

非对称加密技术对信息的加密与解密使用不同的密钥,用来加密的密钥是可以公开的,用来解密的私钥是需要保密的,因此又被称为"公钥加密(Public Key Encryption)技术"。

在 1976 年,Diffie 与 Hellman 提出了公钥加密的思想,加密用的公钥与解密用的私钥不同,公开加密密钥不至于危及解密密钥的安全。用来加密的公钥(Public Key)与解密的私钥(Private Key)是数学相关的,并且加密公钥与解密私钥是成对出现的,但是不能通过加密公钥来计算出解密私钥。图 3-73 给出了非对称加密的工作原理示意图。

当发送端希望用非对称加密的方法,将明文加密后发送给接收端时,他首先要得到接收端的密钥产生器所产生的一对密钥中的公钥。发送端用公钥加密后的密文可以通过网络发送到接收端。接收端使用一对密钥中的私钥去解密,将密文还原成明文。

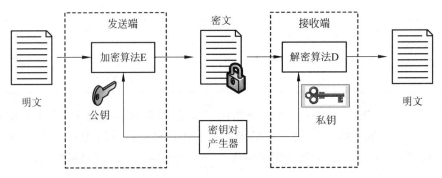

图 3-73   非对称加密的工作原理

理解非对称密钥密码体系的基本工作原理需要注意以下几个问题：

第一，在非对称密钥密码体制中，加密的公钥与解密的私钥是不相同的。人们可以将加密的公钥公开，谁都可以使用。而解密的私钥只有解密人自己知道。

第二，由于采用了两个密钥，并且从理论上可以保证要从公钥和密文中分析出明文和解密的私钥在计算上是不可行的。那么以公钥作为加密密钥，接收方使用私钥解密，则可实现多个用户发送的密文，只能由一个持有解密的私钥的用户解读。

第三，如果以用户的私钥作为加密密钥，而以公钥作为解密密钥，则可以实现由一个用户加密的消息而由多个用户解读，这样非对称密钥密码就可以用于数字签名。

第四，非对称加密技术与对称密钥加密技术相比，其优势在于不需要共享通用的密钥，用于解密的私钥不需要发往任何地方，公钥在传递和发布过程中即使被截获，由于没有与公钥相匹配的私钥，截获的公钥对入侵者也就没有太大意义。公钥加密技术的主要缺点是加密算法复杂，加密与解密的速度比较慢。

3.6.6   互联网访问控制技术

1. 互联网（Internet）服务的特点

开放性、社会性与友好性是互联网运行模式的重要特点。对于广大互联网网民来说，它好像是一个庞大的广域计算机网络。用户将自己的计算机、手机与智能终端设备，无论是用有线的方式或者是用无线的方式接入到互联网，就可以随时随地接发邮件与微信，实现人与人之间的信息交互；能够上网购物和网上支付；能够浏览新闻，观看电影；可以在互联网信息资源宝库搜索所需要的各种信息。互联网应用系统开发的第一个原则是"开放"，任何一个网民都能够便捷地访问。第二个原则是"平等"，社会地位、经济状况、年龄大小、性别的不同都不影响互联网对网民的服务，所有网民的地位是"平等"的。第三个原则是"友好"，网民访问一种互联网服务交互过程的友好性决定用户体验的感觉。用户体验是对互联网应用最重要的评价标准，标志着决定着互联网应用能够被网民接受的程度。正是互联网应用系统的设计体现了"开放""公平"和"友好"的原则，能够方便地为网民提供资源共享、信息交互服务，使得互联网得到快速地发展。

2. 企业内网（Intranet）对用户访问的特殊要求

随着网上办公、网上购物应用越来越普遍，有越来越多的用户是从互联网上以 Web、

FTP 或 E-mail 方式访问政府的电子政务网,或者是企业内部网络。政府的电子政务网与企业内部网络一方面要接受外部用户的访问请求,另一方面又要防范黑客的攻击与非法入侵者窃取政府与企业的机密信息,这种需求促进了 Intranet 技术的发展。

Intranet 又称为企业内部网络、内联网或内网,是一种使用与互联网相同的技术组建的只供政府工作人员办公使用的政务内网,供企业内部工作人员处理企业内部事务的企业内网。企业内网通过防火墙与互联网连接,其结构如图 3-74 所示。

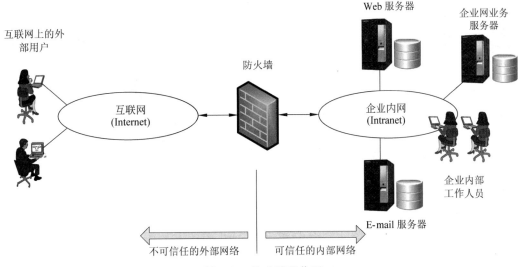

图 3-74   防火墙的作用

1)防火墙与网络访问控制

防火墙的概念起源于中世纪的城堡防卫系统,那时人们为了保护城堡的安全,在城堡的周围挖一条护城河,每一个进入城堡的人都要经过吊桥,并且还要接受城门守卫的检查。人们借鉴了这种防护思想,设计了一种网络安全防护系统,这种系统被称为"防火墙"。防火墙是在网络之间执行控制策略的系统,它包括硬件和软件。在设计防火墙时,人们做了一个假设:防火墙保护的内部网络是"可信任的网络",而外部网络是"不可信任的网络"。防火墙通过检查所有进出内部网络的数据包,检查数据包的合法性,判断是否会对网络安全构成威胁,为企业内网建立起安全边界。具体的实现方法如图 3-75 所示。

企业内网的管理人员根据工作的需要制定安全策略。安全策略是通过在防火墙访问控制表上设置的数据包过滤规则来实现的。图 3-75 中防火墙访问控制表给出了访问控制规则。

过滤规则 1:控制互联网用户对企业内网的访问。允许来自互联网上主机源 IP 地址为 202.15.0.1 的主机,访问目的地址为 192.168.1.1 的企业内网 Web 服务器。

过滤规则 2:控制互联网用户对企业内网的访问。允许来自互联网上主机源 IP 地址为 202.15.0.1 的主机,访问目的 IP 地址为 192.168.1.2 的企业内网 E-mail 服务器。

过滤规则 3:控制互联网用户对企业内网的访问。阻断任何互联网主机访问目的 IP 地址为 192.168.8.202 的企业业务服务器。

过滤规则 4:控制企业内网用户对互联网的访问。阻断企业内网 IP 地址为 192.168.

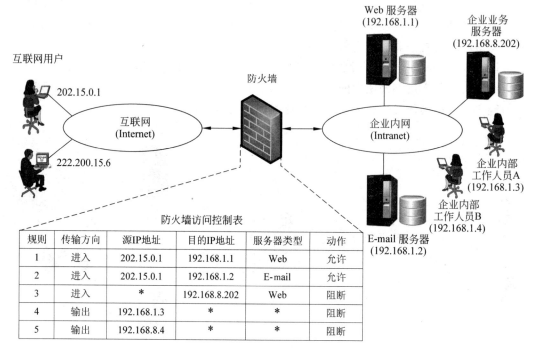

图 3-75　防火墙的工作原理

规则	传输方向	源IP地址	目的IP地址	服务器类型	动作
1	进入	202.15.0.1	192.168.1.1	Web	允许
2	进入	202.15.0.1	192.168.1.2	E-mail	允许
3	进入	*	192.168.8.202	Web	阻断
4	输出	192.168.1.3	*	*	阻断
5	输出	192.168.8.4	*	*	阻断

1.3 的主机用户对互联网的任何访问。

　　过滤规则 5：控制企业内网用户对互联网的访问。阻断企业内网 IP 地址为 192.168.
1.4 的主机用户对互联网的任何访问。

　　防火墙通过检查所有从外部网络进入内部网络的数据包以及从内部网络流出到外部
网络的数据包来达到访问控制的目的。但是，防火墙的优点是结构简单，便于管理，造价
低；缺点是安全防护的功能比较有限。

　　2) 代理服务器与访问控制

　　代理服务器是另一类网络访问控制设备。代理服务器是由用户代理、服务器代理与
访问控制模块组成。当外部互联网用户访问企业内网服务器时，用户代理截获服务请求，
访问控制模块检查是不是合法用户，是不是具有访问该服务器的权限。如果属于合法用
户，并且具有访问该服务器的权限，服务器代理则转发访问请求。企业内网服务器的应答
信息将由服务器代理通过用户代理转发给互联网用户。对于外部互联网的用户来说，它
好像是"直接"访问了企业内网的服务器，而实际上只能访问代理服务器。代理服务器是
双向的，它既可作为外部互联网用户访问企业内网服务器的代理，也可作为企业内网用户
访问外部互联网的代理。

　　代理服务器起到物理上隔断互联网与企业内网的连接，逻辑上实现互联网与企业内
网信息交互的作用。代理服务器结构与原理如图 3-76 所示。

　　3. Extranet 网络结构特点

　　Extranet 是一个使用 Internet/Intranet 技术将企业与用户、协作企业网络相连，完成

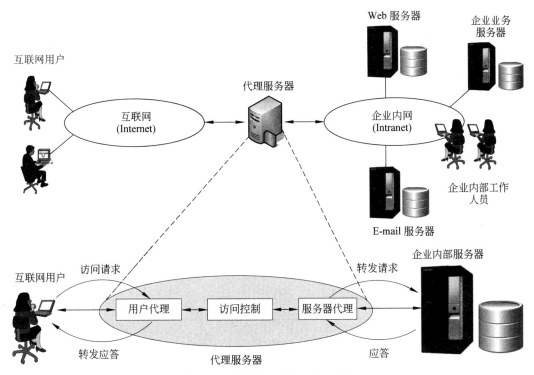

图 3-76　代理服务器的结构与原理

信息交互的合作型网络。我们可以通过分析图 3-77 给出了"互联网＋"零售业的大型连锁零售企业网络系统结构为例,说明 Extranet 网络结构的特点。

理解"互联网＋"零售业大型连锁店系统结构需要注意以下几个问题。

(1) 未来的大型连锁零售企业一定是运行在互联网上的智能物流系统。互联网对内连接零售企业的业务系统,对外连接用户、合作的企业与银行。

(2) 从网络安全的角度,支撑大型连锁零售企业运行的计算机网络分为企业内网与企业外网两部分。企业外网通过防火墙与互联网连接,对外公开的产品宣传、接收用户网购的公司网站的各种服务器连接在企业外网中;企业内网只供企业内部工作人员使用,使用外部用户与合作企业的信息必须通过代理服务器转换成安全的、公司内网的数据,由代理服务器转发。

(3) 公司内网根据管理的层次结构,分为总公司网络,分公司与仓库、配送中心网络,以及基层的实体销售商店等三个层次。总公司管理了整体的资金运作,监督计划、采购、配送、销售策略的制定与运行。大型连锁企业按照区域成立多个分公司。分公司管理设置在一个地区设置的仓库、配送中心与销售商店。

(4) 分公司、仓库与配送中心作为整个企业管理的第二层,它们汇聚所属销售商店或超市的实时销售数据,向总公司管理层汇报。同时,它连接仓库与配送中心网络,实时采集、分析当前库存商品的数据,控制仓库与商品配送。

配送中心网络根据分公司计算机系统的指令,完成商品配送、补给、运输的全过程。配送中心网络的一个主要任务是对运行在辖区内运输车辆位置、运送商品的类型、数量进

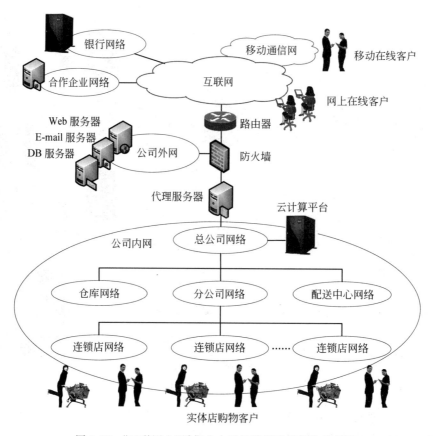

图 3-77 "互联网＋"零售业大型连锁店系统结构示例图

行管理和控制。配送中心网络通过网关连接移动通信网,通过移动通信网与运输车辆通信。通过移动通信网与 GPS 系统,在配送中心的显示屏上,管理人员可以通过地理信息系统 GIS 和网络地图,很方便地掌握货物配送运输车辆当前的位置,以及急需了解的某一辆运输车的运行轨迹。如果某一个销售商店或超市急需某一种商品时,配送中心管理人员可以及时查找离该销售商店或超市最近,装有这种商品的车辆就近、及时配送。配送中心通过计算机网络、移动通信网络与 GPS 网络的互联系统,指挥和控制商品配送过程,可以缩短商品配送的时间,减少运输车辆空载运行的现象,减少浪费,节约能源,提高效益。

（5）用户可以通过互联网、移动互联网,以网购方式发出商品订购信息,也可以到实体店去购买商品;货款可以通过刷卡、网上支付、刷脸支付等各种方式完成。

从以上分析中可以看出以下几点:

（1）我们每个网购用户一般并不知道在我们的每笔网购交易的背后,有一个运用互联网技术构建的大型跨国"互联网＋"零售业网络系统在支撑着网购活动。

（2）大量的商业信息的处理与存储要依靠云平台;大量的管理人员要运用大数据分析方法和工具,预测商品销售形势,通过互联网指挥着采购、库存和配送;大量的工作人员、智能机器人快速的分拣、包装、运输和配送货物。

（3）遍及世界商业活动中的物流、信息流与资金流都是在互联网上顺畅地流动着。

支撑这个过程需要得到计算机、通信与网络、云计算、大数据、智能技术的支持,网络安全技术为整个网络数据的交互与存储的安全保驾护航。

(4)一个大型连锁零售企业的运行是依托互联网和大量信息技术,企业的工作人员除了有各类懂得零售与物流业务的管理人员,还要招聘大量维护计算机与网络系统、开发软件、掌握大数据分析方法与工具的各类信息技术人员,俨然是一家互联网公司。

3.6.7　"互联网+"网络安全的特点

"互联网+"是高悬在全人类头上的一把"双刃剑"。一个方面,"互联网+"对于我国的政治、经济与社会发展起到了重要的推动作用。另一方面,人们也对"互联网+"的网络安全问题忧心忡忡。网络安全的研究一直是伴随着网络技术与应用的发展而进步。学习"互联网+"网络安全知识,首先要分析"互联网+"涉及网络安全问题的几个特点。

1. "互联网+"的网络安全是一个系统的社会工程

在讨论网络安全这个学术性、社会性很强的课题时经常会有一个误区,那就是:将发生在网络社会的安全问题与现实社会的安全问题割裂开来,经常以"就事论事""治标不治本"的思路和方法去处理网络安全问题。

我们在讨论互联网虚拟世界的网络安全问题时,不可能脱离开现实物理世界的社会环境。正是生活在现实物理世界的人类创造了网络虚拟社会的繁荣,同时也是人类制造了网络虚拟社会的麻烦。现实世界中真善美的东西,网络的虚拟世界都会有。同样,现实世界中丑陋的东西,网络的虚拟世界一般也都会有,只是迟早的问题,可能表现形式不一样。网络安全威胁将随着"互联网+"的发展而不断演变,网络安全是"互联网+"技术研究中一个永恒的主题。图 3-78 形象地描述了这个规律。

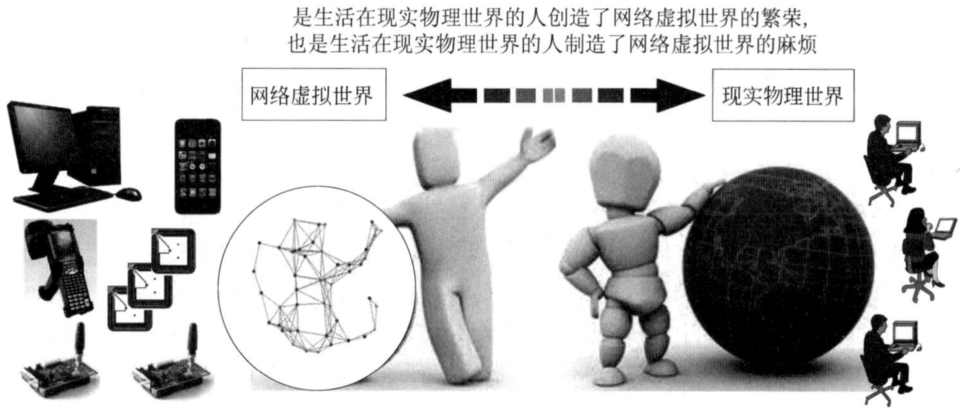

图 3-78　网络虚拟世界与现实物理世界的关系

在网络攻防力量的对比中,人数不多、危害极大的黑客与大量网络安全意识参差不齐的普通网络用户之间,普通用户显然是处于弱势地位。与传统的刑事犯罪不同的是,网络犯罪是一种高科技犯罪。对于制作网络病毒、窥探网络漏洞、策划和实施网络攻击的黑客,他们藏在暗处,所有的网络攻击行为都是蓄谋已久的。黑客在实施网络犯罪时,并不直接与受侵害者接触,而且他们已经预先做好了逃遁的准备,知道追查起来比较困难,同时他们也缺乏传统意义上刑事犯罪的内疚感和负罪感。因此，仅靠技术来解决网络安全问题是不可能的。"互联网＋"的网络安全是一个系统的社会工程，必然要通过网络安全技术保障，政策、道德与行为规范教育，以及法律与法规惩处相结合的方法来推进。

2."互联网＋"的安全面临着更加严峻的考验

互联网应用大致可以分为两类，第一类是消费互联网，其服务类型主要包括网络游戏、网络音乐、网络视频、网络地图、网络导航、网络新闻、即时通信、社交网络、网络购物、网上交付、微信等应用和服务；第二类是产业互联网，包括"互联网＋"工业、"互联网＋"农业、"互联网＋"电网、"互联网＋"交通、"互联网＋"物流等行业性应用。

第一类互联网应用的网络安全问题属于传统的网络安全研究范畴。经过 20 多年的研究，对于针对互联网服务类应用网络病毒、网络攻击、垃圾邮件与数据安全问题的机理，以及应对的数据加密与认证、病毒检测与病毒防治、协议与软件的漏洞检测、网络攻击检测、防火墙技术、网络安全协议等方面的研究都取得了重要的进展，在保障互联网正常运行方面发挥了关键的作用。然而第二类"互联网＋"工业、"互联网＋"农业、"互联网＋"电网、"互联网＋"交通、"互联网＋"物流等应用，涉及复杂的专业性、行业性应用，因此与第一类应用相比，"互联网＋"的网络安全面临着更加严峻的考验

未来大量的智能设备连接到互联网，小到"互联网＋"医疗中的可穿戴医疗设备、植入式传感器、婴儿监护设备，大到"互联网＋"工业的智能工厂制造设备，"互联网＋"智慧城市的城市供水、供电系统，"互联网＋"交通的无人驾驶汽车、飞机控制系统，这些"互联网＋"应用系统的安全受到威胁，就有可能危及用户生命与财产的安全，甚至会引发社会动乱。

3. 攻击"互联网＋"应用系统的动机与形式的变化

在深入讨论网络安全问题时，我们必须注意到针对"互联网＋"网络攻击动机的变化，这种变化主要表现在以下三个方面。

（1）网络攻击已经从最初的恶作剧、显示能力、寻求刺激，向"趋利性"和"有组织"的经济犯罪方向发展。

受经济利益驱动，网络攻击的动机已经从初期恶作剧、显示能力、寻求刺激，攻垮路由器、黑网站等破坏性攻击，转向利用漏洞，绕过网络防护系统，悄悄地进入用户系统，窃取有价值的用户信息（如银行账户、网上银行交易信息、QQ 号等），并逐步向有组织犯罪方向发展，甚至是有组织的跨国经济犯罪。有人专司窃取用户信息；有人通过地下网站明码标价地出售用户信息；有人购买用户信息，制出银行卡去银行 POS 机取款，或将假冒的银行卡出卖给个人。网络犯罪正逐步形成黑色产业链，网络攻击日趋专业化、商业化。隐私保护已经成为"互联网＋"应用系统网络安全研究必须面对的重大问题。

（2）网络攻击正在演变成国与国之间军事与政治斗争的工具。

国际著名的网络安全机构于 2012 年 5 月发现了一种攻击多个中东国家的恶意程序，并将其命名为火焰（Flame）病毒。火焰病毒程序能够侵入工业控制网络系统，进行一系列破坏行动，其中包括监测网络流量、获取截屏画面、记录蓝牙音频对话、截获键盘输入等，被感染的计算机系统中所有的数据都将被悄悄地传送到病毒指定的服务器。火焰病毒被

认为是迄今为止发现的最大规模和最为复杂的网络攻击病毒。同时,网络安全专家又发现了同样是以工业控制网络为攻击对象的震网(Stuxnet)病毒与 Duqu 病毒。

通过对震网病毒、Duqu 病毒到火焰(Flame)病毒的分析,网络安全专家指出:病毒程序已经从非法获利的工具,进一步演变成国家对国家的政治、军事斗争工具。这几种针对工业控制系统的病毒程序可能是"某个国家专门开发的网络战武器"。

当我们在讨论"互联网+"应用系统的安全问题时,我们会惊奇地发现:恰恰"互联网+"工业、"互联网+"农业、"互联网+"电网、"互联网+"交通、"互联网+"物流等应用中,都会接入各种工业控制系统与其他类型的控制系统。一旦这些"互联网+"应用系统受到攻击,其后果是非常严重的。

(3)"互联网+"在发展过程中一直要警惕网络安全威胁形式的变化。

造成"互联网+"在发展过程中网络安全威胁形式变化的原因主要来自两个方面。一是新技术的应用必然会带来新的网络安全问题。例如,云计算、大数据与智能技术在"互联网+"中的应用必然带来一些新的网络安全问题。二是新的业态与应用出现同样会产生新的网络安全问题。"互联网+"颠覆了很多传统行业,再造了很多新的业态。例如,传统工业生产有多年形成的一整套安全生产的技术、管理制度与体系的保障。然而步入"互联网+"工业的时代,传统的工业生产安全管理制度与保障体系已经不适用了,但是新的智能制造的生产安全保障技术、制度与体系没有及时地建立起来,这是一个十分棘手的问题。在"互联网+"各个行业应用中的新旧交替过程中,一定会出现很多我们意想不到的网络安全威胁的问题,如果在这个问题上研究工作不能跟上,对于"互联网+"的应用推广将是致命的问题。

从以上的分析中,我们可以得出三点重要的结论:

(1)"互联网+"的网络安全是网络空间安全的重要组成部分。

(2)"互联网+"的网络安全已经上升到"全球性、全局性与战略性"的问题。

(3)我们必须依靠自身的力量,来解决"互联网+"的核心安全技术研发与产业发展问题。

习　题

3-1　单选题

3-1-1　位居 2017 年全球超级计算机 TOP500 第一位的是(　　)。

    A)天河二号　　　　　　　　　　B)神威·太湖之光

    C)曙光　　　　　　　　　　　　D)天河三号

3-1-2　"天河二号"运算一小时相当于 13 亿人同时用计算器算上(　　)。

    A)1 年　　　　B)10 年　　　　C)100 年　　　　D)1000 年

3-1-3　以下不属于云计算服务类型的是(　　)。

    A)NaaS　　　　B)SaaS　　　　C)PaaS　　　　D)IaaS

3-1-4　以下不属于普适计算技术特征的是(　　)。

    A)计算设备的"不可见"

    B）计算能力的"无处不在"

    C）信息空间与物理空间的融合

    D）"以机为本"与"个性化服务"的结合

3-1-5　以下关于嵌入式系统特征的描述中,错误的是(　　)。

    A）面向特定应用　　　　　　　　B）专用计算机系统

    C）中间件软件的应用　　　　　　D）裁剪计算机的硬件与软件

3-1-6　以下关于 CPS 技术特征的描述中,错误的是(　　)。

    A）"感"是指多种传感器的协同感知物理世界的状态信息

    B）"联"是指连接互联网、移动互联网的各种对象,实现信息交互

    C）"知"是指通过对感知信息的智能处理,正确、全面地认识物理世界

    D）"控"是指根据正确的认知,确定控制策略,发出指令,指挥执行器

3-1-7　以下关于可穿戴计算特征的描述中,错误的是(　　)。

    A）以人为本　　B）人机合一　　C）专属化　　　D）标准化

3-1-8　以下关于集成电路的描述中,错误的是(　　)。

    A）集成度是指单块集成电路芯片上容纳的晶体管及电阻器、电容器等元器件数目

    B）特征尺寸是指集成电路中半导体器件加工的最小线条宽度

    C）目前芯片制造技术已经逐步形成 10mm 的生产能力

    D）SoC 芯片也称为"片上系统"

3-1-9　以下不属于《智能硬件行动计划》重点发展的五类智能硬件产品的是(　　)。

    A）智能穿戴设备　　　　　　　　B）智能游戏设备

    C）智能车载设备　　　　　　　　D）智能医疗健康设备

3-1-10　以下关于分布式网状结构拓扑特点的描述中,错误的是(　　)。

    A）网络存在着一个中心节点

    B）每个节点与相邻节点连接

    C）某个节点或线路损坏数据还可以通过其他的路径传输

    D）它是一种具有高度容错特性的网络拓扑结构

3-1-11　IPv6 的地址长度为(　　)。

    A）16 位　　　　B）32 位　　　　C）64 位　　　　D）128 位

3-1-12　以下关于 5G 特征的描述中,错误的是(　　)。

    A）允许用户最大的移动速度为 50km/h

    B）每平方千米可以支持 100 万个在线设备

    C）用户体验速率在 0.1～1Gb/s

    D）端-端延时可以达到 1ms

3-1-13　1PB 等于(　　)。

    A）2^{30}B　　　　B）2^{40}B　　　　C）2^{50}B　　　　D）2^{60}B

3-1-14　以下不属于生物特征识别技术的是(　　)。

    A）指纹识别　　B）人脸识别　　C）静脉识别　　D）密钥识别

3-1-15 以下关于虚拟现实技术特征的描述中,错误的是(   )。

A) 从真实的现实社会环境中采集必要的数据

B) 利用计算机模拟产生一个三维空间的虚拟世界

C) 模拟生成符合人们心智认识的、逼真的、新的虚拟环境

D) 提供给广大用户参观

3-1-16 以下关于增强现实技术特征的描述中,错误的是(   )。

A) 假设计算摄像机影像的位置、角度

B) 计算机产生的虚拟信息准确地叠加到真实世界中

C) 让参与者看到一个叠加了虚拟物体的真实世界

D) 介于现实环境与虚拟环境之间的混合环境

3-1-17 以下不属于网络主动攻击基本类型的是(   )。

A) 截获数据   B) 篡改或重放数据

C) 伪造数据   D) 窃听数据传输

3-1-18 以下不属于 X.800 标准规定的网络安全五类服务的是(   )。

A) 认证与访问控制   B) 数据完整性与机密性

C) 路由控制   D) 防抵赖

3-1-19 以下关于密码学概念的描述中,错误的是(   )。

A) 加密时所使用的变换规则称为"加密算法"

B) 由密文恢复出原明文的过程称为"解密"

C) 解密时所采用的信息变换规则称作"解密算法"

D) 一切秘密寓于解密算法之中

3-1-20 以下关于防火墙与代理服务器概念的描述中,错误的是(   )。

A) 防火墙是在网络之间执行控制策略的系统

B) 安全策略是通过在防火墙访问控制表上设置的数据包过滤规则来实现的

C) 代理服务器起到物理上隔断互联网与企业内网的连接

D) 通过代理服务器的审查,外部互联网的用户可以直接访问企业内网服务器

3-2 思考题

3-2-1 请用你身边"普适计算"应用的实例,说明它的"计算能力无处不在与计算设备不可见"的特点。

3-2-2 请找出你使用的手机中控制打电话时显示屏不显示的接近传感器位置,说明实验方法。

3-2-3 请提出一种可穿戴计算设备的设计思想,说明打算开发的主要服务功能。

3-2-4 请举出几个利用移动通信网实现"M2M"通信的例子。

3-2-5 请设想一个在"互联网+"的应用系统中应用 NB-IoT 技术的例子。

3-2-6 请分析一个大数据在"互联网+"中应用的例子。

3-2-7 请分析一个你最喜欢的智能人机交互应用的例子，并说明这种智能人机交互有哪几个主要的优点。

3-2-8 结合你个人的体会，设计一种增强现实应用的例子，说明系统应具有的功能。

3-2-9 如果让你设计，你最想设计哪一种机器人，说明这种机器人应具备的功能。

3-2-10 为什么说"互联网＋"的安全面临着更加严峻的考验？

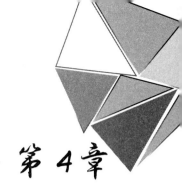

第4章

"互联网+"应用领域

4.1 "互联网+"协同制造

4.1.1 "互联网+"协同制造的基本概念

制造业是国民经济的主体,是立国之本、强国之基。"互联网+"应用的核心是协同制造。我国政府在《"互联网+"行动计划》中确定的第一个任务就是推进"互联网+"协同制造。

"互联网+"协同制造的任务可以概括为两个方面:

第一,推动互联网与制造业融合,提升制造业数字化、网络化、智能化水平,加强产业链协作,发展基于互联网的协同制造新模式。

第二,在重点领域推进智能制造、大规模个性化定制、网络化协同制造和服务型制造,打造一批网络化协同制造公共服务平台,加快形成制造业网络化产业生态体系。

《"互联网+"行动计划》中所说的"互联网+"协同制造的基本概念与工业4.0、工业互联网、中国制造2025,以及在"互联网+"应用研究中的智能制造的目标和涵盖的主要内容基本是一致的。

4.1.2 世界工业革命的四个阶段

了解"互联网+"协同制造的基本概念,可以回顾一下世界工业革命经历的四个阶段。

第一次工业革命(工业1.0)是以蒸汽机为代表的"蒸汽时代"。工业1.0产生在英国,它使英国成为当时最强大的"日不落帝国"。

第二次工业革命(工业2.0)是以大规模生产流水线为代表的"电气时代"。

第三次工业革命(工业3.0)是以软硬件结合的"自动化时代"。工业2.0与工业3.0使美国、德国进入了世界第一工业大国方阵。

从技术角度看,前三次工业革命从机械化、规模化、标准化与自动化生产方面,大幅度提升了生产力。

进入21世纪,制造大国的发展动力不再是单纯依赖于土地、人力等资源要素,而是更多地依靠互联网、物联网、云计算、大数据、智能硬件、3D打印、新材料,开展创新驱动。工业革命进入了第四个阶段——"互联网+"协同制造的"智能化时代"。

2012 年，美国提出"工业互联网"的发展规划。2013 年，德国提出"工业 4.0"的发展规划。世界上两大制造强国开始了无声的角力赛。2015 年，我国提出了"中国制造 2025"的发展规划。工业革命发展的四个阶段如图 4-1 所示。

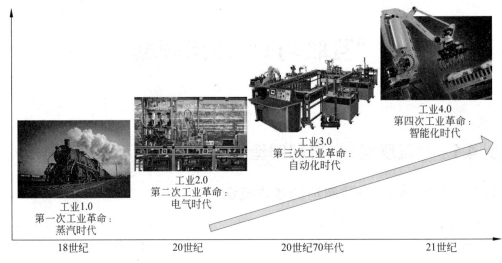

图 4-1   工业革命发展的四个阶段

4.1.3   工业互联网与工业 4.0 发展规划的特点

1. 美国：工业互联网

金融危机之后，2009 年美国政府提出了《重振美国制造业框架》；2011 年启动《先进制造业伙伴计划》；2012 年发布了《先进制造业国家战略计划》。2013 年美国明确重点突破三大技术：先进制造的感知控制，可视化、信息化、数字化制造，先进材料制造。

依据美国政府《先进制造业国家战略计划》，参考德国工业 4.0 战略计划，美国通用电气(GE)公司于 2012 年 11 月发布了《工业互联网：突破智慧和机器的界限》白皮书。GE 提出的工业互联网研究计划得到美国政府与产业界的广泛支持，2014 年成立了由 GE 与网络设备制造商 Cisco、计算机生产商 IBM 等组成的工业互联网联盟(IIC)，致力于打破技术壁垒，推动工业互联网的发展。

2. 德国：工业 4.0

德国"工业 4.0"是由德国工程院、行业协会、西门子公司等学术界与产业界联合于 2013 年推出的，并纳入德国政府《高科技战略 2020》确定的十大未来项目之中。

传统的制造业是根据自身对市场需求的判断去组织产品的批量市场，在"互联网＋"协同制造时代，制造业将按照客户的需求定制产品，实现从"制造"向"制造＋服务"模式的转型。

随着定制生产的推行，工厂将从一种或一类型产品的生产单元，变成全球生产网络的组成单元；产品不再只是由一个工厂生产，而是全球生产。创造附加值的不再仅仅是产品制造，而是"制造＋服务"。工业 4.0 是一个创新制造模式、商业模式、服务模式、产业链与价值链的革命性概念。

如图 4-2 所示,工业 4.0 将通过"互联、数据、集成、创新",带动制造业的全面转型,实现从大规模生产到个性化生产的转型,从制造型生产到服务型制造的转型,从要素启动到重新启动的转型。未来企业之间的竞争将从产品的竞争向商业模式竞争转化。

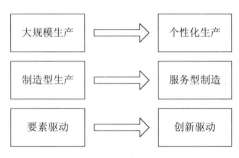

图 4-2　制造业的转型

图 4-3 给出了工业 4.0 的技术框架。

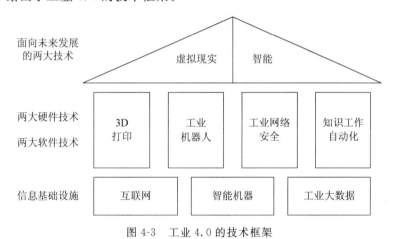

图 4-3　工业 4.0 的技术框架

工业 4.0 的技术特点可以归纳为以下几点:

第一,依靠互联网、智能机器、工业大数据组成的信息基础设施。

第二,依靠两大技术:硬件的 3D 打印、工业机器人,软件的工业网络安全、知识工作自动化。

第三,依靠面向未来的两大技术:虚拟现实与智能技术。

4.1.4　智能工厂、智能制造与智能物流

工业 4.0 的核心是:智能工厂、智能制造与智能物流。

1. 智能工厂

智能工厂三大特征是:高度互联,实时系统,柔性化、敏捷化、智能化。有"汽车界的苹果"之称的特斯拉(Tesla)公司,在一定程度上已经与"工业 4.0"的理念相匹配。特斯拉公司对自己所生产的汽车的定位并非是一辆简单的电动汽车,而是一个大型可移动的智能终端;它具有全新的人机交互方式;它接入互联网,成为一个包括硬件、软件、内容与服

务的用户体验工具。特斯拉的成功不仅仅体现在能源的利用上，更重要的是它将互联网的思维融入汽车制造与服务的全过程。图 4-4 是特斯拉超级工厂的照片。

图 4-4 特斯拉超级工厂

特斯拉电动智能汽车的生产制造是在美国北加州弗里蒙特市的"超级工厂"完成的。在这个花费巨资建造的"超级工厂"里，自动化几乎覆盖了从原材料到成品的全部生产过程，其中工业机器人是生产线的主要力量。目前"超级工厂"内一共有 160 台机器人，分别配置在冲压生产线、车身中心、烤漆中心与组织中心。

车身中心的"多工机器人（Multitasking Robot）"是目前最先进的工业机器人。它们大多只是一个巨型的机械臂，能够完成多种不同的任务，包括车身冲压、焊接、铆接、胶合等工作。它们可以先拿起钳子进行点焊，然后放下钳子拿起夹子胶合车身板件。这种灵活性对于小巧、有效率的作业流程十分重要。

在车体组织好之后，位于车体上方的运输机器人就要将整个车体吊起，运到喷漆中心的喷漆区。在那里，具有弯曲机械臂的喷漆机器人根据订单的颜色要求，将整个车身都喷上漆。

喷漆完成后，车体由运输机器人送到组装中心。安装机器人安装好车门、车顶，然后将定制的座椅安装好。同时，位于车顶的相机拍下车顶的照片，传送给安装机器人。安装机器人计算出天窗的位置，再把天窗玻璃粘合上去。

在车间里，运输机器人按照工序流程，根据地面上事先用磁性材料铺设好的行进路线，游走在各道工序的机器人之间。在流程执行的过程中，运输机器人、加工机器人、喷漆机器人与组织机器人之间，车体与部件的位置必须控制到丝毫不差。要做到这一点就必须要对机器人进行"训练"和"学习"。特斯拉团队在前期"训练"机器人的时间大约 1 年半。

从以上介绍中可以看出：智能工厂是运用 CPS、物联网与智能技术，升级生产设备，加强生产信息的智能化管理与服务，减少对生产线的人为干预，提高生产过程的可控性，优化生产计划与流程,构建高效、节能、绿色、环保、人性化的智慧工厂,实现人与机器的协调合作。

2.智能制造

智能制造包括产品智能化、装备智能化、生产方式智能化、管理智能化与服务智能化(如图4-5所示)。

1)产品智能化

产品智能化是指:将传感器、处理器、存储器、网络与通信模块、智能控制软件,融入产品之中,使产品具有感知、计算、通信、控制与自治的能力,实现产品的可溯源、可识别、可定位。

2)装备智能化

装备智能化是指:通过先进制造、信息处理、人工智能、工业机器人等技术的集成与融合,形成具有感知、分析、推理、决策、执行、自主学习与维护能力,以及自组织、自适应、网络化、协同工作的智能生产系统与装备。

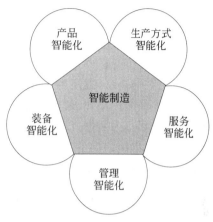

图4-5 智能制造涵盖的主要内容

3)生产方式智能化

生产方式智能化是指:个性化定制、服务型制造、云制造等新业态、新模式,本质是重组客户、供应商、销售商以及企业内部组织关系,重构生产体系中的信息流、产品流、资金流的运作模式,重建新的产业价值链、生态系统与竞争格局。

4)管理智能化

管理智能化可以从横向集成、纵向集成和端到端集成等三个角度去认识。

横向集成是指:从研发、生产、产品、销售、渠道到用户管理的生态链的集成,企业之间通过价值链与信息网络实现的资源整合,实现各企业之间的无缝合作、实时产品生产与服务的协同。

纵向集成是指:从智能设备、智能生产线、智能车间、智能工厂到生产环节的集成。

端到端集成是指:从生产者到消费者,从产品设计、生产制造、物流配送、售后服务的产品全生命周期的管理与服务。

5)服务智能化

服务智能化是智能制造的核心内容。工业4.0要建立一个智能生态系统,当智能无处不在、连接无处不在、数据无处不在的时候,设备与设备、人与人、物与物之间,人与物之间最终会形成一个系统。智能制造的生产环节是由研发系统、生产系统、物流系统、销售系统与售后服务系统集成的。

4.1.5 工业大数据应用

1.工业的大数据应用需求

2016年5月,国务院印发《关于深化制造业与互联网融合发展的指导意见》中提出了进一步深化工业云、大数据等技术在工业领域的集成应用,从战略高度加速推动制造业与互联网的融合。理解工业大数据应用，需要注意以下几个问题：

第一，随着制造业与互联网融合的不断加深，工业大数据向制造业全流程拓展，贯穿于工业的整个价值链和工业产品的整个生存周期。工业大数据的应用有助于提高企业的决策能力、管理能力、市场能力。

第二，工业大数据的应用有助于企业更加全面、深入、及时地了解市场需求的变化、用户的潜在需求，推出更有竞争力的创新产品。利用产品生产全生命周期的数据，有效地追溯产品质量问题产生的原因，及时改进制造工艺，提升产品的质量。

第三，配合工业机器人、数控机床等自动化生产设备，利用贯穿生产全过程的数据流，优化生产工艺与流程，提高生产效率，降低能耗。

第四，提高应用感知、通信与控制手段，实时、准确、全面地了解工业产品使用的外部环境、用户操作行为数据，以及产品自身状态数据，实现在线健康检测与故障预警服务，支持工业企业从单纯的设备"制造"型向"制造＋服务"型的模式转变。

2．工业大数据与企业转型

工业 4.0 的实质是数据驱动下的新工业体系。在数据驱动下，工业生产链正在悄然地发生着变化。工业大数据的应用会给企业带来产业转型升级的机遇，这种例子还很多。例如，一家传统的农业机械制造商，在农业机械销售出现问题时，公司的管理者就改变了传统的思维，变"卖给农民机器"为"帮助农民提高收成"。他们通过调研发现，农民最需要的不只是农业机械，更需要的是对土壤和农作物的精细管理。农民在田间耕作、浇灌、施肥的过程主要是依靠个人的经验，却并不了解土壤的真实的成分与状态，因此对整片的土地采取无差别地种植、施肥与管理。于是，这家公司在农业机械上安装了 GPS 设备，以及能够测量土地墒情、土壤成分等参数的传感器。在种植之前，公司在用机械帮助农民耕地的同时，通过传感器获取每一块土地的相关参数，并将数据通过移动通信网传送到云计算平台的"土地与农作物生产管理数据库"中。农业技术人员将根据大量的数据，给出每一块土地的土壤状态分析报告，适合种植的农作物品种，灌溉需要的水用量，需要使用化肥的品种与用量。农民可以通过手机接收分析报告与作物种植建议，通过信息交互，农民回复是否接受公司的建议，打算用哪一块土地种什么样的庄稼。公司根据与农民签订的协议，向种子公司、化肥与农药提供商订购。这样，在其他农业机械制造商还在打"价格战"艰难求生时，这家公司适时地借"互联网＋"智能工业的机遇，转型为"农业机械制造＋农业信息服务"企业，实现了转型升级，开始在蓝海中掘金（如图 4-6 所示）。

高圣（Cosen）公司是我国台湾的一家生产带锯机床的生产商。带锯机床是用于对金属材料进行粗加工的，因此机床的核心部件是进行金属切削的带锯。在加工过程中，带锯的磨损会造成加工效率降低与质量下降。当带锯磨损到一定程度时，必须更换带锯。由于带锯的磨损与加工工件的参数、材质、形状等因素相关。一般使用这种机床的工厂往往是要同时管理上百台机床，因此单靠技术人员的经验去判断带锯是否需要更换是非常困难的。为了使机床达到最优的加工效果，高圣公司设计了一个带锯机床智慧云服务系统，其结构如图 4-7 所示。

在加工过程中，安装在机床上的传感器与可编程控制器用于识别、测量、记录与评估带锯磨损相关的信息。这些信息分为 3 类：一类是工况类信息，包括工件类型、材质与加

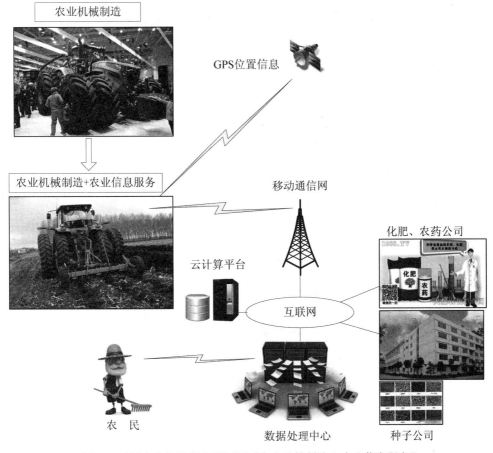

图 4-6　从"农业机械制造"转型为"农业机械制造＋农业信息服务"

工参数;一类是特征类信息,包括从振动信号与可编程控制器监控参数中提取的,与带锯健康状况相关的数据;还有一类是状态类信息,包括分析的健康状况结果、故障模式与质量参数。

传感器与可编程控制器将实时测量的数据,发送到云计算平台的带锯管理数据库中,形成包括每一家工厂、每一台机床、每一条带锯全生命周期的大数据。带锯智能健康分析软件使用大数据分析的方法,找出带锯健康特征、工艺参数与加工质量之间的关系,建立不同健康状况下动态最佳工艺参数模型;分析机床各个关键部件的健康状况,带锯磨损情况;判断潜在的故障的方法;制定带锯更换及机床维修计划方法。

带锯智能健康分析软件可以采用深度学习的方法,不断完善动态最佳工艺参数模型,提高机床健康状况分析水平。

大数据分析软件将分析结果以可视化的方式呈现出来,用户可以通过计算机、手机等多种方式接收系统分析的结果,按照提示做出更换带锯、维修机床的计划,使带锯机床的工作过程与运行状态全部透明化。高圣公司也可以预先为需要更换带锯的用户自动补充备件,这样做既提高了企业的运行效率,又能够改善为客户服务的水平。

带锯机床智慧云服务系统的应用,使高圣公司借助"互联网＋"智能制造,从一家专用

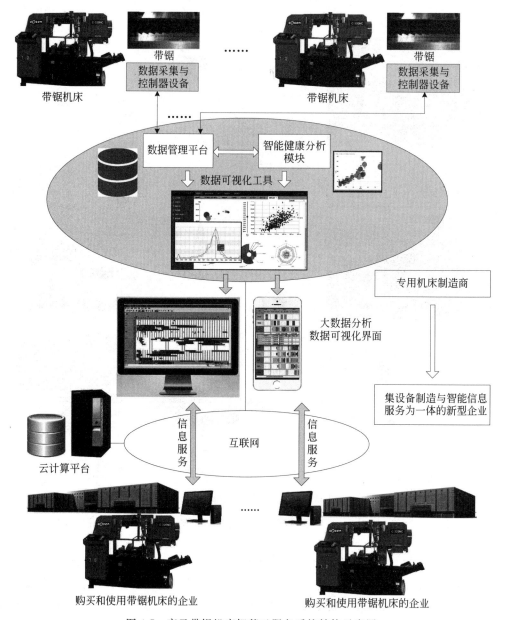

图 4-7　高圣带锯机床智慧云服务系统结构示意图

机床制造商转型为集设备制造与智能信息服务为一体的新型企业,使得带锯机床维护与带锯更换能够定量化、数字化、透明化。因此,高圣带锯机床智慧云服务系统在 2014 年芝加哥国际机床技术展(IMTS)上获得了好评。

以上两个小企业成功地通过"两化融合"实现制造企业的转型,这具有重要的启示与示范意义。它告诉我们:小企业、小项目也可能孕育着大商机、大作为。在互联网、大数据与智能时代,很多以前我们不敢想象的事现在都可以实现。基于"互联网＋"、云计算、智能技术与工业大数据的应用,对于提升企业核心竞争力、促进企业转型将起到至关重要的作用,图 4-8 描述了企业改造、提升、转型的过程。

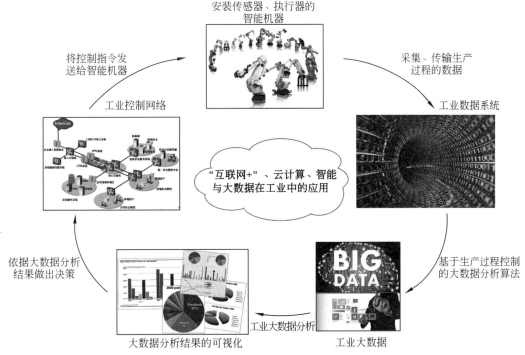

图 4-8 "互联网+"、云计算、智能、大数据在工业中的应用

4.1.6 《中国制造 2025》的发展规划

我国政府高度重视新一轮世界制造业的转型升级的历史机遇,坚持在"两化融合"中寻找机会,实现制造强国的目标。我国政府于 2015 年 5 月 8 日颁布了《中国制造 2025》发展规划。

规划明确指出:经过几十年的快速发展,我国制造业规模跃居世界第一位,建立起门类齐全、独立完整的制造体系,成为支撑我国经济社会发展的重要基石和促进世界经济发展的重要力量。持续的技术创新,大大提高了我国制造业的综合竞争力。

但是,我国仍处于工业化进程中,与先进国家相比还有较大差距。制造业大而不强,自主创新能力弱。建设制造强国,必须紧紧抓住当前难得的战略机遇,积极应对挑战,加强统筹规划,突出创新驱动,发挥制度优势,动员全社会力量奋力拼搏,更多依靠中国装备、依托中国品牌,实现中国制造向中国创造的转变,中国速度向中国质量的转变,中国产品向中国品牌的转变,完成中国制造由大变强的战略任务。

立足国情,立足现实,我国政府确定了通过"三步走",实现制造强国的战略目标(如图 4-9 所示)。

第一步:力争用十年时间,迈入制造强国行列。到 2020 年,基本实现工业化,制造业大国地位进一步巩固,制造业信息化水平大幅提升。掌握一批重点领域关键核心技术,优势领域竞争力进一步增强,产品质量有较大提高。制造业数字化、网络化、智能化取得明显进展。重点行业单位工业增加值能耗、物耗及污染物排放明显下降。到 2025 年，制造业整体素质大幅提升，创新能力显著增强，形成一批具有较强国际竞争力的跨国公司和产业集群，在全球产业分工和价值链中的地位明显提升。

第二步：到 2035 年，我国制造业整体将达到世界制造强国阵营中等水平。创新能力大幅提升，重点领域发展取得重大突破，整体竞争力明显增强，优势行业形成全球创新引领能力，全面实现工业化。

第三步：新中国成立一百周年时，制造业大国地位更加巩固，综合实力进入世界制造强国前列。制造业主要领域具有创新引领能力和明显竞争优势，建成全球领先的技术体系和产业体系。

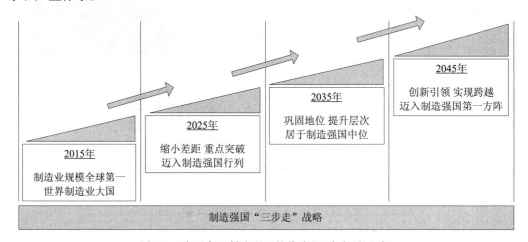

图 4-9 我国实现制造强国的战略"三步走"的目标

当前是新一轮科技革命和产业革命与转变经济发展方式的历史性交汇点，也是中国制造业通过创新驱动实现由"中国制造"向"中国智造"的历史机遇期。《中国制造2025》为我们描绘了由制造大国向制造强国转型的清晰路线图，是全面提升我国制造业发展质量与水平的重大战略决策。《中国制造2025》规划的推进将为进一步提升我国综合国力、推动经济稳定增长和创新发展，实现"两个一百年"的宏伟目标提供有力的保障。

4.2 "互联网+"现代农业

4.2.1 "互联网+"现代农业的基本概念

20 世纪农业和农村经济与社会的发展，带来了农业用地减少、农田水土流失、土壤生产力下降，大量使用化肥导致农产品与地下水污染，以及生态环境恶化等问题。面对农业既要高产高效，又能优质低耗的要求，农业生产方式必须由目前的经验型、定性化向知识型和定量化发展，由粗放式向精细化转变。

为了解决这些问题，科学工作者开始研究生态农业、绿色农业、精细农业等先进的农业技术。早期的精细农业理念定位于利用 3S(GPS、GIS、RS)技术、传感技术、无线通信和网络技术与计算机辅助决策支持等，对农作物生产过程中气候、土壤进行从宏观到微观的实时监测,对农作物生长、发育状况、病虫害、水肥状况、环境状况进行定期信息获取,根据获取的信息进行分析、智能诊断与决策,制订田间实施计划,通过精细管理,实现科学、合理的投入,获得最佳的经济和环境效益。例如,1993 年美国明尼苏达州的两个农场实验用 GPS 指导施肥,实验结果表明:该方法的产量比传统施肥的产量约提高 30%,同时也减少了化肥施用总量,大大地提高了经济效益。这些研究与实践促进了精细农业理念的兴起。精细农业在发达国家的蔬菜、水果、花卉、小麦、玉米、大豆、甜菜和马铃薯开始得到应用。我国在"十五"到"十二五"期间,一直将精细农业列入农业科技重点发展方向,并且得到快速的发展。

随着"互联网+"技术的发展,传统的精细农业理念已经被赋予了更深广的内涵。"互联网+"现代农业是一种由互联网技术与生物技术支持的定时、定量实施耕作与管理的生产经营模式,它是互联网技术与精细农业技术紧密结合的产物,是 21 世纪农业发展的方向。"互联网+"现代农业与"互联网+"智能农业的研究目标、方法、技术与涵盖的内容基本上是一致的。

4.2.2 "互联网+"现代农业研究涵盖的主要内容

互联网、云计算、大数据与智能可以在农业生产的产前、产中和产后的各个环节发展基于信息和知识的精细化的过程管理。在产前,利用"互联网+"对耕地、气候、水利、农用物资等农业资源进行监测和实时评估,为农业资源的科学利用与监管提供依据。在生产中,通过"互联网+"可以对生产过程、投入品使用、环境条件等进行现场监测,对农艺措施实施精细调控。在产后,通过"互联网+"把农产品与消费者连接起来,使消费者可以透明了解从农田到餐桌的生产与供应过程,解决农产品质量安全溯源的难题,促进农产品电子商务的发展。"互联网+"在精细农业领域的应用,可以增强我国农业抗风险与可持续发展能力,引领现代农业产业结构的升级改造。"互联网+"现代农业研究与应用所涵盖的基本内容如图 4-10 所示。

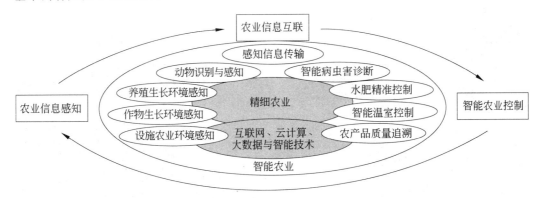

图 4-10 "互联网+"智能农业研究涵盖的主要内容

4.2.3 "互联网+"在精细农业生产与管理中的应用

无线传感器网络是"互联网+"环境感知的重要技术之一。在"互联网+"现代农业应用中,无线传感器网络为农业领域的信息采集提供了新的技术手段与思路,弥补了传统检测手段的不足,此引起了农业科技工作者的兴趣,成为当前现代农业科技领域的一个研究的热点。

现代传感器技术可以准确、实时地监测各种与农业生产相关的信息,例如空气温湿度、风向风速、光照强度、CO_2浓度等地面信息,土壤温度和湿度、墒情等土壤信息,pH 值、离子浓度等土壤营养信息,动物疾病、植物病虫害等有害物信息,植物生理生态数据、动物健康监控等动植物生长信息,这些信息的获取对于指导农业生产至关重要。由于农业生产覆盖的范围大,大面积安装传统的传感器,就需要将分布在不同位置的传感器与控制中心通过电缆连接起来,需要组建一个覆盖监控区域的有线通信网,这就会造成工程量大、造价提高,以及后期维护成本与工作量增加的问题,而无线传感器网络可以很好地解决这些问题。

世界各国都在研究无线传感器网络在现代农业领域中应用的问题,其中有的研究课题针对植物生理生态监测,包括空气温湿度、土壤温度、叶片温度、茎流速率、茎粗微变化、果实生长等方面。我国科学家已经开展了在线叶温传感器、植物茎干传感器、植物微量生长传感器等专用传感器,以及在线植物生理生态系统项目的研究。图 4-11 给出了无线传感器网络在植物生理生态监测中应用的示例图。

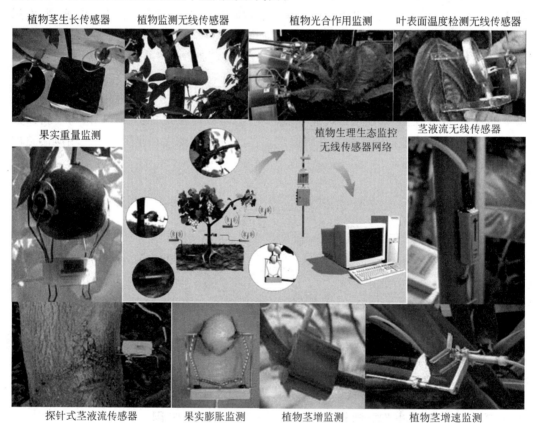

图 4-11   无线传感器网络在植物生理生态监测中的应用示例

　　无线传感器网络在大规模温室等农业设施中的应用已经取得了很好的进展。目前主要用于花卉与蔬菜温室的温度、光照、灌溉、空气、施肥的监控中,形成了从种子选择、育种控制、栽培管理到采收包装的全过程自动化。以西红柿、黄瓜种植试验结果表明,无土栽培的西红柿、黄瓜采收期可以达到 9~10 个月,黄瓜平均每株采收 80 条,西红柿平均每株采收 35 穗果,每平方米的平均产量为 60kg,而采用传统方法一般产量每平方米只有 6~10kg。"互联网+"在农作物生产过程中的应用如图 4-12 所示。

图 4-12 "互联网+"在精细农业生产中的应用

　　如何在现代农业设施的设计与制造、农业生产过程的监控与环境保护中应用无线传感器网络,提高生产效率与产品竞争力,已成为世界各国农业科学研究的一个热点课题。美国加州 Grape Networks 公司为加州中央谷地区设置了一个大型的农业无线传感器网络系统。这个系统覆盖了 50 英亩的葡萄园,配置了 200 多个传感器,用以监控葡萄生长过程中的温度、湿度、光照数据,发现葡萄园气候的微小变化,而这些变化可能影响今后酿造的葡萄酒质量。葡萄园的管理者可以通过常年的观测记录与生产的葡萄酒品质的分析、比较,寻找葡萄种植环境因素与葡萄酒质量直接的准确关系,实现精准农业技术的要求。这家公司的负责人对该项目有一个评论,他认为:互联网在 20 年内发生了改变,但是仍局限在虚拟世界,而该项目是将有限的网络世界连接到真实世界,将互联网的应用带入了一个全新的领域。他的这番评论也是对"互联网+"现代农业实质最好的诠释。

4.2.4 "互联网+"在农业灌溉节水中的应用

　　水是农业的命脉,也是国民经济与人类社会的生命线。农业是我国用水大户,约占全国用水量的 73%,但是水利用效率低,水资源浪费严重。渠灌区水利用率只有 40%,井灌区水利用率也只有 60%,一些发达国家水利用率可达 80%。每立方米水生产粮食大体上可以达到 2kg 以上,以色列已经达到 2.32kg,而我国的农业生产水平还有很大的提升空间。因此，我国"农业节水"问题是农业现代化急需解决的一个重大的任务。

农业节水灌溉的研究具有重大的意义，而无线传感器网络可以在农业节水灌溉中发挥很大的作用。覆盖灌溉区不同位置的传感器将土壤湿度、作物的水分蒸发量与降水量等参数通过无线传感器网络传送到控制中心。控制中心分析实时采集的参数之后，控制不同区域的无线电磁阀，达到精密、自动、合理节水的目的，实现农业与生态节水技术的定量化、规范化，促进节水农业的快速发展。图 4-13 是无线传感器网络在农业节水灌溉中的应用示例图。

图 4-13　无线传感器网络在农业节水灌溉中的应用

4.2.5　"互联网十"在养殖业的应用

1. "互联网＋"现代农业在水产养殖业的应用

无线传感器网络在水产养殖中主要用于珍贵鱼类、海产品的养殖，包括淡水养殖与海水养殖，可以用于渔场或鱼池环境监控、饲养与瘟情监控、饲料管理等。

典型的一个应用示范水产养殖场有几十个鱼池，分别饲养了不同年龄的比目鱼。针对不同年龄的鱼需要喂食不同配方的饲料。为了杜绝经常因人为因素投错饲料的现象，该项目采用 RFID 作为鱼池与饲料标识。RFID 记录了鱼池的编号、鱼龄、饲料信息。只有工作人员从冷库中取出的饲料与 RFID 记录的数据一致时，才可以投放。如果工作人员投放饲料错误，系统就会发出警报。渔场饲养环境监控系统通过分布在几十个鱼池的传感器，获取与比目鱼生长相关的温度、水位、水中氧气含量、日照等参数，以控制整个鱼池的状况，提高养殖效率，避免鱼病的发生，保证水产品质量与市场竞争力。"互联网＋"现代农业在水产养殖中的应用如图 4-14 所示。

2. "互联网＋"现代农业在畜牧养殖中的应用

我国是畜牧业大国，但畜牧业还处于较低的发展水平，生产效率低，畜产品质量难以保证，行业水平与发达国家相比差距很大，其主要问题在于精细饲养水平不高。目前，牧

图 4-14 "互联网+"现代农业在水产养殖中的应用

场管理基本依靠饲养人员手工读取、记录每头奶牛的个体特征、产奶量等相关属性,对牛群管理缺乏高效的管理手段,导致牧场生产效率不高。以 2008 年的统计数据为例,美国一头奶牛每年平均产奶达 9.38t,日本为 9.02t,我国仅为 4.01t;发达国家奶牛的利用年限一般为 5~6 年,而我国奶牛的利用年限一般为 3~4 年。

畜牧养殖中的"互联网+"应用主要包括动物疫情预警和畜禽的精细化养殖管理,通过 RFID 标签标识和动物个体信息采集的传感器技术,建立畜禽个体的体况、生长、生理等生产档案数据库,记录牛、猪的每天饮水量、进食量、运动量、发情期等重要数据,结合动物个体或小群体的繁育、营养及健康管理的业务逻辑知识,优化畜禽个体或小群体的配种,最大限度发挥畜禽的遗传潜力和生产力水平,包括提供健康的畜产品(肉、蛋、奶等)。我们可以通过养殖奶牛的牧场管理为例来说明"互联网+"技术应用的实例。

一个典型"互联网+"牧场管理应用系统结构如图 4-15 所示。通过耳钉式 RFID 标签与各种传感器,实现奶牛个体识别,记录奶牛祖代、生活史、产量史、健康史等档案信息,记录产奶量、新陈代谢指标变化和健康状况等动态数据,有针对性地对每头奶牛进行饲喂、疾病防治、繁殖和挤奶管理工作。奶牛的饲料营养成分不全,营养供应不足,会导致产乳量下降、产后减重过多、繁殖障碍和代谢疾病等问题。牧场管理中心的后台管理软件将根据收集到的每头奶牛每天的平均活动量、挤奶量,制定各种粗、精和青饲料的需要量,控制自动饲喂系统饲料投放,达到科学喂养的效果。

4.2.6 "互联网+"在农产品质量安全溯源中的应用

农产品流通是农业产业化的重要组成部分。农产品从产地采收或屠宰、捕捞后,需要经历加工、储藏、运输、批发与零售等流通环节。流通环节作为农产品从"农场到餐桌"的主要过程,不仅涉及农产品生产与流通成本,而且与农产品质量紧密相关。我们可以通过分析猪肉质量追溯系统,说明"互联网+"在农产品质量安全溯源中的应用。

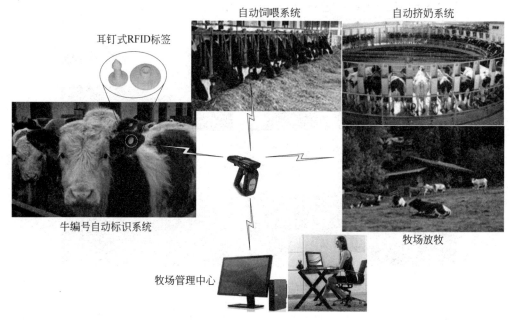

图 4-15　"互联网＋"在牧场管理中的应用

　　我国是畜牧业大国,生猪生产与消费量几乎占世界总量的一半。近年来,食品安全问题尤其是猪肉质量与安全问题突出,已经引起政府与消费者的高度重视,建立猪肉从养殖、屠宰、原料加工、收购储运、生产和零售的整个生命周期可溯源体系,是防范猪肉制品出现质量问题,保证消费者购买放心食品的有效措施,也是一项重要的惠民工程。在构建猪肉质量溯源系统中,互联网技术可以发挥重要的作用。图 4-16 给出了"互联网＋"猪肉质量溯源系统示意图。

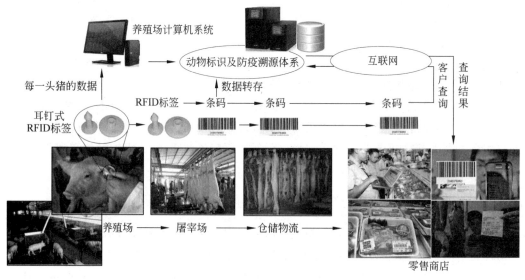

图 4-16　猪肉质量追溯源系统示意图

在养殖环节,利用耳钉式 RFID 标签记录每头生猪养殖过程中发生的重要信息,例如用料情况、用药情况、防疫情况、瘦肉精检测、磺胺类药物检测信息等。RFID 读写器将这些信息读出并存储在养猪场控制中心的计算机中。在屠宰环节,通过 RFID 读写器获取生猪来源及养殖信息,判断其是否符合屠宰要求,进而进行屠宰加工。在屠宰过程中,RFID 读写器将采集的重要工序的相关信息,例如寄生虫检疫信息等,添加到 RFID 标签记录中。在加工过程中,需要将一头猪的 RFID 标签记录的信息转到可溯源的条码中。这个可溯源的条码将附加在这头生猪加工后生成的各类产品上。同时,养殖场与屠宰场关于每头生猪的所有信息都需要通过互联网传送到"动物标识及防疫溯源体系"的数据库中,以备销售者、购买者与质量监督部门的工作人员查询。在零售环节,电子秤完成零售肉品称重后,自动打印出包含有可追溯信息的条码。销售者、购买者与质量监督部门的工作人员可以通过手机短信、手机对条码拍照、计算机等方式,通过互联网实时查询所购买猪肉的质量安全信息。

目前,我国正在建立"动物标识及防疫溯源体系"。通过动物标识将牲畜从出生到屠宰历经的防疫、检疫、监督工作贯穿起来,将生产管理和执法监督数据汇总到数据中心,建立从动物出生到动物产品销售各环节全程化追踪管理系统。"互联网+"智能农业应用将向精细化、规模化、社会化方向发展。

4.2.7 农业大数据应用

1. 农业大数据的特点

农业大数据是指农业生产全过程所产生海量数据,从中可以提取出有益的知识去指导农业生产经营、农产品流通销售。农业大数据的特点表现在以下几个方面。

从覆盖的领域看,农业大数据覆盖种植业、林业、畜牧业,从种子、饲料、化肥、农膜、农机、粮油加工、果品蔬菜加工到畜产品加工等数据。

从地域角度看,农业大数据包括全国层面的数据,也涵盖各省市地区的数据。

从数据类型角度看,农业大数据包括耕地与作物种植面积数据、土壤环境保护数据,以及供应市场的生猪、肉鸡、蛋鸡、牛羊等数据。

2. 农业大数据的应用

农业大数据的应用主要体现在以下几个方面。

1) 辅助决策

农业生产过程非常复杂,它涉及作物、土壤、肥料、水、气候、农药与病虫害等诸多因素。随着卫星遥感、GPS 与 GIS、无人机,以及各种物联网技术的应用,农业管理者可以实时、准确、全面地了解作物生长、天气、土壤成分、病虫害等环境信息,指导施肥、浇灌,预估产量,合理安排作物收割、加工的生产全过程。

2) 作物育种

传统的作物育种方法成本高、耗时长、工作量大。利用大数据分析与模拟工具,对育种材料的基因组进行分析,结合杂交组与大田环境试验的参数,运用育种算法,帮助技术人员制定出优化的育种技术路线,使得农作物育种不再局限于温室、田间与大田试验,大大缩短了育种时间,提高了育种效率。

3）农产品安全

通过实时跟踪有机和绿色农作物的全生长周期的数据，以及加工、仓储、运输与销售的过程形成的大数据，可以实现农产品的质量安全溯源，保证提供给市场的农副产品的食品安全。

4）平衡需求

通过采集农副产品生产与销售数据，如全国生猪仔猪数量、重量与生长发育时间等信息，利用大数据预测模型，推算出明年的猪饲料的需求量、猪肉的价格区间，评估生猪市场供求关系，指导养殖场安排生产规模和进度安排，从而达到维持市场供需平衡，稳定物价的作用。

目前，我国正处于由传统农业向现代农业转变的历史性阶段，"互联网＋"现代农业的应用对于提高农业生产率和经济效益，增强我国农业抗风险与可持续发展能力具有重要的意义。"互联网＋"现代农业应用有助于实现农业生产方式由经验型、粗放式向知识性、精细型转变。未来的"互联网＋"现代农业将是集农业资源监测、环境信息监测、作物生产精细管理、畜禽精细养殖、农产品安全检测与溯源、农业资源规划为一体，并与工业、生活等互联网应用相互融合。

4.3 "互联网＋"便捷交通

4.3.1 "互联网＋"便捷交通的基本概念

传统的智能交通研究主要集中在：城市公共交通管理、交通诱导与服务、车辆自动收费等问题。这一阶段研究与应用的特点是：城市公共交通管理相对比较成熟，应用比较广泛；交通诱导与服务开始从研究逐渐走向应用；车辆自动收费已经在很多高速公路出入口应用。

但是需要注意的是：城市交通涉及"人"与"物"。"人"包括行人、驾驶员、乘客与交警。"物"包括道路、机动车、非机动车与道路交通基础设施。"人""车""路"构成了交通的大"环境"。面对"人、车、路、基础设施"的四个因素复杂交错的局面，传统的智能交通一般只能抓住其中一个主要问题，采取"专项治理"的思路去解决。例如，用交通信号灯来控制交通路口的通行秩序，防止交通事故的发生。在这里，行人与车辆是相对独立的，我们只能要求行人与车辆驾驶员各自遵守秩序，人与车辆之间的协调只能通过行人与驾驶员的"道德"去规范；出现事故通过交警来处理。

而"互联网＋"便捷交通的研究思路是：面向城市交通的大系统，利用"互联网＋"的感知、传输与智能技术，实现人与人、人与车、车与路的信息互联互通，实现"人、车、路、基础设施与计算机、网络"的深度融合。在"人与车"这一对主要矛盾中，抓住"车"这个矛盾的"主要方面"，通过提高车辆主动安全性，达到进一步提高车与人通行的安全性与道路通行效率的目的。最典型的研究工作是"无人驾驶汽车"与"车联网"。

随着互联网应用的深入，将互联网、无线通信网技术与车辆相结合，使得车与车、车与路、车与交通基础设施之间的高速通信成为可能，车联网应运而生。车联网也叫作车载网，它是"互联网＋"便捷交通最典型的应用之一。

过去，汽车属于机械工业产品。但是，随着信息技术的发展，汽车逐渐变成了移动的智能信息平台。据统计 1989 年电子设备在整个汽车造价中只占 16%,目前已经增长到 30%,一些豪华汽车已经占到 50%～60%。无人驾驶汽车已经彻底颠覆了人们对汽车的认识。汽车的发明人卡尔·奔驰在发明汽车时绝对没有想到,作为机械工业巅峰之作的汽车,正在"互联网+"的大潮中逐渐演变成高度电气化、智能化与网络化的机电产品。图 4-17 给出了"无人驾驶汽车"与"车联网"应用的示意图。

图 4-17 "无人驾驶汽车"与"车联网"示意图

"互联网+"便捷交通与"互联网+"智能交通的研究目标、研究方法、采用的技术以及涵盖的内容基本上是一致的。

"互联网+"便捷交通研究的重点是将行驶在公路上的各种车辆,通过车联网与互联网,与各种智能交通设施互联起来,实现"车与人""车与车""车与路""车与网"的互联,使车与人、道路基础设施、交通环境融为一体。无人驾驶汽车真正实现将驾驶员、行人、汽车、道路、交通设施与互联网融为一体,体现出"互联网+"智能交通要实现"人-机-物"深度融合的本质特征。在此基础上,互联网、云计算、大数据、智能技术的应用又进一步推动了无人驾驶技术的快速发展。"互联网+"便捷交通研究的主要内容如图 4-18 所示。

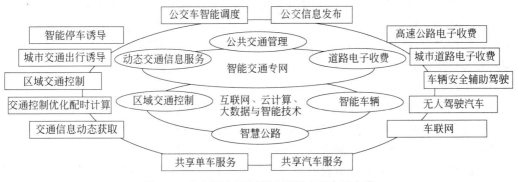

图 4-18 "互联网+"便捷交通研究的主要内容

4.3.2 "互联网十"便捷交通的技术特征

"互联网十"便捷交通的技术特征可以总结为：环保、便捷、安全、高效、可视与可预测。"互联网十"智能交通的技术特征主要表现在以下几点。

1）环保的交通

智能交通系统应该能够大幅度降低有害气体与其他各种污染物的排放量，降低能源消耗，提供能源利用效率。

2）便捷的交通

智能交通系统应该通过移动通信网、互联网，及时将与交通相关的气象、道路、拥塞、最佳路线等信息，以图像方式和语音提示方式直观地提供给用户。

3）安全的交通

在智能交通系统中，每辆汽车除了有传统的紧急刹车辅助系统 EBA、电子稳定程序 ESP、安全气囊之外，通过车联网与"互联网十"的技术手段，如云计算、大数据与智能技术，提高车辆、驾驶员、乘客与行人的主动安全性。

4）高效的交通

智能交通系统应该能够实时进行依托互联网的交通数据的采集、分析和预测，优化精通调度与管理，最大化交通流量。

5）可视的交通

智能交通系统应该能够将所有的公共交通工具与私家车、共享单车与共享汽车服务整合在一个系统中，进行统一的数据管理，提供整体环境中的交通网络状态视图。

6）可预测的交通

智能交通系统应该能够持续地进行数据分析与建模，根据各种实时感知与采集的数据，进行交通状态的预测，并根据预测结果来规划和改善基础设施建设。

4.3.3 "互联网十"在城市智能交通诱导服务系统中的应用

智能城市交通诱导系统是"互联网十"便捷交通研究与发展的一个重要方向。我们可以从以下几个方面来认识智能交通诱导系统的概念、技术与特点。

1. 智能交通诱导系统的基本概念

城市智能交通诱导系统是城市智能交通综合管理指挥系统的重要组成部分。交通诱导系统又称为交通路线引导系统。交通诱导系统是将人、车、路、网作为一个有机的整体来加以综合考虑，根据车辆的起点开始向驾驶员提供优化路径的引导指令，或者通过互联网发布实时交通信息，帮助驾驶员找到一条从出发点到目的地的最优路径。通过诱导驾驶员的出行行为来改善路面交通状况，防止交通阻塞的发生，减少车辆在道路上的逗留时间，最终实现交通流量在交通路网中各个路段上的合理分配。

将路况与交通诱导信息回送给汽车驾驶员、交通警察有三种可能的方法。第一种方法是通过公安专网，将路口控制信息直接传送到交通信息指示牌与信号灯，通过直接控制不同方向信号灯的时间，来调节和避免拥塞。第二种方法是通过互联网或移动通信网或广播电台，将路口信息直接发送到车载网，或者通过路旁设施转发给车载网。车载网中一个节点获得了实时的路况信息之后,它将通过无线自组网的对等通信方式,转发给相邻节点。第三种方法是通过警用无线通信系统,用语音的方式向交通警察发送交通控制指令。图 4-19 给出了城市智能交通诱导综合信息服务平台系统结构示意图。

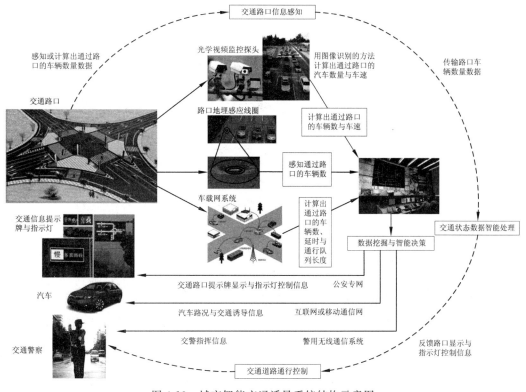

图 4-19　城市智能交通诱导系统结构示意图

根据交通诱导信息的作用范围,交通诱导综合信息服务平台包括:车内诱导系统和车外诱导系统。

车内诱导系统的服务对象是单个车辆,也称车辆个体诱导系统,这类系统的诱导机理比较明确,容易达到诱导的目的。实时交通信息在车辆和信息中心之间传输。车外诱导系统服务对象是车流群,因此也称群体车辆诱导系统。诱导信息通过互联网、无线通信网在车流量传感器、信息中心和交通信息显示屏、交通广播电台之间传输。

2.智能交通诱导系统的基本工作原理

图 4-20 给出了交通诱导信息系统工作原理示意图。从图中可以看出,交通诱导信息系统涉及交通信息采集、信息处理与控制、诱导信息发布的全过程。

1)交通信息采集

交通诱导信息采集可以通过自动感知或人工辅助生成。交通流量数据的自动感知方法主要有:视频监控探头智能图像处理方法、路口地埋感应线圈的感知方法,以及通过车载网计算方法获取。

- 安装在道路与卡口的视频监控探头可以实时摄录通过公路或卡口的车流图像。

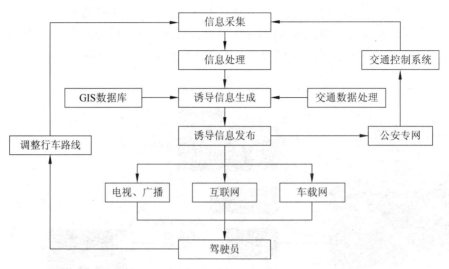

图 4-20   交通诱导信息系统工作原理示意图

我们可以通过图像识别技术，计算、识别出不同时刻通过的车辆数、车速与排队等待通过的车辆数。

- 环形感应线圈检测器是指由环形线圈作为检测探头的一套能检测到车辆通过或存在于检测区域的技术。它的检测器是一个埋在路面下面、通过一定工作电流的环形线圈。当车辆通过线圈或停在线圈上时，车辆引起线圈回路电感量的变化，检测器检测出变化量就可以检测出车辆的存在，从而达到交通流信息采集的目的。

- 车载网是通过由汽车车载单元组成的无线自组网节点之间，以及车载单元与安装在路旁单元之间的通信，计算出不同时刻通过路口的车辆数。

2）信息处理与控制

卡口与道路车流量信息通过覆盖城市的公安专用的光纤宽带城域网来传送到智能交通指挥中心的网络中，存储到数据库服务器中；也可以通过行进中的车辆的车联网感知的信息通过互联网传送到智能交通指挥中心云计算平台上。指挥中心将结合城市地理信息系统 GIS、交通控制策略与实时交通状态数据，根据交通流量大数据分析软件，预测主干道路的流量与可能出现的拥塞情况，及时调整和控制不同卡口、不同方向的红绿灯时间长度，发布交通诱导信息。在临时出现交通事故或突发事件的道路与卡口，指挥中心通过警用无线通信集群系统，使用步话机指挥交警或警车到达现场进行处置，疏导车流与行人，保证交通顺畅。

3）诱导信息发布

在车外诱导方式中，交通诱导信息将通过安装在道路旁的交通信息显示屏发布，向所有通过该路段的汽车驾驶员发布路况信息。交通信息显示屏将显示前方哪些路段交通畅通，哪些路段开始出现拥挤，哪些路段已经出现堵塞。同时，交通信息显示屏也能够显示因大雾、修路、交通事故而关闭或部分关闭的路段及绕行的路线，以及限速信息等（如图 4-21 所示）。

图 4-21　在车外诱导方式中通过交通信息显示屏发布交通诱导信息

在车内诱导方式中,交通诱导信息将通过电台、电视台、互联网、车联网,在智能手机、车联网终端、"互联网+"终端、车载终端或 GPS 终端,以视频、语音或地图等形式向驾驶员发布(如图 4-22 所示)。

图 4-22　车内诱导方式中通过车载终端发布交通诱导信息

4.3.4　"互联网+"在城市公交系统中的应用

"互联网+"便捷交通技术已开始应用于城市公共交通服务中,很多"互联网+"公司正在与各个城市的公交管理部门合作,开发从公共汽车运营调度、服务质量管理、票务管理到服务于居民乘车的多种应用系统。由于这些项目关乎民生,惠及每位市民,因此受到政府、产业界与市民的广泛关注。目前,比较成功的应用是"数字公交站亭"与"数字公交站牌"项目。

　　乘坐公交车辆出行是否便捷是考核一个城市交通状况的重要标志。我们每个人在等公交车时,可能会出现由于不知道公交车什么时候到站而感到焦虑的现象。这时我们多么希望在公交站上有一个指示牌,告诉我们"下一趟开往南开大学的 8 路公交车 2 分钟之后到站"的信息。目前,我国很多城市已将公交车交通诱导作为城市交通诱导的重要组成部分,并出现了一批"数字公交站亭"与"数字公交站牌"的基础设施(如图 4-23 所示)。

图 4-23　数字公交站亭与数字公交站牌

　　数字公交站亭基本配置包括:标识灯、站名显示牌、公交线路牌、信息发布屏及视频监控器。标识灯位于站亭的最上方,作为公交车站的统一标识,便于乘客很远就能看到公交车站的位置,寻找公交车站就会容易得多。这对于外地的旅客尤其重要。

　　数字公交站牌可以为出行的乘客提供以下服务:

　　1)公交车辆实时到站预报

　　站亭显示屏显示公交车辆行驶的线路、停靠的站点与停靠时间的预报,尤其是下一趟公交车离乘客位置还有多远,以及估计多长时间能够到达。候车乘客可以直观、实时地了解到所等候车辆距离本站还要多长时间,以缓解候车时的焦虑情绪,同时可以根据可能等待的时间,合理地安排自己的行程。

　　2)即时信息发布

　　站亭显示屏同时可以发布各类公共信息,例如新闻摘要、政府公告、天气预报、路况信息、财经简讯等。如果出现突发性灾害天气和突发性疫情等情况,电子公交站亭可以成为政府紧急信息有效的发布平台,成为城市突发事件应急处置系统的组成部分之一。

3）视频监控

站亭顶部的监控摄像头可以实时采集与监控公交站台周边客流、车流和治安状况,为公交车辆控制中心调度和控制运行的车辆提供实时数据,在方便公交车辆管理部门进行公交管理与疏导的同时,可以为治安监控提供停车站周边地区的实时图像信息。

4）公交车辆运行状态监控

公交公司可以根据从数字公交站亭系统采集的数据,实时查看每辆公交车位置、运行的速度,以及乘客数量、服务态度、交通事故等信息,提高公交车辆的管理与服务水平。

我们也可以开发一些手机公交车应用软件。例如,当我们到达一个新的城市希望去参观博物馆时,不知道乘哪路公交车去;即使知道要乘哪路公交车去,不知道离我们现在位置最近的站点在哪儿、怎么走;即使知道怎么走,也到了等候站时,不知道公交车什么时候能来;即使上了公交车,不知道还有几站、大约什么时间该下车。如果我们运用"互联网+"的知识,开发一种小型的应用软件,就可以很方便地旅行了。

4.3.5　共享单车与共享汽车服务

"哪里有抱怨,哪里就有商机"。生活在大学的同学都知道,上课时间教学楼前各种各样的自行车黑压压的一片,吃饭时大量的自行车又转移到食堂前面。晚上熄灯前,宿舍前又是黑压压的一片,这时找到自己的自行车很难,要把压在里面的自行车拖出来更是难上加难。买了一辆好的自行车,每天晚上还要搬到楼内,生怕丢失。自从共享单车出现之后,这些问题都迎刃而解。共享单车作为互联网共享经济的一种形式已经被广大用户所接受,并且在世界很多国家都获得了应用。

当人们开始享受共享单车的便利时,共享汽车又出现了。对于很多人来说,他们需要的是汽车的使用权,不是所有权。通过网上或电话预约就可以订车、用车、交车和结算。共享汽车提供商来协调车辆的停放、保养和保险。这种方式不仅可以省钱,而且有利于缓解交通堵塞,减少污染和能源消耗,是一种很有发展前景的共享经济应用形式。

图 4-24 描绘了"互联网+"共享单车/共享汽车系统应用场景。

根据第 41 次《中国互联网络发展状况统计报告》提供的数据,2017 年我国共享单车用户规模已经达到 2.21 亿人,并渗透到 21 个海外国家。在提升出行效率方面,"共享单车+地铁"较全程私家车提升效率约 17.9%;在节能减排方面,共享单车用户骑行超过 299.47 亿 km,减少碳排放量超过 699 万 t;在拉动就业方面,共享单车行业创造超过 3 万个线下运维岗位。

4.3.6　从无人驾驶汽车到智慧公路

1. 无人驾驶汽车研究与发展

无人驾驶平台包括无人机、无人艇、无人潜水器与地面无人驾驶汽车。国际上目前还没有对无人驾驶车辆或无人驾驶汽车做出统一的定义。一般情况下我们是将所有地面无人驾驶载体统称为地面无人驾驶车辆。它包括军用平台和民用平台,也包括不同形式的移动机构,如轮式、履带式、脚式。从广义角度看,无人驾驶汽车是在网络环境中使用计算机、感知、通信与智能控制技术武装起来的汽车,或者说是有汽车外壳与功能的移动机

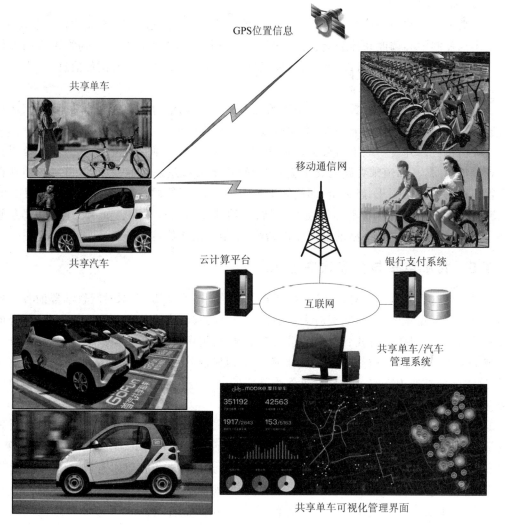

图 4-24　"互联网＋"共享单车/共享汽车应用场景

器人。

　　无人驾驶汽车涵盖了辅助驾驶、主动安全、自主驾驶等多个方面的内容。其中，在向汽车智能化方向发展的过程中逐步实现辅助驾驶与主动安全，主动驾驶是智能车辆发展的最终方向。因此，无人驾驶汽车是自主驾驶的一种表现形式，它具有整个公路环境中所有与车辆安全性相关的控制功能，不需要驾驶员对车辆实施控制。

　　早在 20 世纪 70 年代，西方发达国家就开展了军用无人驾驶车辆的研究。20 世纪 80 年代之前，受到硬件技术与计算机、图形学与数据融合技术的限制，地面无人驾驶车辆的发展主要侧重于遥控。20 世纪 80 年代之后，随着自主驾驶车辆技术与相关技术的发展，出现了自主驾驶车辆与半自主驾驶车辆（通常简称为自主车辆与半自主车辆）。但是由于受到定位导航技术的限制，以及障碍识别传感器与计算机处理器性能的限制，自主车辆可以实现自主行驶，但是行驶速度低，环境适应能力弱。这类自主行驶车辆只能用于完成扫雷、排爆与侦察等任务。到了20世纪90年代,由于计算机、人工智能、定位导航与智能控制技术的发展,部分军用地面无人驾驶车辆可以参加实战。军用无人驾驶技术的成熟也带动了民用无人驾驶车辆研究的发展,世界各国出现了无人驾驶汽车技术研究的高潮。

2000年之前,美国卡耐基·梅隆大学研制的Navlab系列与意大利ARGO项目在民用无人驾驶汽车技术的研究上具有代表性。其中,Navlab-5型无人驾驶汽车在实验场地自主驾驶的时速达到88.5km/h。公路实验首次横穿了美国大陆,总行程4496km,其中自主驾驶行程约占98.1%。Navlab-11型无人驾驶汽车最高时速已经达到102km。意大利ARGO项目在利用计算机视角技术辅助车辆自主驾驶方面更为突出。1998年,ARGO试验车沿着意大利的高速公路行驶了2000km,其中自主驾驶行程约占94%,行驶的路况既有平坦的公路,也有高架桥、隧道与丘陵地带,最高时速达到112km/h。

2012年5月8日,在美国内华达州允许无人驾驶汽车上路3个月后,美国机动车驾驶管理部门为Google的无人驾驶汽车颁发了一张合法车牌。2013年国际知名汽车企业开展了一场无人驾驶汽车的研发竞赛,新的无人驾驶汽车纷纷亮相,并计划在10～15年内实现量产。从2010年到2015年,与汽车无人驾驶技术相关的发明专利超过22 000件,从这一点上就可以看出世界范围无人驾驶汽车技术竞争的激烈程度。

我国有关部委在"八五"与"九五"期间就支持了由清华大学、浙江大学、国防科大、北京理工大学与南京理工大学承担的"军用地面机器人(Autonomous Test Bed,ATB)"项目,并联合研制了ATB-1与ATB-2型无人驾驶汽车。

近年来,我国多所大学、研究机构与汽车生产商在研究无人驾驶汽车方面取得了较大的进展。2015年12月,百度无人驾驶汽车首次实现城市、环路及高速道路混合路况下的全自动驾驶测试,在北京G7京新高速和五环路上行驶,最高时速达100km。2017年10月,百度与北京汽车公司合作,计划在2019年实现部分无人驾驶汽车的量产;2021年实现全自动驾驶汽车的量产。同时,长安汽车、长城汽车、福田汽车、江淮汽车、金龙客车等公司纷纷投入到无人驾驶车辆的研发中。2017年12月2日,搭载阿尔法巴智能驾驶公交系统的无人驾驶公交车,在深圳福田保税区首次试运行。试验运行单程全长1.2km,停靠3个站。无人驾驶公交车可以按照运营线路运行,遇到行人或障碍物能够主动刹车,到站会自动停靠,在功能上和普通公交车并无区别。无人驾驶车辆的类型已经从最初的普通轿车,发展到无人驾驶公交车、无人驾驶送货车、无人驾驶清洁车等多种类型。图4-25给出了无人驾驶汽车运行示意图。

欧洲一项研究表明:汽车驾驶员只要在可能发生碰撞的前0.5秒得到"预警",就可以避免至少60%的追尾撞车事故、30%的迎面撞车事故以及50%的路面相关的事故;如果能够提前1秒得到"预警",就可以避免90%的交通事故的发生。无人驾驶技术的成熟与应用每年可以减少医院数百万的急诊病人,降低80%以上的车辆保险费用,减少90%的能耗,减少汽车二氧化碳排放3亿吨。

无人驾驶汽车与车联网相结合,加上现有的智能交通系统ITS提供的大量道路交通信息,可以形成一个移动的车联网络体系,有望进一步减少交通事故。因此,无人驾驶技术将引发车辆制造、出行以及相关服务业,甚至是整个社会交通体系的革命性变化。

无人驾驶已经成为全球产业风口。根据美国研究机构Navigant Research预测,无人

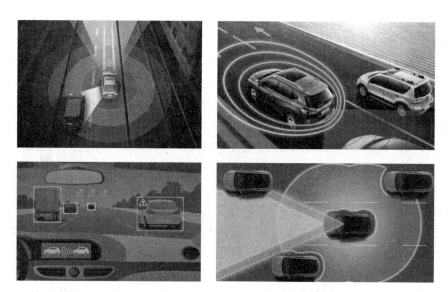

图 4-25　无人驾驶汽车运行示意图

驾驶汽车的数量占汽车总数的比率将从 2015 年的 4％增长到 2020 年的 41％和 2035 年的 75％。无人驾驶汽车的销售量将从 2020 年每年 8000 辆增长到 2035 年的每年 9500 万辆，占所有轻型汽车销量的 75％。我国将成为无人驾驶汽车最大的市场。

欧美各国都在研究制定有关无人驾驶车辆监管的法律法规。我国交通管理部门也正在研究无人驾驶车辆在道路行驶的立法问题。2017 年 6 月，国内首个国家级智能网联汽车(上海)试点示范区封闭测试区启动，可以模拟 100 种用于测试的复杂道路状态。工信部在 2017 年 6 月正式向社会征求"国家车联网产业标准体系建设指南(智能网联汽车)"的意见，为颁布无人驾驶标准做好准备。

2．智慧公路的研究与发展

2018 年 3 月，交通部发出《关于加快推进新一代国家交通控制网和智慧公路试点的通知》，决定在北京、河北、吉林、江苏、浙江、福建、江西、河南、广东等九省市加快推进新一代国家交通控制网和智慧公路试点，重点推进智慧高速试点、路网运行监测、"互联网＋"道路运政服务系统等项目建设，营造智能、绿色、高效、安全的交通出行环境。交通部的通知让"智慧公路"的概念浮出水面。

智慧公路必须具备以下几个重要的特征：

(1) 全面支持自动驾驶。通过在智慧公路两侧架设 5G 通信设施，为自动驾驶车辆提供能够满足自动驾驶需要的低延时、高带宽的无线通信信道，构成"驾驶员-道路-车辆"协同感知与控制体系。

(2) 边行驶边充电。通过太阳能发电、路面光伏发电与移动无线充电技术，使公路就像一个大型的充电器，电动车辆可以一边行驶，一边充电，推动绿色交通的发展。

(3) 道路设施自动感知安全状态。智慧公路的路段、桥梁与隧道能够自动感知、分析安全状态，通过通信网络向控制中心实时报告道路设施安全数据，及时预报安全隐患与安全事故，保证车辆行驶的安全。

（4）通过大数据分析提高速度与安全性。建立大数据驱动的智能云控平台,通过将高精度定位、车路协同、无人驾驶、智能车辆管控等系统,接入智能云控平台中,提高车辆运行速度、运行效率与安全性。

（5）边行驶边计费。通过视频识别系统,根据车辆特征,自动核定车辆行驶里程与收费标准,计算并实现移动收费,不需要通过收费站收费。

图 4-26 描述了智慧公路的基本特征。

图 4-26　智慧公路示意图

从以上的讨论中,我们可以得出以下三点结论:

第一,车联网充分利用互联网、传感网、射频标签 RFID、环境感知、定位技术、无线自组网与智能控制技术,彻底颠覆了传统汽车与交通的概念,重新定义了车辆、驾驶员与行人的运行模式,也为未来的"互联网＋"便捷交通拓宽了新的研究思路与方法。

第二,无人驾驶汽车是"互联网＋"便捷交通研究与应用的重点问题之一。互联网公司与传统汽车生产商合作,用"互联网＋"、云计算、大数据、机器学习与深度学习、虚拟现实与增强现实、智能人机交互与智能控制等先进技术改造传统的汽车制造业,将彻底颠覆我们心目中对汽车的认知,彻底改变汽车制造业产业与人才结构,以及社会交通体系的格局。

第三,智慧公路将"互联网＋"、云计算、大数据、智能、5G、无人驾驶技术,与光伏、无线充电技术跨界融合,最终实现全面支持自动驾驶,营造一种全新的"智能、安全、绿色、高效"的交通出行环境。

4.4 "互联网+"智慧电网

4.4.1 "互联网＋"智慧电网的基本概念

电力是国家的经济命脉,是支撑国民经济的重要基础设施,也是国家能源安全的基础。从事电力事业的技术人员对 2003 年发生在美国东北部的大停电事件可能还记忆犹新。那次大停电波及美国整个东北部和中西部,以及安大略湖区。大约有 4.5 亿人受到影响长达 2 天之久。单就纽约而言,由于个人使用蜡烛引发的火灾就有 3000 多起。这次大停电造成了极坏的社会影响和重大的经济损失,也使人们认识到电网安全的重要性。

进入 21 世纪,全球资源环境的压力日趋增大,能源需求不断增加,而节能减排的呼声越来越高,电力行业面临着前所未有的挑战。自然界中的能源主要有煤、石油、天然气、水能、风能、太阳能、海洋能、潮汐能、地热能、核能等。传统的电力系统是将煤、天然气或燃油通过发电设备,转换成电能,再经过输电、变电、配电的过程供应给各种用户。电力系统是由发电、输电、变电、配电与用电等环节组成的电能生产、消费系统。电力网络将分布在不同地理位置的发电厂与用户连成一体,把集中生产的电能送到分散的工厂、办公室、学校、家庭。研究应用“互联网＋”智慧电网技术去提高电力能源供应安全性与效率的任务摆到了各国政府的面前。

“互联网＋”技术能够广泛应用于智慧电网从发电、输电、变电、配电到用电的各个环节,可以全方位地提高智慧电网各个环节的信息感知深度与广度,支持电网的信息流、业务流与电力流的可靠传输,以实现电力系统的智能化管理。图 4-27 描述了“互联网＋”智慧电网应用覆盖的领域和研究的内容。

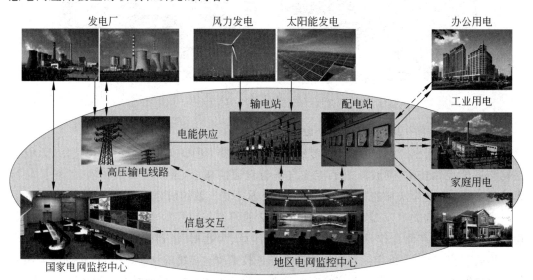

图 4-27　智慧电网应用覆盖的领域和研究的内容

“互联网＋”智慧电网本质上是互联网技术与传统电网“融合”的产物,它能够极大地提高电网信息感知、信息互联与智能控制的能力。“互联网＋”智慧电网与“互联网＋”智能电网的概念、技术与应用领域是相同的。智慧电网研究的内容主要包括以下几个方面:

第一,深入的环境感知。

随着“互联网＋”应用的深入,未来智慧电网中从发电厂、输变电、配电到用电全过程电气设备,可以使用各种传感器对从电能生产、传输、配送到用户使用的内外部环境,进行实时的监控,从而快速地识别环境变化对电网的影响;通过对各种电力设备的参数监控,可以及时、准确地实现对从输配电到用电的全面在线的监控,实时获取电力设备的运行信息,及时发现可能出现的故障,快速管理故障点,提高系统安全性;利用网络通信技术,整合电力设备、输电线路、外部环境的实时数据,通过对信息的智能处理,提高设备的自适应能力,进而实现智慧电网的自愈能力。

第二,全面的信息交互。

"互联网+"技术可以将电力生产、输配电管理、用户等各方有机地连接起来,通过网络实现对电网系统中各个环节数据的自动感知、采集、汇聚、传输、存储,全面的信息交互为数据的智能处理提供了条件。

第三,智慧的信息处理。

基于物联网、互联网技术组建的智慧电网系统,可以产生从电能生产、配电调度、安全监控到用户计量计费全过程的数据,这些数据反映了从发电厂、输变电、配电到用电全过程状态,管理人员可以通过数据挖掘与智能信息处理算法,从大量的数据中,提取对电力生产、电力市场智慧处理有用的知识,以实现对电网系统资源的优化配置,达到提高能源的利用率、节能减排的目的。

4.4.2 "互联网+"在输变电线路检测与监控中的应用

输电线路状态的在线自动监测是"互联网+"智慧电网一个重要的应用。传统的高压输电线检测与维护是由人工完成的。人工方式在高压、高空作业中存在着难度大、繁重、危险、不及时和不可靠的缺点。在输电网大发展的形势下,输电线路越来越复杂,覆盖的范围也越来越大,很多线路分布在山区、河流等各种复杂的地形中,人工检测方式已经不能够满足要求。

由我国科学家自行研发的超高压输电线路巡检机器人与绝缘子检测机器人,使用了多种传感器,如温度、湿度、振动、倾斜、距离、应力、红外、视频传感器,用于检测高压输电线路与杆塔的前驱期气象条件、覆冰、振动、导线温度与弧垂、输电线路风偏、杆塔倾斜,甚至是人为的破坏。控制中心通过对各个位置获取的环境数据、机械状态数据、运行状态数据,实时监控输电线路、杆塔与设备的安全状态,对故障点进行快速定位与维修;通过数据挖掘、分析与处理,分析潜在的安全隐患,做出维护、维修预案,以提高高压输电线路、杆塔与供电设备的智能检测、维护与安全水平(如图4-28所示)。

4.4.3 "互联网+"在变电站状态监控中的应用

为了把发电厂发出来的电能输送到较远的地方,必须把电压升高,变为高压电,经过高压输电线路进行远距离传输之后,到用户附近再按需要把电压降低,这种升降电压的工作靠变电站来完成。我们生活的城市、农村、学校周边都会有大大小各种规模的变电站。按规模大小不同,我们将它称为变电所、配电室等。变电站的主要设备是开关和变压器,我们经常会看到有变电站工作人员在对变电站的线路与设备进行检测与维修。传统的检测与维护方法工作量大,巡检的周期长,维护工作依赖工作人员的工作经验,无法实时、全面地掌握整个变电站各个设备与部件的运行状态。

在建设智慧电网的同时,必须对原有的传统变电站与数字化变电站进行升级和改造。

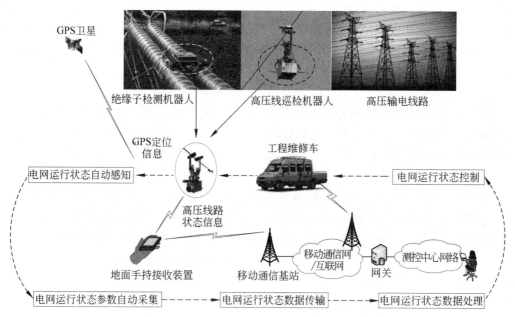

图 4-28　高压输电线路智能在线监控系统原理示意图

智能变电站应该具备自动、互联与智能的特征。智能变电站可以是无人值守的。

传感器可以应用于智能变电站多种设备之中，感知和测量各种物理参数。在智能变电站中使用传感器测量的对象包括：负荷电流、红外热成像、局部放电、旋转设备振动、风速、温度、湿度、油中水含量、溶解气体分析、液体泄漏、低油位，以及架空电缆结冰、摇摆与倾斜等。通过使用各种基于多种传感器的感知与测量设备，管理人员可以及时地采集并分析智能变电站的环境、安全、重要设备、线路的运行状态，实时掌握变电站运行状态，预测可能存在的安全隐患，及时采取预防与处置措施。智能变电站结构如图 4-29 所示。

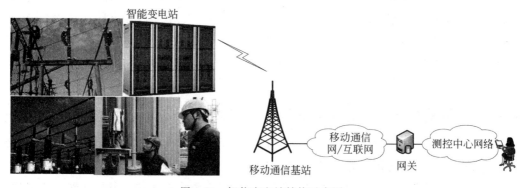

图 4-29　智能变电站结构示意图

4.4.4　"互联网十"在配用电管理中的应用

配用电管理的核心设备是智能电表。智能电表是具有自动计量计费、数据传输、过载断电、用电管理等功能的嵌入式电能表的统称。智能电表如图 4-30 所示。

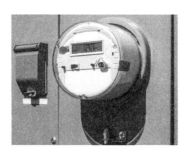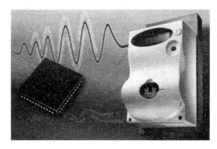

图 4-30 智能电表

传统的电表是由抄表员每月定期到用户家中,读出用电的度数,然后按照电价计算出用户应缴纳的费用。这种传统电表逐步被数字电表所取代。使用数字电表之后,用户预先去银行或代销店缴费,工作人员将用户购买的电量用机器写到用户的 IC 卡上。用户回到家中,再将 IC 卡插到数字电表中,数字电表就存入了用户购买的电量,在用完之前提示用户买电。这种数字电表比起传统的电表已经是进了一步,但是仍然不能适应智慧电网的需要。智慧电网需要使用智能电表。

家庭用户的 220V 交流电通过智能电表接入家中。智能电表可以记录不同时间的家庭用电数据。家庭用电数据可以通过移动通信网与互联网接入供电公司网络,智能电表的用户用电数据可以实时地传送到供电公司服务器的用户用电数据库中,供电公司数据库根据各个家庭的用电数据,按照分时用电的价格,计算出用户已经用掉的电费,到剩余电费到达一定的阈值时,用短信等多种方式提示用户。用户可以在智能手机的客户端App 上,直接通过网上支付方式去"买电"。供电公司在收到用户"买电"信息之后,立即将用户网上"买电"的数量通过互联网充值到用户家中的智能电表。这样,从买电、充值、供电、用电、计量、计费与用户交互的全过程都可以通过互联网自动完成。图 4-31 给出了"网上买电"过程示意图。

2009 年我国国家电网公司提出了"坚强智能电网"的概念,并计划在 2020 年基本建成智慧电网。我国智慧电网建设总计将创造近万亿千瓦·小时的市场需求。"互联网+"智慧电网的建设将拉动两个产业链。横向拉动智慧电网的发电、输电、变电、配电到用电的产业链,纵向拉动互联网、移动通信网、传感器、嵌入式测控设备、集成电路、软件、网络服务与网络运行的产业链。

从以上的讨论中,我们可以得出几点结论:

第一,智慧电网的建设涉及实现电力传输的电网与信息传输的通信网络的基础设施建设,同时要使用数以亿计的各种类型的传感器,实时感知、采集、传输、存储、处理与控

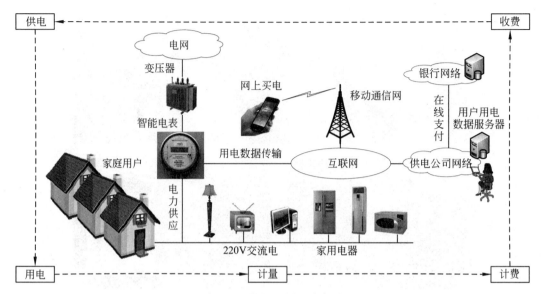

图 4-31   "网上买电"示意图

制，从电能生产到最终用户用电设备的环境、设备运行状态与电网安全的海量数据，"互联网＋"与云计算、大数据、智能技术能够为智慧电网的建设、运行与管理提供重要的技术支持。

第二，智慧电网与"网上买电"是"互联网＋"行业应用中最有基础、要求最明确、需求最迫切，与广大群众关系最密切的便民服务之一。

第三，智慧电网对社会与经济发展的作用越大，重要性越高，受关注的程度也就越高，智慧电网面临的网络安全形势越严峻。在发展智慧电网技术的同时，必须高度重视智慧电网信息安全技术的研究。

4.5   "互联网+"智能医疗

《"互联网＋"行动计划》中对"互联网＋"益民服务明确：大力发展以互联网为载体、线上线下互动的新兴消费，加快发展基于互联网的医疗、健康、养老、教育、旅游、社会保障等新兴服务，创新政府服务模式，提升政府科学决策能力和管理水平。

4.5.1   "互联网＋"智能医疗的基本概念

随着经济与社会的发展，以及欧美和我国都先后步入老龄化社会，医疗卫生及养老的社区化、保健化的趋势日趋明显，智能医疗必将成为"互联网＋"应用中实用性强、贴近民生、市场需求旺盛的重点发展领域之一。

智能医疗是将互联网应用于医疗领域，实现云计算、大数据、智能技术与医疗技术的融合，贯穿于数字化医院、远程医疗监控、社区服务、医疗器械与药品的监控管理的全过程，将有限的医疗资源提供给更多的人共享，把医院的作用向社区、家庭以及偏远农村延伸和辐射，提升全社会的疾病预防、疾病治疗、医疗保健与健康管理水平。

近十几年来,欧美等发达国家一直致力于推行"数字健康(E-health)计划"。世界卫生组织认为,数字健康是先进的信息技术在健康及健康相关领域,如医疗保健、医院管理、健康监控、医学教育与培训中一种有效的应用。数字健康不仅仅是一种技术的发展与应用,它是医学信息学、公共卫生与商业运行模式结合的产物。数字健康技术的发展对推动医学信息学与数字健康产业的发展具有重要的意义,而互联网技术可以将医院管理、医疗保健、健康监控、医学教育与培训连接成一个有机的整体。

面向老龄化社会,老人和慢性病患者的个人健康监护,与养老产业发展的需求将不断扩大。健康监测主要可用于人体的监护,生理参数的测量等,可以对于人体的各种状况进行监控,将数据传送到各种通信终端上。监控的对象不一定是病人,可以是正常人。在需要护理的中老年人或慢性病患者身上,安装特殊用途医用传感器节点,如心率和血压监测设备,通过无线通信网络和互联网,医生可以随时了解被监护病人的病情,进行及时处理,还可以应用互联网长时间、持续地收集病患的生理数据,这些数据对于提高大数据分析,评估健康状态,分析老年病发展规律,研制新药品都是非常有用的。

智能医疗是互联网、云计算、大数据、智能技术,与医院管理、医疗、保健"融合"的产物,它覆盖医疗信息感知、医疗监护服务、医院管理、药品管理、医疗用品管理,以及远程医疗等领域,实行医疗信息感知、医疗信息互联与智能医疗控制的功能。智能医疗涵盖的基本内容如图 4-32 所示。

图 4-32 智能医疗涵盖的基本内容

4.5.2 "互联网+"智能医疗系统

"看病难、看病贵"已成为当前社会涉及每个人切身利益的重大民生的问题,我国政府非常重视提高医疗服务水平,在大力推进医保制度与医疗体制改革的同时,积极发展医疗信息化与智能医疗。"互联网+"智能医疗的作用可以表现在以下几点:

(1) 在缓解"看病难"问题方面,智能医疗的应用可以使居民通过个人计算机、社区信息服务终端或智能手机实现预约挂号、在线咨询、双向转诊,社区医院可以分流大量不需要到大医院就诊的病人,这样既方便了群众,又使必须到大医院就诊的患者能得到及时的救助。在医院就诊中,挂号、划价、收费、取药、报销,医生书写电子病历、开具处方都是在计算机网络上进行，可以简化就医流程，缩短排队等待与诊治的时间。对于行动不方便的患者或老年人，他们可以使用各种小型传感器设备，在家中将自己的体征信息（例如血压、血糖、血氧、心电图等）通过无线通信设备传输到医院，根据实时跟踪与监控的信息，可以获得个性化的预防与康复跟踪指导，有效地减少和控制病患的发生与发展。在出现危急情况时，急救中心可以立即得到报告，出动救护车开展救护；救护车不断将患者体征信息发送到急救中心，急救中心针对患者情况尽快做好准备，使患者能够得到及时救治。对于慢性病患者，可以通过远程医疗协助，获得用药、膳食、运动方面的咨询与指导，缓解广大群众"就医难"问题。

（2）在缓解"看病贵"方面，智能医疗的应用可以通过 RFID 电子标签技术，使药品生产—流通—销售的各环节都能够得到有效的监督，对药品的质量、价格与用药安全能够起到重要的保障作用。在就医过程中，电子病历中的 X 光片、CT 影像等重要资料可以在不同医院共享和使用，既杜绝了重复和不必要的检查给患者带来的痛苦，又可以节省医疗的费用。医生为患者做出的诊断与开具的处方都实时记录在电子病历中，医院管理者与患者随时可以了解处方的合理性，既可以减少医疗事故，又可以防止乱开药的不良现象出现。

（3）不同地区医疗资源、医疗仪器设备和医师力量分布的不均衡，大型医院、专科医院、专家，以及大型、贵重医疗设备集中在几个大城市是造成我国广大群众"看病难，看病贵"的另一个重要的原因。智能医疗的应用可以实现远程专家会诊、远程手术指导、远程医院探视与远程医疗培训。这对于医疗条件较差的农村与边远地区的患者来说，无疑是一个福音。远程专家会诊、远程手术指导和远程医疗学术交流对于提高医生，尤其是对于边远地区医生提高医疗水平具有重要的作用。

区域智能医疗网络平台是覆盖一个大中型城市及相邻地区的智能医疗专网，它连接该区域的多所医院网络、社区医院网络，并且与其他地区的区域智能医疗网络平台互联。

通过区域智能医疗网络平台，可以方便地实现大型医院与专科医院之间的远程会诊、远程手术指导、远程手术观摩与学术交流；实现大型医院、专科医院与社区医院双向转诊、远程会诊、远程手术指导。

（4）患者的服务、治疗、手术与康复过程不能出一点差错。智能医疗通过使用 RFID 电子标签与传感器技术，可以确认患者的身份，自动提示服药，远程控制正确服药；通过使用 RFID 电子标签与传感器技术，可以自动检查手术过程中使用的器械、纱布，以便保证不出现差错。

通过智能医疗技术的研究与应用，建立保健、预防、监控与呼救一体的远程医疗、健康管理服务体系，使得广大群众能够以最快的速度、最短的距离、最低的成本，获得及时的诊断、有效的治疗，逐步变被动的治疗为主动的健康管理，提高全民医疗保健水平。典型的"互联网＋"智能医疗的系统结构如图 4-33 所示。

"互联网＋"智能医疗的应用可以实现优化医疗工作流程，提高工作效率；规范医疗行为，提高工作质量；加强经济管理，提高经济效益。因此，推广"互联网＋"智能医疗应用具有重要的社会效益与经济效益。

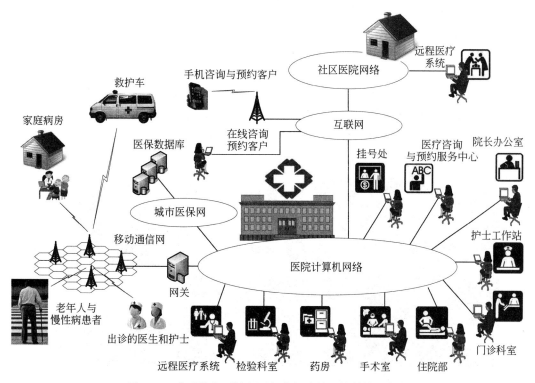

图 4-33 典型的"互联网+"智能医疗的系统结构示意图

4.5.3 "互联网+"远程医疗系统

远程医疗(Telemedicine)是一项全新的医疗服务模式。它将医疗技术与计算机技术、多媒体技术、互联网技术相结合,以提高诊断与医疗水平,降低医疗开支,满足广大人民群众健康与医疗的需求。广义的远程医疗包括:远程诊断、远程会诊、远程手术、远程护理、远程医疗教学与培训。

美国未来学家阿尔文·托夫勒曾经预言:"在未来的医疗活动中,医生将面对计算机,根据屏幕上显示的异地病人的各种信息来进行诊断和治疗。"

目前,基于互联网的远程医疗系统已经将初期的电视监护、电话远程诊断技术发展到利用高速网络实现实时图像与语音的交互,实现专家与病人、专家与医务人员之间的异地会诊,使病人在原地、原医院即可接受多个地方专家的会诊,并在其指导下进行治疗和护理。同时,远程医疗可以使身处偏僻地区和没有良好医疗条件的患者,例如农村、山区、野外勘测地、空中、海上、战场等,使他们也能获得良好的诊断和治疗。远程医疗共享宝贵的专家知识和医疗资源,可以大大地提高医疗水平,为保障人民群众健康必将发挥重要的作用。对于我国这样一个幅员辽阔,但东西部以及城乡医疗资源严重不平衡的国家,发展远程医疗服务具有特殊的意义。

2007 年 7 月 23 日对于远程医疗技术发展是具有重要意义的一天。远程机器人在互联网的支持下辅助外科完成了一例"胃-食道回流病"手术。一位 55 岁的男性病人患有严重的胃-食道回流病,躺在多米尼加共和国一家医院的手术室。主刀医生是世界著名的外科专家 Rosser，他处于数千英里之外的美国康乃迪格州，面对的是远程医疗系统中的一台计算机。手术十分复杂，当地医生经验不足。在手术现场有两台机器人协助。一台是利用语音激活的机器人控制手术辅助设备；另一台是控制腹腔镜内摄像机的机器人。由机器人控制摄像机是为了保证从内窥镜获得清晰的图像。耶鲁医学院的两名医生作为 Rosser 的助手在现场协助监督机器人工作。Rosser 利用称为 Telestrator 的设备，通过置于病人体内的摄像机观察病人腹部，指挥手术活动。这次远程手术是前瞻性技术展示，也是医学和现代信息技术结合的成功范例，充分体现出基于互联网的医学技术广阔的应用前景。图 4-34 描述了远程医疗的工作场景。

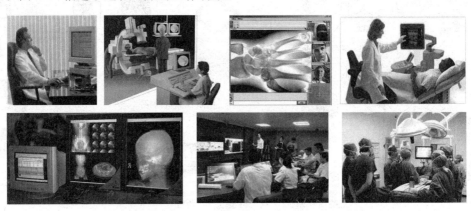

图 4-34　远程医疗的工作场景照片

　　远程医疗技术的应用很广泛，决定这项技术具有巨大的发展空间。目前，我国一些远程医疗中心通过与合作医院共建"远程医疗中心合作医院"的方式，整合优质资源，构建区域医疗服务体系，帮助基层医院提高医疗水平，带动合作医院的整体发展，为加速医院发展和解决患者就医难问题提供一条有效的解决途径。我国幅员辽阔、医疗资源不均衡，发展远程医疗技术更有重要的现实意义。

4.5.4　医疗大数据应用

1. 医疗大数据的基本概念

　　了解医疗大数据首先要知道个人健康大数据。个人健康大数据是指一个人从出生到死亡的全生命周期中，因免疫、体检、门诊、治疗、住院等涉及个人健康活动所产生的大数据。个人健康大数据一般是由医疗卫生部门、金融保险部门与公安部门整理归档，由医疗卫生部门留存的数据属于医疗大数据。

　　医疗大数据主要涵盖诊疗数据、患者数据与医药数据等三个方面。其中，诊疗数据主要来自每个人在医院就诊时所生成的电子病历、各种检测（如常规化验、CT、透视、免疫、生化检测等）以及基因检测数据等。这一部分数据来自医院，数据比较完整、规范，所占比例可以达到 90%。患者数据显得比较少，只占到 6%；这一部分数据可能来自可穿戴医疗设备、智能手机以及各种网络医疗行为数据（如挂号预约、网络购药、医患及病友交流等）。医药数据来源于医药研发与科研部门，主要有药物与医疗器材在临床前、临床及上市后对大量人群进行疗效跟踪获取的临床测试和科研机构公布的数据，所占比例大约为 4%。

表 4-1 给出了医疗大数据来源、特点等内容。

表 4-1 医疗大数据的来源、数据量与特点

数据种类	数据量	数据特点	细 分	主要来源
诊疗数据	最多90%	完整性、结构化、标准化有待提高	病历:病史、诊断结果、用药信息等	医院、诊所
			传统监测:影像、生化、免疫等	医院、检测机构、云存储公司
			新兴监测:DNA测序等	医院、第三方检测机构、科研机构
患者数据	少量6%	完整性、结构化、标准化有待提高	体征类健康管理数据	可穿戴计算设备、智能手机
			网络医疗行为数据:寻医问药、网络购药、挂号问诊、医患病友交流	互联网医疗公司终端
医药数据	少量4%	完整性、结构化、标准化好	医药研发数据:临床前、临床与上市后对大量人群进行疗效跟踪获取的临床测试数据	医药研发企业、医院、科研机构
			科研数据	科研机构

2. 医疗大数据的应用

医疗大数据的应用主要包括以下五个方面(如图 4-35 所示)。

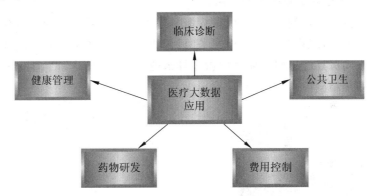

图 4-35 医疗大数据主要的应用领域

1)临床诊断

医疗大数据在临床诊断中的作用可以表现在:基于患者特征数据和疗效数据,比较各种治疗方法的有效性找出针对该患者的最佳治疗方案;为医生提出诊疗建议,如药物不良反应、潜在的危险;对患者病历的深度分析,找出治疗某一类疾病的不同方法效果的比较;以个人基因组信息为基础,结合蛋白质组、代谢组等内环境信息,量身定制最佳治疗方案,实现精准治疗的目的。

2)健康管理

医疗大数据在健康管理中的作用主要表现在:结合个人生理参数与卫生习惯,利用各类可穿戴医疗设备和装置,连续、实时监控用户健康状态,提供个性化的保健方案,做到"未病先防";发现健康问题,及时对"准患者"进行干预,做到"已病早治";对慢性病患者实现远程监控,做到"既病防变"。

3）公共卫生

Google"流感参数"已经显示出大数据对于流行病监测预报的重要作用。从非典到H7N9，病毒性流感一波波袭扰人类。流感病毒不断发生变异，并且传播速度很快，而人类缺乏有效的药物、疫苗和预防措施，因此流行病预测成为困扰医学界的一大难题。利用大数据预测流行病为公共卫生中流行病预报开辟了新的研究思路和方法。

4）药物研发

医疗大数据在药物研究中的作用主要表现在：在新药研发开始阶段，可以通过大数据建模和分析方法，为研究工作提出最佳的技术路线；在新药研发阶段，可以通过统计工具和算法，提出优化的临床实验方案；在新药临床试验阶段，可以根据临床实验数据与患者记录的分析，确定药品的适应性与副作用。同时，通过对疾病的模式与趋势的分析，为医疗产品企业与研究部门制定研发计划提供科学依据。

5）费用控制

大数据分析可以在医疗的各个环节对比不同的治疗方案，减少医疗成本，避免过度治疗；基于疾病、用药等建立的模型，降低医药研发投入的人力、财力、物力与时间，降低医药研发成本，提高药价制定的透明性与合理性。

3．医疗大数据的应用示例

1）医疗大数据在健康服务中的应用

随着社会经济与技术的发展，现代医疗服务理念也在不断地改变。传统的健康服务模式是被动和单向的，现代健康服务模式是"以健康为中心"的主动和互动的。医疗个性化服务已经在主动医疗健康服务体系中占主导地位。主动、互动和个性化的"互联网＋"医疗健康服务系统结构如图 4-36 所示。

图 4-36　健康服务系统结构示意图

现代医疗健康服务系统是由用户移动终端设备、健康服务云平台与医生终端设备等三部分组成。用户通过移动终端设备(如智能手环),连续监测血压、脉搏、行走的步数,通过近距离无线通信信道(如蓝牙技术),将数据传送到手机健康服务 App;由智能手机健康服务 App 计算行走的距离和消耗的脂肪数值。这些数据连续、动态地通过移动通信网发送到互联网上的健康服务云平台。保健医生结合每年的体检报告,分析用户的动态健康数据,给出合理的个性化健康管理方案,以实现"未病先防"的目的。

2) 医疗大数据在慢性病管理中的应用

慢性病中以心血管疾病与糖尿病居多。患有慢性病的患者如果没有其他的技术手段帮助的话,只能经常到医院看病。这给患者和家属带来很大经济负担与精神压力,也给医院带来很大的压力。医院也一直在寻找办法,既能给患者随时随地的关注,又能够减少患者的返诊率。一种"互联网+"慢性病医疗管理系统应运而生(如图 4-37 所示)。

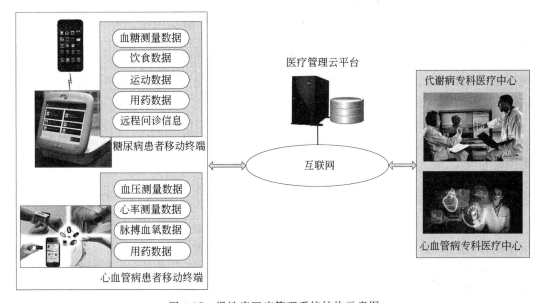

图 4-37 慢性病医疗管理系统结构示意图

对于糖尿病患者,医用移动终端设备可以定时地测量患者的血糖数据、运动数据,配合智能手机专用 App 软件,可以连续获取患者的血糖、运动、饮食、用药数据以及医生远程问诊的信息。这些数据将传送到医疗管理云平台的数据库中。代谢病专科医疗中心的专家将根据数学模型与体检情况,分析采集到的患者日、周、月的血糖数据、血糖曲线,指导患者调整饮食、运动与用药。

对于心血管病患者,医用移动终端设备可以定时地测量患者的血压、心率数据、脉搏血氧数据,配合智能手机专用 App 软件,可以连续获取患者的血压、心率、脉搏和用药数据,以及医生远程问诊的信息。这些数据将传送到医疗管理云平台的数据库中。心血管病专科医疗中心的专家将根据数学模型,结合体检数据,分析采集到的患者血压、脉搏与心率变化,判断患者病情,指导患者用药。

从以上讨论中,我们可以得出以下几点结论:

第一，"互联网＋"智能医疗应用可以建立"保健、预防、监控与救治"为一体的健康、养老服务管理与远程医疗的服务体系，使得广大患者能够得到及时的诊断和有效的治疗。

第二，智能医疗将逐步变"被动"的治疗为"主动"的健康管理，"互联网＋"智能医疗的发展对于提高全民医疗保健水平意义重大。

第三，"互联网＋"智能医疗关乎全民健康管理、疾病预防、患者救治，是政府与民众共同关心、涉及切身利益的重大问题。因此，"互联网＋"智能医疗一定会成为"互联网＋"应用中优先发展的技术与产业。

4.6 "互联网+"绿色生态

4.6.1 "互联网＋"绿色生态的基本概念

人类在享受到高度物质文明的同时，也面临着全球环境恶化的严峻挑战。多年的实践使得人们认识到："互联网＋"是应对环境保护问题的重要技术手段之一。

环境信息感知是指：通过传感器技术对影响环境的各种物质的含量、排放量以及各种环境状态参数进行监测，跟踪环境质量的变化，确定环境质量水平，为环境污染的治理、防灾减灾工作提供基础数据和决策依据。

环境监测的对象包括：反映环境质量变化的各种自然因素，如大气、水、土壤、自然环境灾害等。随着工业和科学的发展，环境监测的内涵也在不断扩展。由初期对工业污染源的监测为主，逐步发展到对大环境的监测，再延伸到对生物、生态变化的监测。通过网络对环境数据进行实时传输、存储、分析和利用，才能全面、客观、准确地揭示监测环境数据的内涵，对环境质量及其变化做出正确的评价、判断和处理。

基于"互联网＋"绿色生态技术的环境监测网络可以融合 WSN 的多种传感器的信息采集能力，利用多种传输网络的宽带通信能力，集成高性能计算、海量数据存储、数据挖掘与数据可视化能力，构成现代化的环境信息采集与处理平台。和传统的环境监控网络相比，基于物联网技术的智能环保应用系统具有监测更加精细、全面、可靠与实时的特点。

基于"互联网＋"绿色生态技术的环境监测网络可以融合 WSN 的多种传感器的信息采集能力，利用互联网的通信能力，集成高性能计算、云计算、数据挖掘与大数据技术，构成现代化的环境信息采集与处理平台，全面、客观、准确地揭示环境信息的内涵，对环境质量及其变化做出正确的评价、判断和处理，为环境保护决策提供依据，已经成为世界各国环境科学与信息科学交叉研究的热点，并且已经取得了很多有价值的研究成果。"互联网＋"绿色生态与物联网智能环保的概念、技术与研究领域是一致的。我们可以通过几个例子，来了解研究的进展与未来我们将面对的问题。

4.6.2 "互联网＋"在局部区域环境监测中的应用

1. 大鸭岛海燕生态环境监测系统

在讨论环境对生态影响的研究时，人们会自然地想到大鸭岛海燕生态环境监测的例子。大鸭岛是位于美国缅因州 Mount Desert 以北 15km 的一个动植物保护区。美国加州大学伯克利分校的研究人员希望能够在大鸭岛监测海燕的生存环境，研究海鸟活动与海岛微环境。传统的方法采用的是在海岛上用电缆将多处安置的监测设备连接起来,研究人员定期到海岛去收集数据。这种方法不但开销大,而且会严重影响海岛的生态环境。由于环境恶劣,海燕又十分机警,研究人员无法采用通常方法进行跟踪观察。为了解决这个问题,研究人员决定采用 WSN 技术,构成低成本、易部署、无人值守、连续监测的系统。根据环境监测的需要,大鸭岛系统具有以下的功能:感知、采样与存储数据,数据的访问与控制。为了尽可能地减少对海岛生态环境以及海燕的影响,研究人员在动物繁殖期之前或动物不敏感的时期在岛上放置无线传感器节点。节点具有监测光照、温度、湿度、气压等环境参数,并且能够实时传送到控制中心计算机中存储,以供研究人员使用。

2002 年的第一期的原型系统有 30 个无线传感器节点,其中有 9 个在海燕鸟巢的里面。无线传感器节点通过无线自组网的多跳传输的方式,将数据传输到 300ft(1ft=0.305m)外的基站计算机,再由基站计算机通过卫星通信信道接入互联网,研究人员可以从加州大学伯克利分校接入位于缅因州大鸭岛系统。2003 年的第二期的大鸭岛系统有 150 个无线传感器节点。传感器类型包括光、湿度、气压计、红外、摄像头在内的近 10 种。基站计算机使用数据库存储传感器的数据,以及每个传感器状态、位置数据,每隔 15 分钟通过卫星通信信道传送一次数据。有了大鸭岛系统之后,全球的研究人员都可以通过互联网查询第一手的环境资料,为生态环境研究者提供了一个极为便利的工作平台。大鸭岛海燕生态环境监测系统成为在局部范围内利用"互联网+"技术,开展全球合作研究濒稀动物保护的成果案例。图 4-38 给出了大鸭岛海燕生态环境监测系统示意图。

2. 太湖环境监控系统

太湖环境监控系统是我国科学家开展的物联网用于环境监测应用示范工程项目。2009 年 11 月,无锡(滨湖)国家传感信息中心和中国科学院电子学研究所合作共建了"太湖流域水环境监测"传感网信息技术应用示范工程。在太湖环境监控系统中,传感器和浮标被布放在环太湖地区,建立定时、在线、自动、快速的水环境监测无线传感网络,形成湖水质量监测与蓝藻暴发预警、入湖河道水质监测,以及污染源监测的传感网络系统。通过安装在环太湖地区的这些监控传感器,将太湖的水文、水质等环境状态提供给环保部门,实时监控太湖流域水质等情况,并通过互联网将监测点的数据报送至相关管理部门。自2010 年运行以来,太湖蓝藻集聚情况出现了 50 余次,但是由于该系统能够及时地预报,环保部门采取措施,因此未发生蓝藻大规模爆发的现象。太湖环境监控系统在水域环境保护中开始发挥重要的作用。图 4-39 给出了太湖环境监控系统示意图。

3. 森林生态物联网研究项目——绿野千传

林业在可持续发展战略中占据重要地位,在生态建设中居于首要地位。精确地描述森林系统生态结构与计算森林固碳的方法已经成为研究的瓶颈,而 WSN 可以用于大规模、持续、同步监测森林环境数据,是解决林业应用瓶颈的有效方法。

"绿野千传"是由清华大学、香港科技大学、西安交通大学、浙江林学院合作研究的森林生态物联网项目。"绿野千传"系统研究工作开始于 2008 年下半年。系统主要任务是:通过 WSN 技术实现对森林温度、湿度、光照和二氧化碳浓度等多种生态环境数据的全天候监测,为森林生态环境监测与研究、火灾风险评估、野外救援应用提供服务。2009 年 8

图 4-38　大鸭岛海燕生态环境监测系统示意图

图 4-39　太湖环境监控系统传感器和浮标

月,项目组在浙江省天目山脉部署了一个超过 200 个无线传感器节点的实用系统。利用 WSN 收集大量数据,通过数据挖掘的方法,帮助林业科研人员开展精确的环境变化对植物生长影响的研究。图 4-40 给出了绿野千传系统示意图。

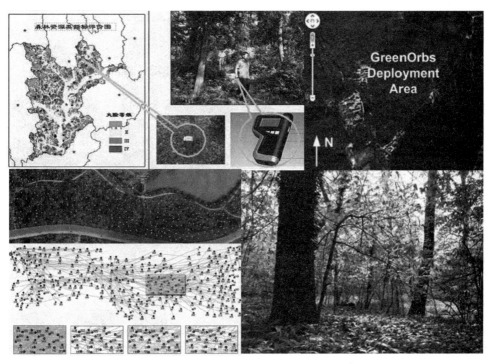

图 4-40　绿野千传系统示意图

4.6.3 "互联网+"在高海拔山区气候、地质监测中的应用

随着全球气候变化日益引起各国关注,将 WSN 逐渐应用于环境与气候变化关系的研究项目中,比较有代表性的是阿尔卑斯山脉监测项目——PermaSense。阿尔卑斯山脉的高海拔地区的永冻土和岩石受气候变化与强风侵蚀,山体不断改变,潜在的地质灾害危及当地居民与登山者的生命与财产安全。但是,高海拔、永冻土与险峻的山体无法用传统的方法进行长期、连续、大范围与实时的监测,而基于 WSN 的物联网技术恰恰适合于这种复杂、危险地区的环境监测。

2006 年,来自瑞士巴塞尔大学、苏黎世大学与苏黎世联邦理工大学的计算机、网络工程、地理与信息科学等领域的专家,在阿尔卑斯山脉的岩床上部署了一个用于监测气候、地质结构与地表环境的 WSN,用于实时、连续、大范围采集环境数据。根据这些数据,科学家结合地质结构模型,研究温度对山体地质结构的影响,预报雪崩、山体滑坡等地质灾害。图 4-41 给出了 PermaSense 系统示意图。

4.6.4 "互联网+"在全球气候变化监测中的应用

在过去的 20 年里,人类一面经历天气变暖、冰川融化、海平面上升,另一面又出现持续干旱、湖泊干涸、土地沙漠化,以及各种自然灾害。但是,如何改善地球生态,如何明晰节能减排责任和义务的界定却是一个非常困难的问题。各国节能减排的量化审核工作互相孤立,没有统一标准。如果仅仅依赖于局部的信息,没有一个覆盖全球的可信的机制,对气候变化相关的环境和人类活动因素,进行精确、可靠、可审核的检测、报告和验证,共

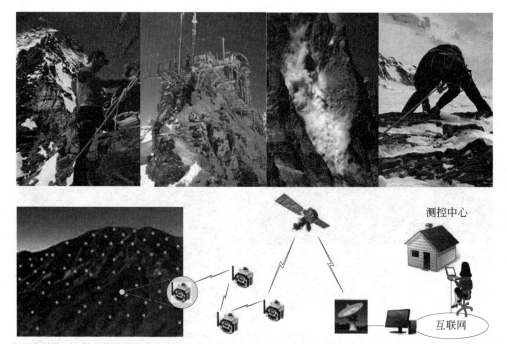

部署在被监测山体上的无线传感器网络　无线传感器网络通过卫星通信网与互联网向测控中心发送山体状况数据

图 4-41　PermaSense 系统示意图

同行动纲领无法科学地执行。因此基于"互联网＋"绿色生态技术,研发全球气候变化监测中应用成为全球科学家和政府共同面对的课题。

　　Planetary Skin 研究项目是 2009 年 3 月在美国召开的以"气候议题：全球经济展望"为主题的官方论坛上,由 Cisco 公司与美国国家航空航天局联合发起的合作研究项目。

　　建立 Planetary Skin 的目的是联合世界各国的科研和技术力量,整合所有可以连接的环境信息监测系统,利用包括空间的卫星遥感系统、无人飞行器监测设备、陆地的 WSN 监测平台,RFID 物流监控网络、海上监测平台,以及个人手持智能终端设备,建立一个基于互联网的全球气候监测物联网系统。图 4-42 给出了 Planetary Skin 系统示意图。

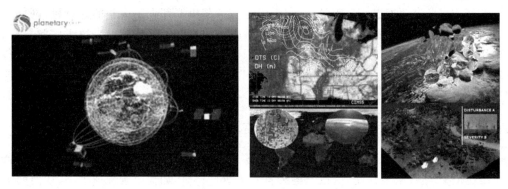

图 4-42　Planetary Skin 系统示意图

　　该项目提出了四项研究内容:

（1）建立一个开放式的网络平台，对地球的环境指标进行远程感知、测量、持续监控和风险评估，获得实时精确数据，促进世界各国在减少碳排放方面的信任与合作。

（2）人类可以利用该平台，对全球气候变化和极端天气做出预警、预报，做好粮食生产布局及调整，减少天气灾害造成的损失。长期、大范围的气候环境监测数据，可以帮助各国对涉及农业生产的环境因素，以及农田产量、土地利用率、可持续发展能力、经济效益，进行深入的分析与全面评估，以保障粮食和食品安全。

（3）利用空间卫星遥感和近地航空器，对陆地、水库、河流、湿地等区域的水资源状态进行实时宏观监控，准确预报洪涝和干旱灾害，对水资源调配、蓄存、使用进行全面评估，以提高城市与农业用水的安全性。

（4）利用"互联网+"绿色生态技术建立遍布全球的测控系统，对地球土地、土壤、水资源、生物、能源、污染等影响地球生态环境的因素进行系统、量化的研究，在提高社会生产力的同时，促进土地的合理利用，以实现人类与地球生态环境的和谐、可持续发展。

从以上几个研究案例中，我们可以得出以下的几点结论：

第一，智能环保是"互联网+"应用中最为广泛、影响最为深远的领域之一。

第二，如何发挥"互联网+"绿色生态的技术优势，利用传感器、WSN 技术手段，开展大范围、多参数、实时与持续的环境参数采集和传输，设计和部署大规模、长期稳定运行的环境监测系统，是当前研究的热点问题。

第三，如何运用云计算平台汇聚、存储海量的环境监测数据，利用合理的模型与大数据分析手段，对环境数据进行及时、正确、智能的分析和可视化显示，获取准确、有益的"知识"是"互联网+"绿色生态研究的核心问题。

4.7 "互联网+"电子商务与现代物流

4.7.1 "互联网+"电子商务基本概念

随着"互联网+"电子商务的快速发展，以网上购物为代表的电子商务已经成为人们日常的购物方式。

电子商务是指利用互联网技术，通过网站与客户端工具将买卖双方联系起来，完成商品交易的过程。电子商务可以分为商家对商家（Business To Business，B2B）、商家对客户（Business To Customer，B2C）与客户对客户（Customer To Customer，C2C）等三种基本的模式。商务的实质是提供商品与服务。商家生产或采购优质的商品，以合理的价格提供给客户，并且提供优质的售前、售中与售后服务，保证客户在消费的整个过程中能够做到放心和满意的消费体验。

理解"互联网+"电子商务的特点，需要注意以下几个问题。

（1）互联网的出现意味着社会已经从过去的工业经济时代进入了电子商务时代。工业经济时代的特点是生产力不足与商品的短缺。在这种背景下，企业以"产品生产"为导向，生产什么样的产品，以及产品的成本、质量与规格是由企业决定，也是企业竞争最重要的手段。企业根据自己的产品定位组建生产线，进行大规模、标准化的生产，以产品的成本与质量优势去追求企业利润的最大化。企业在商品生产与销售过程中占据决定权。而在电子商务时代,生产能力与商品出现了过剩,客户在商品选择方面具有了很大的选择空间和决定权。客户更多地表现出个性化的商品需求。

(2) 在电子商务时代,企业仅仅依靠自身的资源要快速满足不同客户个性化的商品需求是困难的,所有参与生产经营的各个环节,如供应商、制造工厂、分销网络、电商企业、物流、派送与银行组成一个紧密的供应链,有效地安排企业的产、供、销、派送活动,通过电商企业来牵动整个供应链,以供应链之间的协作来参与市场竞争。因此,供应链的管理在电商企业运营中起到了重要的作用。

(3) 电商系统与电商平台体现了电商企业的管理思想,电商系统与平台必须具备灵活性与可扩展性,必须能够适应电商企业多种多样的业务模式。电商系统与平台一定要关注客户体验。电商网站打开速度是不是很快,商品类型排序是不是合理,商品搜索的过程是不是方便,购物过程是不是顺畅,网上付费是不是便捷、安全,这些决定着顾客是不是愿意访问这个网站,但是要使顾客成为一个电商的忠实粉丝,最重要的是：商品质量、价格与售后服务。我国电商的发展已经经历了超常规发展的阶段,下一阶段电商的竞争已经不再是电子商务技术的竞争,更重要的是要回归到商业的本质：货真价实、童叟无欺。

2017 年以来我国网上购物呈现出以下几个特点。

1) 手机网上购物用户规模将进一步增长

截至 2017 年 12 月,我国网上购物用户规模达到 5.33 亿人,占网民总体的 69.1%;手机网上购物用户规模达到 5.06 亿人,占网民总数的 67.2%。随着智能手机的推广,手机网上购物用户规模将进一步增长。

2) 有关网上购物行业的法律法规正在逐步完善

2017 年 10 月,《电子商务法》(草案稿)提交全国人大常委会二次审议;《促进电子商务发展三年行动实施方案》《网络零售标准化建设工作指引》等行业政策和标准陆续出台;杭州设立互联网法院,集中解决辖区范围国内网络购物合同纠纷。

3) 线上线下融合,电子商务向纵深方向发展

线上向线下渗透更为明显,电商与零售企业开展战略合作,建立多个形式的线下体验店与专卖店,形成从供应商、销售渠道、仓储到门店各环节的协同效用,无人值守零售等新模式标志着零售业向智能化方向发展的趋势。

下一阶段电商的发展呈现出四大趋势。

1) 电商和线下商业全面融合,带动新零售业的发展

新零售业的两个特点：一是以顾客体验为中心。一切从顾客的体验和感受出发,提升客户体验。二是数据驱动。新零售业要能够做到合理、有效地采集线上与线下顾客的数据,并且根据这些数据来决定卖什么,选什么类型的商品,在什么地方设店,如何陈设商品,如何在线支付。今后将会有更多品牌进行新零售业的全面升级。

2) 传统电商大多数要被整合或淘汰,一部分有特色的电商将会发展

传统的电商是单纯在电商平台上卖货的商家。随着电商的发展,一类没有特色的电商可能要被整合或淘汰,另一部分有特色的电商会存活并发展起来。现在大部分顾客在网购中,买的不再只是商品本身,而是品牌和品牌背后的服务。真正的品牌商品在品牌、渠道、产品、资金、管理等各方面综合实力强大,这才是商业应该具有的基因。电商终将逐

渐回归到商业的本质。

3）跨境电商继续高速增长

一个能够让全世界的年轻人、让全世界的中小企业都能够做到全球买、全球卖、全球付、全球运、全球邮的跨境电商业务正在高速发展。2017年9月,阿里巴巴与菜鸟网络发布了一项全球化战略的"五年计划",将投入数千亿元,专注跨境物流的技术研发,组建全球订单履约中心、海外枢纽、智能机器人仓库,建设一张全球领先的物流网络。随着我国"一带一路"规划的实施,中国高铁所到之处,会带去技术、带去人才,也会带去电商。

4）农村电商会稳步发展

从2014年开始,连续四年的中央一号文件都有涉及农村电商的内容,市县镇村的电商园区遍地开花,各个电商平台也积极跟进。根据商务部统计的数据:截至2017年底,农村网店达到985万家,带动就业2800万人。"电商扶贫"将成为下一阶段国家重点主导的方向。农村电商将在推广农产品销售、乡村旅游,以及在农业物资供销方面发挥重要的作用。

4.7.2 现代物流的基本概念

物流是人类最基本的社会经济活动之一。随着社会的发展,商品的生产、流通、销售逐步专业化,连接产品生产者与消费者之间的运输、装卸、存储、投递就逐步发展成专业化的物流行业。

第二次世界大战中美军围绕着军事后勤保障发展和完善物流的理念。1998年,美国物流管理协会对物流做出了新的定义:物流是供应链管理的一部分,是为了满足客户对商品、服务及相关信息从原产地到消费地的高效率、高效益的双向流动与储存进行的计划、实施与控制的过程。新的供应链管理模式将物流的核心问题归结为:如何在保证满足生产需要和客户需要的前提下,使得材料、半成品与成品的库存能够达到最小。

伴随我国全面深化改革,工业化、信息化、新型城镇化和农业现代化进程持续推进,产业结构调整和居民消费升级步伐不断加快,我国物流业发展空间越来越广阔。物流需求快速增长。农业现代化对大宗农产品物流和鲜活农产品冷链物流的需求不断增长。新型工业化要求加快建立规模化、现代化的制造业物流服务体系。居民消费升级以及新型城镇化步伐加快,迫切需要建立更加完善、便捷、高效、安全的消费品物流配送体系。电子商务、网络消费等新兴业态快速发展,快递物流等需求也将继续快速增长。

2014年我国政府颁布了《物流业发展中长期规划(2014—2020年)》(以下简称为《物流业规划》)。《物流业规划》指出:物流业是融合运输、仓储、货代、信息等产业的复合型服务业,是支撑国民经济发展的基础性、战略性产业。加快发展现代物流业,对于促进产业结构调整、转变发展方式、提高国民经济竞争力和建设生态文明具有重要意义。

理解现代物流的特征与发展趋势,需要注意以下几个基本的问题:

(1)现代物流也称为智能物流。现代物流是以新技术、新管理为核心的新型服务业,它是在互联网、云计算环境中,利用条码、射频标签RFID、传感器、GPS全球定位、自动仓库、机器人、模式识别、优化调度算法、大数据分析工具等先进信息技术,建立覆盖从物流配送、运输的优化调度,自动仓库高效分类装卸与仓储,出货商品的快速识别与分拣,到商品快速投递环节全过程的智能化网络系统,实现物流过程的透明、可视与可溯源,以提高物流行业的运行效率与服务水平,为广大生产流通企业提供低成本、高效率、多样化、精益化的物流服务。

(2) 现代物流包括：制造业物流、农业物流、资源型产品物流、城乡物流配送、再生资源回收物流、应急物流与电子商务物流等多种类型。《物流业规划》在"重点工程"一节中强调：整合现有物流信息服务平台资源,建设跨行业和区域的智能物流信息公共服务平台,形成集物流信息发布、在线交易、数据交换、跟踪追溯、智能分析功能为一体的物流信息服务中心。

(3) 我国将重点推进关键技术装备的研发应用,大力发展绿色物流,提升物流业信息化和智能化水平,创新运作管理模式,提高供应链管理和物流服务水平,形成物流业与制造业、商贸业、金融业协同发展的新优势。

(4) 随着国际产业转移步伐不断加快和服务贸易快速发展,全球采购、全球生产和全球销售的物流发展模式正在日益形成,迫切要求我国形成一批深入参与国际分工、具有国际竞争力的跨国物流企业,畅通与主要贸易伙伴、周边国家便捷高效的国际物流大通道,形成具有全球影响力的国际物流中心,以应对日益激烈的全球物流企业竞争。

4.7.3 现代物流与电子商务的关系

现代电商必须得到现代物流的支持。随着技术的发展,"电商平台与实体店结合、线上与线下结合"的"O2O(Online to Outline)"可能还会出现其他更多的模式,但是有一点不会改变,那就是：网上购物与实体店的运行必须建立在一个强大的现代物流系统之上。大型连锁零售企业是有现代电子商务与现代物流融合的产物,它也为我们诠释了现代电子商务与现代物流的概念、功能、管理与技术的融合,形成"相互依存、协调发展"的关系。图 4-43 给出了大型连锁零售企业网络系统结构示意图。

1. 支撑大型连锁零售企业的网络系统

由于企业网络系统中存储有大量的商业信息与客户资料,企业网络中传输的数据也涉及商业秘密和客户信息,因此从网络安全的角度,企业网络系统必须采取严格的安全措施,保守企业的商业秘密,防止客户信息泄露。企业网络系统设计一般采取企业内网、企业外网的结构。

1) 企业内网

企业内网是企业内部的专用网络,一般采用虚拟专网 VPN 技术与 Intranet 技术组建,只供企业员工在处理企业内部业务时使用。因此,企业内网具有以下两个特点：

第一,企业内网使用 Intranet 技术组建,它使用的核心协议与互联网相同,都是TCP/IP 协议。但是,企业内网节点采用专用 IP 地址(例如 IPv4 的 10.0.2.1 地址),互联网上的路由器不会转发使用专用 IP 地址的分组;企业内网中不允许有任何一台路由器、主机,以有线或无线等任何一种方式接入到互联网;不允许互联网用户访问企业内网,也不允许公司内部网络的用户使用任何一台计算机向互联网发送和接收电子邮件,访问外部互联网网站。企业必须从技术、制度、教育等方面入手,加强对所有员工的网络安全教育和检查。

第二,企业内网的网络系统采用虚拟专网(如图 4-43 所示用 IPv6 VPN)技术来组建。大型连锁零售企业从管理的角度可以分为三个层次。第一层:总公司;第二层:分公司与仓库、配送中心;第三层:基层的销售商店。支持它的企业内网也需要分为三层:核心层、汇聚层与接入层,形成构成覆盖企业总公司、各个分公司、仓库、配送中心与销售商店、超市的层次性网络结构。

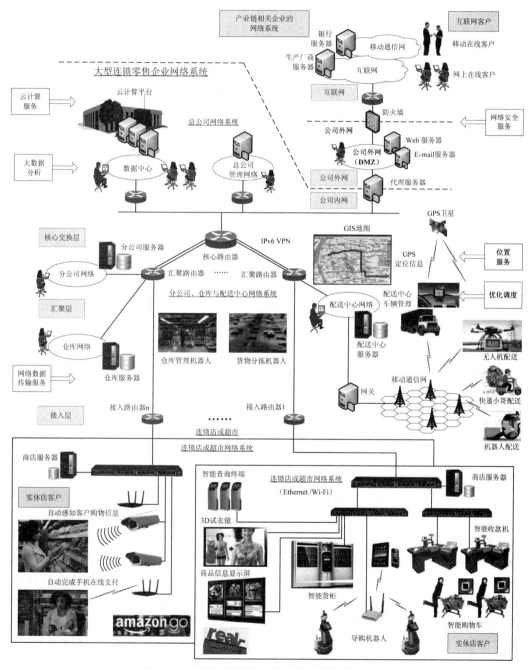

图 4-43 大型连锁零售企业网络系统结构示意图

2）企业外网

一个大型连锁零售企业必然开发公司网站，通过互联网宣传本公司商品与促销信息，接收与处理顾客的查询、意见、定购和投诉信息，与合作伙伴交换信息，因此需要设置与社会大众沟通的 Web 服务器、E-mail 服务器与企业外网。

企业外网具有以下两个主要特点。

第一，所有可以向社会公开的 Web 服务器、E-mail 服务器都连接在企业外网中，再通过防火墙连接到互联网中。企业管理人员可以通过企业外网联系产业链相关企业，发布商品信息和广告，开展网购服务。

第二，企业外网通过具有防火墙功能的代理服务器连接企业内网。所有通过企业外网传送来的客户信息必须由专人或智能信息处理软件的分析、处理与转换之后，才能够通过代理服务器发送给企业内网的相关部门。因此，企业外网向企业内网隔离了直接与互联网的物理连接，又能够实现企业内网与互联网用户逻辑连接的作用。

2. 支持电子商务的大数据技术

电子商务端到端的服务包括：浏览、购物、仓配、送货、客户服务等五步，大数据可以在整个端到端的服务中发挥作用。

（1）用户浏览：后台系统记录下客户浏览历史，大数据分析软件帮助电商精确地分析客户需求，随后将客户感兴趣的货物库存到离他们最近的运营中心。

（2）便捷下单：只要客户准备购物，很快就能够找到他们喜欢的商品。

（3）仓储运营：大数据驱动的仓储订单运营能够以最快的速度完成订单处理，从订单处理、快速分拣、快速打包整个过程都是可视化的。

（4）精准送达：根据大数据的预测，提前备货；根据客户的需求，调整配送计划，按客户提出的时间要求实现精准送货。

（5）精准客服：根据客户浏览记录、订单信息、来电问题，定制化地向客户推送不同的自助服务工具，保证客户可以在任何时间找到可以帮助他的客服人员。

4.7.4　无人仓库

实践告诉我们：仓储配送是制约电商发展的瓶颈，因此近年来各国都将大数据与机器人技术用于仓储物流中，研究无人仓库技术。

传统电商物流中心和仓库的作业中是"人找货、人找货位"，具有作业调度功能的机器人可以做到"货找人、货位找人"。泊车机器人、仓储机器人、搬运机器人、分拣机器人等各种机器人在仓库中，既协同合作又可以独立运行。机器人之间能相互识别，并根据任务优先级来相互礼让。机器人接到指令后，会自行到存放相应商品的货架下，将货架顶起，随后将货架拉到拣货机器人。商品完成拣货、包装之后，机器人再将它运送到发货区存放。机器人既能相互协作执行同一个订单拣货任务，也能独自执行不同订单的拣货任务。货架的位置会根据订单动态调整，调动机器人时也是就近调配。整个入库、存储、包装、分拣的过程在机器人的参与下，有条不紊地进行，整个物流中心仓库实现了无人化（如图 4-44 所示）。

可以预见，未来的无人机用于生鲜货物配送，在物流中心流水线末端自动取货后，直

泊车机器人　　　分拣机器人　　　仓储机器人　　　搬运机器人

图 4-44　无人仓库的研究

接飞向客户。大街上可以看到如图 4-45 所示的各种配送机器人。

图 4-45　各种配送机器人

从以上的讨论中我们已经看到：互联网、大数据、智能技术已经覆盖了从商品生产、库存、销售到配送的全过程。

4.7.5 未来商店

"互联网＋"电子商务出现之后，人们一直设想着未来商店的各种模式。目前主要有三种模式：一种是以麦德龙公司在德国杜塞尔多夫建立的世界第一家未来商店"real"；另一种是亚马逊的智能超市（Amazon Go）；还有一种是出现在我国上海、北京、杭州等地"刷脸支付"的"无人超市"。图 4-46 描述了各种未来商店的运营情景。

图 4-46 各种未来商店

1. 麦德龙公司的未来商店——real

谈到未来商店（Future Store），人们自然会想到麦德龙公司 2014 年在德国杜塞尔多夫建立的世界第一家未来商店"real"。

电子货架标签货架上配有 RFID 标签，能够不断更新最新的价格信息，这种标签直接与结账系统联网。电子广告系统电子展示直接显示现有的优惠和促销信息,可以与库存系统集成推销现有产品,并且可以通过网络下载厂家的促销信息。智能的水果和蔬菜秤可以简化秤重流程,可以自动识别称重产品,同时打印出条形码标签。

当选择好某样商品后,手机可以对商品进行直接扫描,商品名称、规格、价格等信息就会立即显示。未来商店内的服务人员并不多,但可以碰到一个帮助你导购的机器人。你如果要找寻某种商品,只要在导购机器人自带的触摸屏上输入指令,导购机器人就会带领你前往。

超市结账可以有多种方式。超市内有传统的收银员用智能收款机为顾客结账,结账时顾客不需要将商品一件一件地拿给工作人员结算,RFID 读写器可以快速、自动地显示出智能购物车中商品的总价格。配备有便携式结账设备的店员可以在商店直接为顾客结账。顾客也可以通过自助设备来完成付款。这家用智能货架、智能镜子、智能试衣间、智能购物车、智能信息终端、网上支付等技术装备的未来商店总面积为 $8500m^2$,顾客在这家超市购物时会感到非常便捷与有趣的体验。

2. 亚马逊的智能超市—Amazon Go

2017 年 2 月 6 日,在美国出现一家超市,没有导购、没有收银员,顾客扫码进店,看中什么就拿什么,不用排队结账,出了门利用手机自动付款。它就是亚马逊"拿了就走"的"Amazon Go"智能超市。大家对亚马逊公司的印象好像只是一家电商,但是它又反身用物联网技术改造实体店了。进入超市时,只要扫描一下手机二维码就可进入超市购物。进门之后,就在超市系统的监控范围之内了,安装在墙上、货柜架上以及货架顶上等不同部位的摄像头和传感器就会实时记录你的行为轨迹。根据摄像头拍摄的图像可以分析你关注的商品;压力或红外传感器能够判断你拿走了哪种货物。你可以将购买的商品直接放到手提包里,这些购物的数据就经超市自动购物系统的通信模块传送到你的手机 App 中。当你完成购物走出超市闸口的特定区域时,闸口会自动打开,你可以直接走出商店,你好像是拿了商品就走,Amazon Go 系统已经通过网上支付,自动完成了付费功能。Amazon Go 采用了多种感知手段、图像处理与深度学习算法等智能技术,将"无人超市"从概念推向应用。瑞典、日本、韩国、美国等国出现了一批"无人超市"。

3. "刷脸支付"的"无人超市"

人脸识别技术的成熟催生了"刷脸支付"在"无人超市"中的应用。2017 年 6 月,上海出现了 24 小时营业的无人便利店"缤果盒子";7 月初杭州出现了阿里巴巴的无人超市"天猫淘咖啡"。目前已经有很多电商与零售商纷纷提出建立连锁"无人超市"的规划。

从商业角度看,近年来电商的发展速度很快,但是线下市场仍是主要市场。根据《2016 电商消费行为报告》提供的数据看,2016 年,我国电子商务交易市场规模稳居全球第一,交易额超过 20 万亿元,但是它也只占社会消费品零售总额的 10% 左右,绝大部分的消费仍然在线下。随着流量红利的消失,电商零售的经营成本逐年上升,网购人数日趋饱和,在这种情况下,寻求转型与升级成了电商的当务之急。电商与传统零售商的转型、升级必须在"发展网购平台的同时发展实体店",走"线上与线下相结合"的道路。而"无人超市"将 RFID 与多种感知手段、机器人应用,将图像处理、客户购物行为分析、大数据与深度学习,将人脸识别与网上支付结合起来,为实体店的转型升级探索出一条重要的模式。

进入"无人超市"购物,客户好像只需要三步:手机扫码进店、挑选商品、走人。但是,在整个过程的背后要用到很多种技术。首先,在客户进入商店时,手机扫码时系统就自动地关联上你的网上支付账户,并且与客户的脸部信息绑定在一起。在客户进入超市之后,超市的摄像头就一直跟踪客户的购物行为与行走的轨迹,分析客户在哪个货架停留,停留多长时间,拿过哪些货物。通过分析这些数据,一是了解客户关注哪些商品,二是了解货物摆放是不是合理。到客户准备离开超市时,出门之前客户准备购买货物的 RFID 信息已经被门口的 RFID 读写器读出,系统已经生成了客户购物应付款的数据。离店前会经过一道"支付门",RFID 读写器完成购物总价格的计算,通过"刷脸支付"几秒钟就完成了网上支付功能。"无人超市"为用户实现了一种"拿着就走、即走即付"的购物体验。

4.7.6　电商大数据的应用

1. 电商大数据的特点

电商大数据是指依托互联网、移动互联网实现网上购物、网上交易与网上支付,以及社交媒体、手机 App 与网络广告等线上与线下方式所产生的海量数据。

这些数据大致可以分为两类:一类是大交易数据,包括商品数据、营销数据、财务数据、顾客关系数据,以及市场竞争数据。另一类是大交互数据,包括由网上购物、网上交易、网上支付,以及智能手机与社交网络产生的数据。第一类数据主要涉及的是电商企业,第二类数据主要涉及电商客户。这两类数据能够全面地反映出社会的消费、生产、物流与金融状况,以及客户的消费水平与消费需求,对于企业运营与政府管理都有着重要的价值。

2. 电商大数据应用的作用

随着电商在我国的发展,电商大数据应用开始进入快速推进阶段。电商大数据应用贯穿了整个电商的业务流程,对于促进电商营销的精准化和实时化,产品与服务的个性化,以及新的增值服务快速地拓展市场具有重要的意义。电商大数据应用的作用主要体现在以下三个方面。

1) 提高为客户服务的水平

电商企业通过客户查询商品的数据记录,了解不同客户的个人信息、购物行为、购物需求与爱好,以及竞争对手等信息,通过对客户购物行为的分析建模,预测客户的购物模式与未来的购物需求,有针对性地推送广告,制定个性化的优惠策略;从客户访问网站的记录中分析客户没有购买某一种商品的原因,并从缺货、价格不合理、商品不合适、产品质量不好等可能的情况中找出原因,之后在到货、降价、引入新产品时,及时向客户推送商品广告;通过分析客户购买习惯,估算客户购买产品的周期与购物兴趣,降价时或到该补充商品时,及时地提醒客户购买。通过对客户的大数据分析,以提高为客户服务的水平,增加客户的忠诚度,减少客户的流失,吸引更多的新客户。

2) 实现对市场的精准定位

零售业大数据包括商家信息、行业信息、产品信息、客户信息、商品浏览数据、商品交易数据、商品价格数据等,这些信息可以由购物平台获取,也需要由实体店获取。通过对商品销售数据的分析,零售商可以准确地把握市场信息、商品销售的预期;可以针对市场信息引入新商品,淘汰滞销商品,掌控最佳进货时间、进货量与库存量,以及不同地区商品的配置与调度。

零售店管理者可以通过分析车流量、消费群体分布、门店热点等因素,在客流、商业圈与盈利概率的大数据分析的基础上决定店面选址。

零售业大数据应用可以实现对市场的精准定位,对精准策划与精准营销,优化制造商、供应商、采购、运输、库存、调度与销售的全过程,以提高企业效率与市场竞争力。

3)快速拓展增值服务

电商企业的关注重点是消费者的个性化需求。企业利用大数据分析工具,了解不同消费者的个性化需求,引导消费者参与产品与服务的创新,及时、有针对性地创新差异化的产品与服务,快速拓展增值服务。

4.8 "互联网+"普惠金融

4.8.1 互联网金融的基本概念

1. 互联网金融的特点

互联网与金融的深度融合已经是大势所趋。互联网金融成为世界各国与社会各界关注的焦点问题。我国政府希望通过推进"互联网+"普惠金融战略,鼓励互联网与银行、证券、保险、基金的融合创新,为广大群众提供丰富、安全、便捷的金融产品与服务,更好地满足不同层次实体经济的投资需求,培育具有行业影响力的互联网金融创新型企业。

互联网金融是以互联网为运行环境,以云计算、大数据、智能技术为基础的新金融模式。互联网给金融行业带来的变化主要表现在以下几个方面:

第一,互联网金融依托互联网、云计算平台开展金融活动,使用搜索引擎搜集互联网中的用户金融数据,降低信息不对称带来的影响。

第二,通过大数据分析寻找金融运行规律,逐步形成基于互联网大数据的金融信用体系与数据驱动金融服务的模式,寻找用户需求与盈利点,根据需求设计金融产品,及时向用户提供真正需要的金融产品和服务。

第三,基于大数据开发的风险控制模型,可以帮助用户、证券公司与众筹公司分析项目风险,在提高金融融通、投资、支付等金融服务的效率的提示,提升了金融行业风险管理水平。

第四,在包容互联网金融创新的发展的同时,必须高度注意风险防范,其中包括法律风险、信用风险和运作风险。

第五,巨量的资金便捷、高速地在市场之间流动,推动了全球各地的金融市场无时差、无边界的一体化发展,在推动传统金融业变革的同时,也扩大了互联网的功能与用途,给互联网与网络安全技术的发展提出了新的课题。

互联网与现代信息技术的发展深刻地改变了人们的经济与社会生活,金融业是零售业、传媒业之后,受到互联网影响最大、意义最深远的行业,基于互联网的金融服务新模式将不断涌现,从根本上改变传统金融业的服务理念与运行方式。

2. 互联网金融发展的三个阶段

互联网金融的发展大致经历了三个阶段(如图 4-47 所示)。

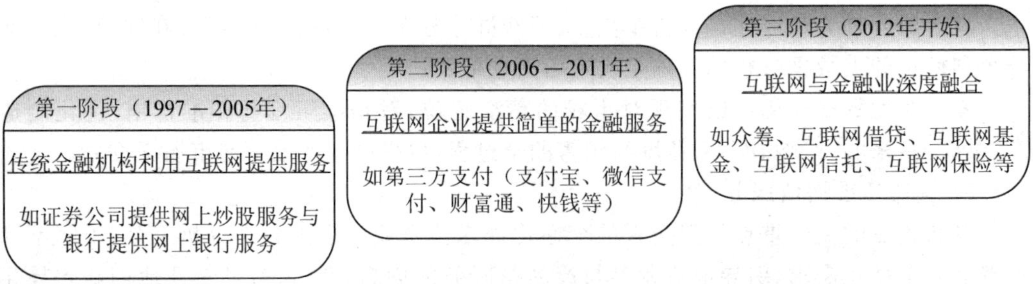

图 4-47　互联网金融发展的三个阶段

第一个阶段(1997—2005 年):传统金融机构利用互联网提供服务。如证券公司提供网上炒股服务与银行提供网上银行服务等。

第二个阶段(2006—2011 年):互联网企业提供简单的金融服务。第三方支付,如支付宝、微信支付、财富通、快钱等。

第三个阶段(2012 年开始):互联网与金融业深度融合。如众筹、互联网借贷、互联网基金、互联网信托、互联网保险等。

2012 年以来,互联网与金融业的深度融合对金融业与广大群众的生活都带来了重大的影响,网上购物、网上支付、网上融资、网上借贷等新的金融市场运行模式的出现,对维护金融秩序、防范风险与金融监管也带来很多新的问题。

2015 年 7 月,被认为是互联网金融"基本法"的《关于促进互联网金融健康发展的指导意见》(以下简称为《指导意见》)出台,之后各个监管部门纷纷公布了一系列的管理方法,明确了"鼓励创新、支持稳步发展;分类指导,明确监管责任;健全制度,规范市场秩序"的指导思想,以促进互联网金融的理性、规范与健康地发展。

2015 年 10 月,互联网金融正式纳入到《中共中央关于制定国民经济和社会发展第十三个五年计划的建议》,在"坚持创新发展"部分明确提出"规范发展互联网金融"。

4.8.2　互联网金融内涵与商业模式

1. 互联网金融定义与内涵

《指导意见》第一次对互联网金融做出了定义。《指导意见》指出:互联网金融是传统金融机构与互联网企业利用互联网与信息技术实现资金融通、支付、投资和信息中介服务的新型金融业务模式。从这个定义种可以看出以下几层含义。

第一,从市场主体的角度,传统金融机构与互联网企业都是互联网金融的从业机构,这样就回答了多年来关于"互联网金融"与"金融互联网"之争。

第二,互联网金融依托的是互联网技术与信息技术,是通过互联网、云计算、大数据与智能技术等先进的信息技术与金融业务、运作模式的融合,来推动金融业的创新发展,因此互联网金融的本质还是金融业。

2．互联网金融的功能

《指导意见》明确指出：互联网金融对促进小微企业发展和扩大就业发挥了传统金融业无法替代的积极作用，为大众创业、万众创新创造了有利条件。促进互联网金融的健康发展，有利于提升金融服务质量和效率，深化金融改革，促进金融创新发展，扩大金融业的对内对外开放，构建多层次的金融体系。互联网金融对传统金融业体系的影响是全局性和系统性的。

由于互联网打破了金融行业服务的高门槛，大大拓展了金融服务的深度和广度，以更加灵活、便捷的方式为广大用户服务，因此人们将"互联网金融"称为"普惠金融"与"草根金融"。

3．互联网金融的商业模式

《指导意见》将互联网金融放在"互联网＋"的大背景之下，来认识互联网金融的主要商业模式与形态，明确互联网金融的主要商业模式包括：互联网支付、众筹、互联网借贷、互联网基金、互联网信托、互联网保险（如图 4-48 所示）。

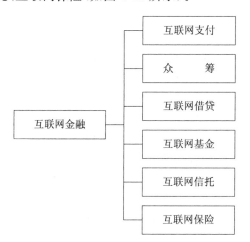

图 4-48 互联网金融商业模式的分类

1）互联网支付

互联网支付是指通过计算机、手机登录设备，通过互联网发送支付指令、转移货币资金的服务。互联网支付应始终坚持服务电子商务的发展，为社会提供小额、快捷、便民的小微支付服务的宗旨。互联网支付业务要受人民银行的监管。

2）众筹

《指导意见》中将众筹定义为"股权众筹融资"。股权众筹融资界定为通过互联网进行小额股权融资的活动，具有"小额、公开、涉众"的性质。众筹的融资方应该是小微企业，投资者应进行小额投资。股权众筹融资业务要受证监会的监管。

3）互联网借贷

互联网借贷应理解为"个体网络借贷与网络小额贷款"。个体网络借贷（Peer-to-Peer，P2P）贷款，又称为"人人贷"或"在线借贷"。P2P 贷款是个体对个体之间通过互联网实现的小额金融融通。投资者从互联网获取信息，并通过互联网使用信用贷款的方式直接将资金贷给借款者。P2P贷款属于民间借贷范畴。互联网借贷业务要受证监会的监管。

4) 互联网基金

互联网基金的从业机构在开展互联网基金销售时要切实履行风险披露义务，不得通过违章承诺收益的方法来吸引客户。第三方支付机构在开展互联网基金销售支付服务时，客户的备用金只能用于办理客户委托的支付业务，不得用于垫付基金和其他理财产品的资金赎回。互联网基金业务要受证监会的监管。

5) 互联网信托

互联网信托为有资金需求的中小微企业和有投资理财需求的个人搭建了一个安全、稳健、透明、高效的线上出借撮合平台。互联网信托公司在发布的借款项目之前，需要基于金融行业风险控制体系的要求，对资产抵押、信用评级进行严谨的审核，以保证出资人的资金安全。资金出借人可根据个人理财收益目标差异可选择不同周期资金出借方式，并获得相应稳定的理财收益。互联网信托包括金融行业投融资P2B(Person to Business)模式与线下线上电子商务模式结合O2O(Offline to Online)模式。互联网信托业务要受银监会的监管。

6) 互联网保险

互联网保险是指保险公司或新型的第三方保险企业以互联网开展保险销售的经济行为。与传统的保险代理人营销模式相比，互联网保险让客户可以在线比较多家保险公司的产品，保费透明，保障权益清晰，客户能更便捷、自主选择产品。同时也降低了保险公司销售成本。互联网保险业务要受保监会的监管。

从以上讨论中我们可以看到互联网金融给用户带来的好处主要表现在以下几点。

第一，网上支付。过去消费者买商品只能到商店挑选和现金支付。现在网上购物、网上支付非常普遍，极大地方便了广大消费者的生活。网上支付几乎覆盖了人们生活的方方面面。

第二，众筹。随着众筹平台规模的不断扩大，未来有望成为新股票的发行渠道。

第三，P2P网贷。过去公司需要资金只能到银行贷款或者发行股票。现在P2P网贷已经成为很多公司筹集资金的重要渠道。

第四，理财产品。过去广大用户只能将钱存到银行。现在用户有多余的钱可以直接去买理财产品。银行也不是开发这些理财产品的唯一渠道。手机炒股、买理财产品非常方便。

第五，理财产品销售。现在债券、基金、保险等理财产品在网上销售的规模越来越大，广大用户选择理财产品时可以货比三家，有很大的自由度。每个人都可以利用碎片的时间与闲散的资金，在不受时间与地点限制的情况下，选择自己适合的理财产品。

为了规范互联网保险业务，2015年7月中国保监会公布了《互联网保险业务监管暂行办法》。该文件分为总则、经营条件与经营区域、信息披露、经营规则、监督管理等内容。

4.8.3　互联网支付

1. 网上支付的应用

作为电子商务关键环节的网上支付，不仅降低了银行的经营成本，而且大大方便了广大客户的购物过程。在网上购物快速发展的过程中也越来越显示出网上支付的重要性。现在基于手机的移动支付已经覆盖了从网上购物到缴话费、水费、电费、燃气费、有线电视费,食堂、餐馆、商场、超市、电影院消费,公交、铁路、航空购票,甚至到菜市场买菜,凡是需要现场小额消费的场景,都可以轻松地通过手机移动支付,实现"一机在手,走遍神州"。

网上购物与移动支付的过程如图 4-49 所示。

第一步,买家通过手机购买商品。

第二步,买家通过微信或支付宝平台完成网上付费。

第三步,微信或支付宝支付平台通知卖家"买家已付款"。

第四步,卖家接到买家付款信息之后,立即发货。

第五步,买家收到商品之后向微信或支付宝支付平台发出"收到商品"的确认信息。

第六步,微信或支付宝支付平台在接到客户确认信息之后将货款转到卖家账户。

这样,一次愉悦的网上购物过程就完成了。我们不能不承认:网上购物与网上支付已经深刻地改变了我们的生活方式和消费方式。

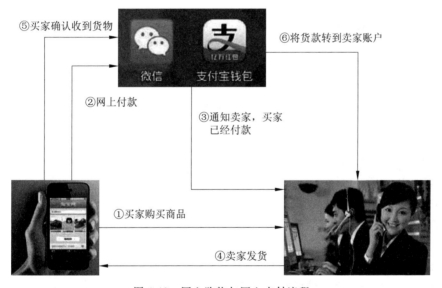

图 4-49   网上购物与网上支付流程

2. 网络支付体系

我们必须认识到,之所以我们能够每天享受着如此便捷和安全的网上购物与网上支付,有一个庞大的网络支付体系在背后支撑着网上支付业务。网络支付体系如图 4-50 所示。

网络支付体系是由互联网、金融专用网络、客户、商家、银行以及第三方认证机构组成。

1) 客户

客户是用自己的支付工具,如信用卡、借记卡、电子支票、电子现金去支付购买的商家产品或服务的一方。

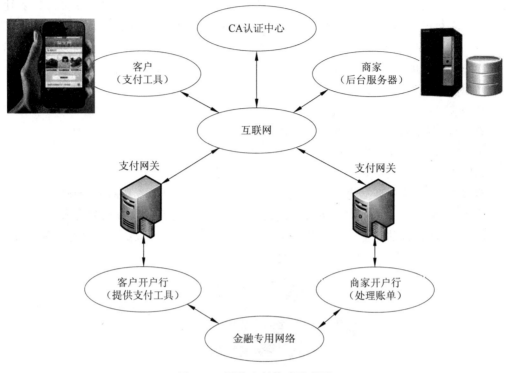

图 4-50　网络支付体系示意图

2）商家

商家通过后台服务器接受客户购物和支付指令,完成客户身份确认、处理账单。

3）客户开户行

客户开户行是指客户开设账户时所在的银行。客户拥有的网上支付工具（如银行卡）是由开户行提供的。开户行能够给客户提供网上支付的银行信用,保证支付工具的真实性与支付可兑现。

4）商家开户行

商家开户行是指商家开设的账户所在的银行,是网上支付总资金流向的目的地。商家在收到客户支付指令之后,提交给开户行。由开户行执行支付授权请求,完成商家开户行与客户开户行之间的资金清算。

5）金融专用网络

为了加强金融监管、降低金融风险,确保银行支付业务的安全,银行内部与银行之间的业务数据必须通过金融专用网络传送。金融网络与互联网必须实现物理隔绝;任何外部人员不能用任何手段直接访问金融专用网络。我国金融专用网络主要有中国国家现代化支付系统(CNAPS)、人民银行电子联行系统、商业银行电子汇兑系统、银行卡授权系统等。

6）支付网关

由于银行必须为广大互联网客户服务,因此在金融专用网络与互联网之间需要设置支付网关,作为连接金融专用网络与互联网的网络设备。支付网关将互联网传送来的客户数据转化成金融机构内部的数据,同时将银行对客户业务处理结果数据传送到互联网。

支付网关起到既能够实现银行与客户之间的信息交互,又能够保证银行内部网络安全的作用。

7) CA 认证中心

CA(Certificate Authority)认证中心是具有权威性和公正性的第三方信任机构,例如中国人民银行联合 12 家银行建立的金融 CFCA 安全认证中心。CA 认证中心负责向参与互联网商务活动的银行、支付网关、商家与客户发放和维护数字证书,以确认各方的真实身份,保证网上支付的安全性。

2018 年 5 月 20 日,腾讯携手零售巨头家乐福打造的首家智慧门店"Le Marche"在上海天山西路正式开业,再一次将基于人脸识别技术的"刷脸支付"应用推向了新的发展阶段。基于端+云的人脸识别系统,在支付环节中客户只需面向摄像头,实现秒速支付。"刷脸识别"在考勤、安防、旅游、公交、铁路、广告等各行业应用的实践表明,人脸识别技术日趋成熟,"刷脸支付"将进入实用阶段。

4.8.4　众筹与创新创业

1. 众筹的概念

众筹(crowdfunding)最初是处于艰难创业时期的艺术家,为创作筹措资金的一种手段,现在已经演变成初创企业和创业者融资的一种渠道。

众筹网站使任何有创意的人都能够向几乎完全陌生的人筹集资金,消除了从传统投资者和机构融资的许多障碍。最早的众筹网站是美国的 kickstarter 网站,该网站通过搭建网络平台面对公众筹资,让有创造力的人可能获得他们所需要的资金,以便使他们的梦想有可能实现。这种模式的兴起打破了传统的融资模式,每一位普通人都可以通过该种众筹模式,获得从事创作或创业的第一笔资金。众筹融资模式如图 4-51 所示。

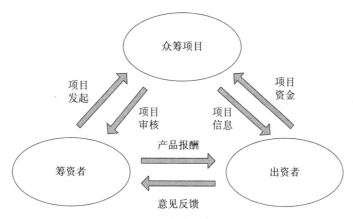

图 4-51　众筹融资模式

众筹是由三个参加方组成。筹资者可以是个人、企业或其他的主体,可以为企业、产品、项目、服务或公益事业,通过众筹平台向公众筹集资金。筹资人需要通过介绍自己的产品、创意和需求,设定筹资期限、筹资模式、筹资金额与预期回报率。出资者是对筹资者的创意、产品或服务感兴趣,并且有能力去支持的人。众筹融资模式可以分为股权众筹、产品众筹、混合众筹与公益众筹。

筹资人可以通过众筹方式，获得项目启动的第一笔资金，为创业者提供了无限的可能。这对于刚刚走出大学校园，带着项目开始自主创业的学生来说，是一个走向成功的重要途径。

2．众筹的规则

众筹规则是：

（1）每个项目必须设定筹资目标和筹资天数。

（2）在设定天数内，达到或者超过目标金额，项目即成功，发起人可获得资金。

（3）如果项目筹资失败，那么已获资金全部退还支持者。

（4）众筹不是捐款，一旦融资成功，发起人都会以企业股份、产品或服务作为融资的成本，回报给支持者。

3．众筹的特点

众筹的特点表现在以下几个方面。

（1）低门槛。发起人与主持人的身份、地位、职业、年龄、性别不受限制，只要有想法、有创造力的人与项目都可以发起众筹。

（2）多样性。众筹的融资方向是多样的。项目类别包括：小微企业、软件、工业设计、音乐、影视、食品、漫画、出版、游戏、摄影等。

（3）依靠大众力量。体现出"众人拾柴火焰高"的理念。支持者可以是普通的草根民众，也可能是企业、风险投资公司或风险投资人，甚至是电子商务公司、传统金融企业、科研机构、媒体等，行业规模和格局变化很大。

（4）重视创意。相对于传统的融资方式，众筹融资更为开放，能否获得资金也不再是由项目的商业价值作为唯一标准。发起人需要先将自己的创意，例如设计图、成品、策划，或达到可展示的程度的软硬件产品，通过平台的审核后发布，而不可能只是一个简单的概念或一个点子。

（5）行业化。我国众筹平台发展很快，目前已经进入专业化、按产业与项目分类的市场分工阶段，如关注电子游戏的众筹平台，以及关注唱片、艺术、房地产、餐饮、时尚、新闻业的众筹平台。

为了规范众筹业务的发展，2014年12月中国证券协会公布了《股权众筹融资管理办法（试行）》（征求意见稿），就股权众筹监管的一系列问题进行了初步的界定，内容包括股权众筹非公开发行的性质、股权众筹平台的定位、投资者的界定和保护、融资者的义务等。

4.8.5 场景金融与金融创新

1．场景金融的基本概念

传统消费模式中客户只能到商场去买商品，也只有商店开门营业时才能买到商品；客户要存款、取现金，也只能到银行营业点去办理，可以说客户就只有单一的一种消费场景。互联网时代客户消费的场景有了更多的选择，现在客户可以到实体店消费，可以顺路经过一个无人超市购物，也可以去网上购物；可以用银行卡支付，可以用手机支付，也可以刷脸支付;可以在白天进行网购,也可以在晚上下班后回家之后才上网购物;可以要求本地的餐馆网点在一个小时之内送餐上门,也可以在高铁上订购沿线的特色小吃送到车上;可能是自己在网上通过看网评来确定买什么样的商品,也可能是通过朋友推荐来购买商品;可能老年人的群体需要个人定制的旅游服务,而年轻人、上班族群体热衷于"说走就走"的旅行服务;有的客户在网上订餐时,同时参加电影票团购和买时尚用品。互联网时代使人们的生活节奏更快,上网行为更碎片化,商品与服务的销售更重视用户体验。

互联网时代人们的消费也出现了明显的变化,这种变化主要表现在:

- 人们可以在任何时间、地点以任何一种购物方式去购买商品与服务,产生了各种各样的消费场景。
- 相对于商品的定价和付费,客户可能更关注与谁一起,在什么样的场景中获得满足。
- 消费场景不只是在客户消费的一瞬间产生的,而是一类客户在共同的消费需求满足的过程中,逐渐形成的一种消费行为方式。
- 消费行为方式出现了个性化、多样化、社交化与跨界的趋势,呈现出多样化的消费行为与消费场景。
- 未来的商业生态必然是围绕着场景来展开的。

人们将互联网带来的新的生活方式称之为"场景时代"。面对着"场景时代"的互联网金融必须将各种金融业务与场景融合起来,实现信息流的场景化、动态化,让产品定位的客户群体更加准确,使金融风险变得更加精确和可控,使资金流动的过程处于可视化的状态。学术界将这种适应互联网时代要求的互联网金融称为"场景金融"。

2.场景金融的实现方法

图4-52给出了场景金融实现方法与思路的示意图。

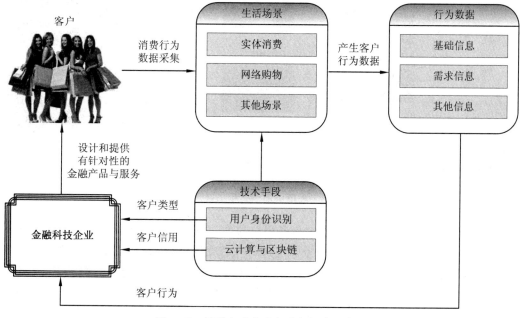

图4-52 场景金融实现方法与思路示意图

场景金融实现大致可以分为四步:

第一步,通过互联网采集消费者消费行为数据,包括实体消费、网络购物与其他场景的消费数据。

第二步,用大数据分析方法,分析客户的消费行为数据,形成基础信息、需求信息与其他相关信息。

第三步,采用智能用户身份识别工具,分析用户类型信息;运用云计算与区块链技术,了解客户信用信息。

第四步,金融科技企业根据客户类型、客户信用与客户行为,有针对性地设计和提供金融产品与服务。

如何寻找场景将是金融科技企业金融服务的中心环节,给客户提供更多场景就是提供服务,用场景找到客户,将消费场景转化为金融需求,这种嵌入金融服务的场景消费过程,会促进消费升级,比起传统用简单的广告与贷款方式会更有效率。

3. 场景金融的发展

场景金融按照主体特征的不同可以分为互联网巨头模式、传统金融机构模式、创新型公司模式。

互联网巨头模式如阿里巴巴集团,由于他们因电商场景涉足金融业务,优势明显。图4-53给出了阿里电商场景生态链。从这样强大的电商场景出发,衍生和创新出支付宝、阿里小贷、蚂蚁金服、余额宝、蚂蚁聚宝等场景金融。

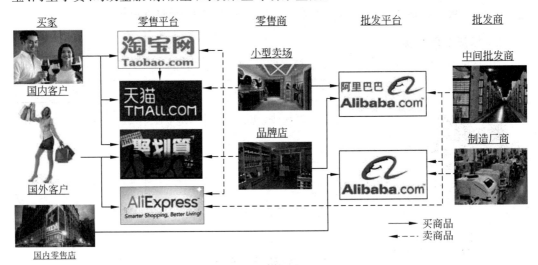

图4-53 阿里电商场景生态链示意图

支付宝是阿里从电商服务向金融服务迈出的第一步。在覆盖绝大部分线上消费场景之外,逐步发展成融合支付、生活服务、政务服务、社交、理财、保险、公益等多种场景和行业。阿里小贷向阿里电商体系中小微企业与个体卖家提供贷款,企业不需要抵押,只需要信用。蚂蚁金服已经成为综合性互联网金融公司,涉及保险、小贷、基金销售、金融IT、第三方支付等领域,提供芝麻信用、蚂蚁聚宝、蚂蚁小贷、蚂蚁金融云等九大品牌服务。

传统金融机构模式案,如平安保险的"1333"场景金融战略,其中"1"是依托1个钱包

（壹钱包），实现"3"大功能（管理财富、管理健康、管理生活），覆盖"3"层用户（平安员工、平安客户、社会大众），经历"3"个阶段（基础整合、金融整合、服务整合）。平安集团在"衣食住行玩"场景中落地的项目，包括有关"食"和"玩"的万里通，包括有关"住"的平安好房，包括有关"车"的平安好车，包括有关"医"和平安好医生等。

目前场景金融正在向地产金融、汽车金融、健康金融、农业金融、供应链金融方向发展。各大企业纷纷布局场景金融。例如，2018年海尔消费金融与深圳市活力天汇科技股份有限公司达成合作，利用活力天汇旗下的"航班管家"与"高铁管家"两款App，拥有亿级出行客户和千万级高端商旅客户，利用海尔开放的平台资源及消费金融的产业背景，基于出行场景以及出行大数据，提供包括机票、火车票购买，专车接送，航班、高铁动态信息查询，酒店预订等在内的一站式出行服务，通过将金融产品嵌入到消费场景之中，为客户提供智慧出行金融解决方案。

4.8.6　区块链与金融创新

1. 区块链的基本概念

人类的文明起源于交易，交易的维护和提升需要有一个信任的关系。一个交易社会需要有稳定的信用体系，这个体系需要有三个要素：交易工具、交易记录与交易权威。在传统的交易中，交易工具是现金与支票；交易记录是账本；交易权威是政府与中央银行。互联网金融打破了我们传统的交易体系。货币与支付方式出现了多样化；集中的电子账本受到黑客攻击与客户信息被泄露的现象屡屡出现；通货膨胀使得银行的权威性受到质疑。我们依赖了几百年的信任体系正在受到严峻的挑战，互联网金融的发展向世界各国提出了交易体系与信任体系再造的难题。2015年一家P2P公司"e租宝"诈骗事件的发生，使人们对社会信任体系与互联网金融创新的风险十分担忧。学术界提出了多种解决方案与思路，其中区块链技术引起了广泛的关注。区块链（Blockchain）的基本概念如图4-54所示。

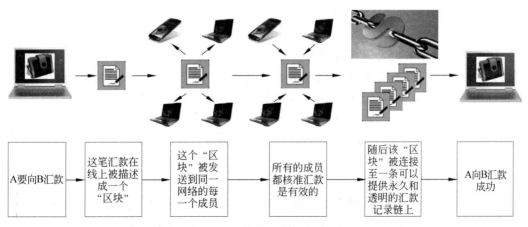

图 4-54　区块链基本概念示意图

区块链的基本概念可以描述为：如果客户A要给客户B汇款，那么他的这笔汇款信息在网上就被描述成一个叫作"区块"的数据块；这个"区块"被发送到同一个网络中的每一个成员；所有的成员都核准这笔货款是有效的；随后这个“区块”就被理解到一条可以永久和透明的汇款记录链上；这样的体系保证了 A 向 B 汇款是成功的。

区块链作为比特币的底层技术，是由梅兰妮·斯万于 2009 年提出。尽管比特币是争议很大的一种虚拟货币，但是区块链的概念还是很有用的。

“区块（Block）”可以理解成比特币中的记录交易信息的账本。每个“区块”包含三个要素：本区块的 ID、若干个交易信息、前一个区块的 ID，这些数据都是被加密过的。区块链的数据结构如图 4-55 所示。

图 4-55　区块链的数据结构示意图

比特币系统每隔 10 分钟创建一个区块，这个区块记录着这段时间内发生的交易信息。网络中每一个客户进行一次比特币交易时，交易信息就被广播到网上，并且被记录到一个区块中。由于每个区块中包含有前一个区块 ID（如图中所示的一条记录 Prevhash），可以通过解密算法对 Prevhash 数据的计算找出前一个区块的 ID，这样追溯下去就可以找到起始的区块，从而形成相互印证的、完整交易信息的区块链。

2. 区块链的特点

区块链的特点可以归纳为以下几个方面。

1）去中心化（Decentralized）

整个网络中没有中心化的管理节点与机构，所有节点之间的地位、权利与义务都是均等的；某一个节点的损坏与丢失都不会影响整个系统的运行。

2）去信任（Trustless）

参与整个系统节点之间进行数据交互不需要第三方确认他们之间的信任关系，整个系统运行过程是公开透明的，所有的数据内容都是公开的。在系统规定的时间范围与规则范围内，节点之间是不可能也无法欺骗对方。

3）集体维护（Collectively Maintain）

开源的程序，保证账本与商业规则可以被使用参与者审查。系统中的数据块是由系统中所有具有维护功能的节点共同维护的；任何人都可以成为具有维护功能的节点。

4）可靠数据块（Reliable Database）

整个系统通过分布式数据库的形式，让每一个参与的节点都能获得一份完整的数据库复制品。单个节点的数据库的修改是无效的，同时也无法影响其他节点的数据内容。

理解区块链的概念需要注意以下几个问题。

第一，区块链实际上是一个分布式网络数据库系统。每一笔交易的发生都能得到所有节点计算机的认证和记录，可以提供给第三方查验，交易的历史记录按照时间顺序排列,不断累积在区块链体系中。这种在计算机之间建立"信任网络",使得双方的交易不需要第三方信任中介,降低了交易成本。

第二,区块链形成了一个去中心化的对等网络,采取的是非对称密码体系(即公钥密码体系)对数据进行加密,每增加一个区块需要用一种算法取得全网51%以上节点的认可,才能加入到区块链,因此任何人想篡改账本的数据的人都需要更改网络所有节点上的记录,这是篡改者与伪造者无法做到的,黑客也就失去了单一的攻击目标;并且参加到区块链的网络节点数越多,节点计算能力越强,系统的安全性就越好。

第三,这种通过分布式集体运作方式实现的不可篡改、可信任的,用计算机程序在全网记录所有交易信息的"公开账本",任何人都可以加入和使用。如果我们将专利、土地证书、音乐版权、遗嘱和投票理解为交易信息的话,就会发现区块链的价值远远超出我们的预料。区块链可以用来再造各行各业的信任体系。

3. 区块链的应用

有的学者预言:互联网改变了世界,区块链将改变互联网。自2015年以来,区块链成为金融行业、投资界、上市公司、互联网巨头与科技企业关注的热点。区块链有着广泛的应用前景,可以作为跨国结算与清算结算、资产确认、专利与身份认证,以及构建未来数字货币的一种方法,使得金融行业更加安全、高效与便捷。业界人士认为,只要掌握了区块链,就掌握了打开未来30年财富之门的钥匙。

区块链的发展可以分为3个阶段。区块链1.0出现在2008—2009年,是以比特币为代表的加密数字货币。区块链2.0出现在2012年的智慧资产与智慧契约,以"去中心化"的股票、债券,金融领域交易的应用。未来的区块链3.0的特点是针对政府、医疗、科学、文化、艺术,更加复杂的智慧契约应用。目前,区块链的应用主要集中在以下几个方面。

1)银行业

互联网金融对传统的银行业产生了巨大的冲击,商业银行认识到"金融技术(Fintech)"的力量。当大量互联网金融产品进入市场时,人们会发现:互联网金融的创新价值与信用关系还是维系在传统的由政府、银行、第三方CA认证的信任体系中,因此区块链将成为解决互联网金融信任体系重构的主要手段。各国银行业认识到这个问题,都积极参与到用区块链改造传统银行业的研究与试验之中。

2015年9月29日,全球13家顶级用户(如汇丰银行、德意志银行、花旗银行、摩根士丹利等)共同加入组建了"R3 CEV"公司,致力于建立银行业区块链组织。到2015年12月共有42家银行宣布加入。

银行业基于区块链的应用主要表现在以下几个方面:

- 点对点交易。如基于P2P的跨境支付与汇款、贸易结算,以及证券、期货、金融衍生物合约交易等。
- 身份交易记录。存储客户身份资料与交易信息,达到反洗钱的目的。
- 确权。对土地证、股权等财产的真实性进行验证和转移。
- 智能合约。由系统自动检测合约是否具备生效的条件,一旦满足预先设定的程序,合约自动执行,分红或自动付息。

2）公证行业

传统的公证证书很容易被伪造，而区块链的不可篡改与可追溯性可以保证公证证书的安全性。有的公司开发一种软件系统，能够提供准确、可核查与不可更改的审计公证流程与方法，已经用于财务审计、医疗信息记录、供应链管理、财产契据等领域。有的公司将区块链技术用于钻石认证，提供钻石资质证书与交易记录服务。

3）证券行业

传统的证券交易涉及证券登记结算机构、银行、证券公司、交易所4方，每一笔交易都要有中介机构参与。世界各大证券市场都在研究如何利用区块链技术，改革证券交易的清算与结算方法，以提高证券交易的安全性与效率，降低成本。

4）保险行业

传统的管理方法中，篡改或伪造投保单进行欺诈、骗保时有发生。保险行业涉及投保人、受益人、投保金额、受益条件、受益金额等。采用区块链技术之后，可以非常准确地实现身份验证、授权与数据管理，可以减少保险行业的风险。

5）物联网

接入物联网中的"物"，小到一把智能钥匙、家电控制器，大到一个智能工厂的装配机器人、一辆无人驾驶汽车。当这些智能物体互联成网之后，存在着很多安全隐患与隐私保护问题。物联网中节点之间的信息交互同样存在着信任体系的问题。物联网安全的研究越来越重视用区块链技术，去构建物联网信任体系。

随着应用的深入，学术界逐渐认识到区块链面临的安全问题主要有：底层代码的安全性、密码算法的安全性、共识机制的安全性、智能合约的安全性，以及量子技术发展带来的安全挑战和应对。这些将是区块链安全技术研究的重点。

4．我国区块链应用的发展

我国《"十三五"国家信息化规划》中把区块链作为一项重点前沿技术，明确提出需加强区块链等新技术的创新、试验和应用，以实现抢占新一代信息技术主导权。

根据工业与信息化部2018年5月出版的《2018中国区块链产业白皮书》一书所提供的数据与信息，我国区块链技术应用与产业发展呈现出以下的几个特点。

第一，产业链初步形成。

截至2018年3月底，我国以区块链业务为主营业务的区块链公司数量已经达到了456家，产业初步形成规模。我国区块链产业链已经形成，从上游的硬件制造、平台服务、安全服务，到下游的产业技术应用服务，到保障产业发展的行业投融资、媒体、人才服务，各领域的公司已经基本完备，协同有序，共同推动产业不断前行。

区块链领域的行业应用类公司数量最多，其中为金融行业应用服务的公司数量达到86家，为实体经济应用服务公司数量达到109家。此外，区块链解决方案、底层平台、区块链媒体及社区领域的相关公司数量均在40家以上。区块链技术不仅受到了创业企业的青睐，也受到了互联网巨头企业的广泛关注，互联网巨头企业纷纷拓展区块链业务，快速推动我国区块链产业发展。

第二，应用领域有序扩展。

目前，腾讯、阿里、百度、京东等互联网行业巨头纷纷加入区块链技术的研究与场景应用中。腾讯打造领先的企业级区块链基础服务平台,区块链应用已经落地供应链金融、医疗、数字资产、物流信息、法务存证、公益寻人等多个场景。阿里巴巴区块链技术已落地公益、正品追溯、租赁房源溯源、互助保险等领域。百度金融落地了国内首单区块链技术支持证券化项目和区块链技术支持交易所项目。京东运用区块链技术搭建"京东区块链防伪追溯平台",从解决商品精准追溯到商品存在性证明,铸建完整、流畅的信息流,并且也采用区块链技术来解决参与各方的信任问题。

金融系统业务的区块链已在支付清算、信贷融资、金融交易、证券、保险、租赁等领域落地应用。例如,民生银行与中信银行合作推出首个国内信用证区块链应用;中国平安的资产交易、征信两大应用场景都已上线;招商银行落地了国内首个区块链跨境支付应用;微众银行通过基于区块链的机构间对账平台,把对账时间从 T+1 日缩短至 T+0,实现了日准实时对账。

区块链技术开始与实体经济产业深度融合,形成一批"产业区块链"项目。例如,北京溯安链科技有限公司的溯源服务,已经在广西小红薯、阳原杂粮、黑龙江富硒大米生产流通供应链的区块链溯源中。安妮股份基于区块链的版权存证服务,已为百万作品提供了确权服务,逐步实现"创作即确权、使用即授权、发现即维权"。沃尔玛基于区块链的创新食品供应链协作模式使农场到门店的追溯过程从 26 小时减少至 10 秒,并且调阅文件仅需半分钟。

利用区块链技术,结合物联网和工业互联网技术应用,以及在基于新型供应链金融模式的推动下,大量交易信息已经开始由线下转向链上,企业的管理系统和机器设备的联网率开始提升,数字资产成为企业资产的重要组成部分,实体产业的商业模式也将实现深度变革。

区块链将发挥"提高产业链协同效率"的作用,提升产业协同水平,有助于推动中国制造迈向中高端。但是目前在很多产业,产业链协同效率仍然不高,在国际贸易领域这个问题尤为突出。例如在国际贸易中,商品的原产地、检验检疫、通关等系列证明文件,各国标准不一,有关部门和外贸企业核验这些证书证明真实性、准确性的成本和难度都比较高,直接导致国际贸易商品流通速度慢,跨国协同难度高。在国际上难以通过设立统一的认证机构解决这些问题。基于区块链技术,打通各国商品流通信息,可以实现对国际贸易商品流通全过程的溯源,基于互信的快速通关,可以大大简化相关手续,提升效率。这是区块链应用继续解决的问题。

第三,风险防范不断完善。

区块链技术的应用面临着政策与技术两方面的风险。从防范金融风险,加强金融安全监管的角度,2017 年 9 月 4 日由中国人民银行、中央网信办、工业和信息化部、工商总局、银监会、证监会、保监会联合发布《关于防范代币发行融资风险的公告》,明确规定:任何所谓的代币融资交易平台不得从事法定货币与代币、"虚拟货币"相互之间的兑换业务,不得买卖或作为中央对手方买卖代币或"虚拟货币",不得为代币或"虚拟货币"提供定价、信息中介等服务。各金融机构和非银行支付机构不得直接或间接为代币发行融资和"虚拟货币"提供账户开立、登记、交易、清算、结算等产品或服务,不得承保与代币和"虚拟货币"相关的保险业务或将代币和"虚拟货币"纳入保险责任范围。

区块链起源于虚拟货币,但是区块链又区别于虚拟货币。区块链技术应用带来的作用越明显,它同时带来的风险可就越大,因此加强对区块链技术应用的监管,完善政策法规是摆在我国政府面前的一个重要问题。

习　题

4-1　单选题

4-1-1　以下关于"互联网＋"协同制造的"智能化时代"特征的描述中,错误的是(　　)。

　A) 20 世纪 70 年代开始

　B) 制造大国的发展动力不再是单纯依赖于土地、人力等资源要素

　C) 更多地依靠互联网、物联网、云计算、大数据、智能硬件、3D 打印、新材料

　D) 开展创新驱动

4-1-2　以下关于工业 4.0 创新驱动特点的描述中,错误的是(　　)。

　A) 制造模式创新　　　　　　　　B) 产品结构创新

　C) 服务模式创新　　　　　　　　D) 商业模式创新

4-1-3　以下关于工业 4.0 核心描述中,错误的是(　　)。

　A) 智能工厂　　　B) 智能制造　　　C) 智能物流　　　D) 智能协作

4-1-4　以下关于中国制造 2015"三步走"战略的描述中,错误的是(　　)。

　A) 力争用十年时间,我国制造业迈入制造大国行列

　B) 到 2035 年我国制造业整体达到世界制造强国阵营中等水平

　C) 新中国成立一百年时,制造业大国地位更加巩固,综合实力进入世界制造强国前列

　D) 主要领域具有创新引领能力和明显竞争优势,建成全球领先的技术体系和产业体系

4-1-5　以下关于"互联网＋"现代农业特点的描述中,错误的是(　　)。

　A) "互联网＋"可以实现农业生产的各个环节的精细化管理

　B) WSN 弥补了农业领域的传统信息采集检测手段的不足

　C) 农产品质量安全溯源系统可以实现从"农场到餐桌"的全过程质量控制

　D) "互联网＋"现代农业应用有助于农业生产由经验型、粗放式向知识性、精细型的转变

4-1-6　以下关于"互联网＋"便捷交通研究的描述中,错误的是(　　)。

　A) 实现"人、车、路、基础设施与计算机、网络"的深度融合

　B) 通过提高车辆主动安全性以提高车与人通行的安全性与道路通行效率

　C) 最主要的研究工作是"无人驾驶汽车"与"不停车电子收费"

　D) 最终是要建立"安全、可信、可控、可视"的社会智能交通体系

4-1-7　以下关于无人驾驶技术应用预测效果的描述中,错误的是(　　)。

　A) 可以减少 90% 的交通事故　　　B) 每年减少医院数十万急诊病人

　C) 降低 80% 以上的车辆保险费用　　D) 减少 90% 的能耗

4-1-8　以下关于"互联网+"配用电管理技术的描述中,错误的是(　　)。

A) 配用电管理的核心设备是智能电表

B) 智能电表具有自动计量计费、数据传输、过载断电、用电管理等功能

C) 智能电表是一种嵌入计算与通信能力的电表

D) 用户可以直接在智能电表上付费买电

4-1-9　以下关于"互联网+"远程医疗分类的描述中,错误的是(　　)。

A) 以检查诊断为目的的远程医疗诊断系统

B) 以咨询会诊为目的的远程医疗会诊系统

C) 以教学培训为目的的远程医疗教育系统

D) 用于家庭病床的远程机器人手术系统

4-1-10　以下关于"互联网+"绿色生态技术特征的描述中,错误的是(　　)。

A) PermaSense 系统用于高海拔地区的永冻土和岩石受气候变化与强风侵蚀研究

B) 大鸭岛海燕生态环境监测系统用于鸟类生态环境研究

C) "绿野千传"系统用于我国南方水系污染监控研究

D) Planetary Skin 系统用于全球气候变化研究

4-1-11　以下关于电子商务特征的描述中,错误的是(　　)。

A) 互联网的出现意味着社会已经从工业经济时代进入了电子商务时代

B) 工业经济时代企业以"产品生产"为导向

C) 电子商务时代的特点是生产力不足与商品的短缺

D) 电子商务时代客户更多地表现出个性化的商品需求

4-1-12　以下关于企业内网特点的描述中,错误的是(　　)。

A) 核心协议与互联网相同,都是 TCP/IP 协议

B) 企业内网一般采用虚拟专网 VPN 技术组建

C) 企业内网节点采用 IP 协议规定的标准 C 类 IP 地址

D) 企业内网中不允许接入到互联网

4-1-13　以下关于企业外网的描述中,错误的是(　　)。

A) 所有可以向社会公开的 Web 服务器、E-mail 服务器都连接在企业外网中

B) 企业外网一端通过防火墙连接到互联网中

C) 企业外网另一端通过代理服务器连接企业内网

D) 企业外网实现互联网用户与企业内网物理连接

4-1-14　以下关于无人仓库特征的描述中,错误的是(　　)。

A) 无人仓库用到泊车机器人、仓储机器人、搬运机器人、分拣机器人等

B) 机器人之间能相互识别,并根据任务优先级来相互礼让

C) 机器人作业调度功能可以帮助"人找货、人找货位"

D) 整个物流中心仓库实现了无人化

4-1-15　以下关于常用的现代实体店购物方式的描述中,错误的是(　　)。

A) 通过视频图像识别方式判定顾客购买的商品类型与价格后自动计价与网上支付

B) 通过商品 RFID 标签技术完成自动计价，用刷脸支付的方式完成网上支付

C) 贴有 RFID 标签的商品在收银台由 RFID 读写器自动计价与网上支付

D) 通过人脸识别方式自动完成购物的商品计价与网上支付

4-1-16　以下关于"互联网＋"普惠金融战略的描述中，错误的是（　　）。

A) 鼓励互联网企业的融合创新

B) 更好地满足不同层次实体经济的投资需求

C) 培育具有行业影响力的互联网金融创新型企业

D) 为广大群众提供丰富、安全、便捷的金融产品与服务

4-1-17　以下关于互联网金融功能的描述中，错误的是（　　）。

A) 为大众创业、万众创新创造了有利条件

B) 有利于提升金融服务质量和效率的提高

C) 扩大金融业的对内开放

D) 构建多层次的金融体系

4-1-18　以下不属于互联网金融的主要商业模式的是（　　）。

A) 互联网众筹　　B) 互联网借贷　　C) 互联网基金　　D) 互联网炒股

4-1-19　以下关于网络支付体系特征的描述中，错误的是（　　）。

A) 由互联网、商家、银行等三方组成

B) 商家通过后台服务器接受客户购物和支付指令，完成客户身份确认、处理账单

C) 银行内部与银行之间的业务数据要通过金融专用网络传送

D) 认证中心是具有权威性和公正性的第三方信任机构

4-1-20　以下关于众筹规则的描述中，错误的是（　　）。

A) 每个项目必须设定筹资目标和筹资天数

B) 如果项目筹资失败，已获资金可以不退还给支持者

C) 在设定天数内达到或者超过目标金额，发起人可获得资金

D) 众筹成功发起人都会以企业股份、产品或服务回报给支持者

4-2　思考题

4-2-1　请从网上查找"智能工厂"的视频，看后总结"智能工厂"的主要技术特点。

4-2-2　请举出几个大数据在"互联网＋"中应用的例子。

4-2-3　请结合自身的体验，说明"人脸识别"的几种用途。

4-2-4　请从网上查找"智能仓库"的视频，看后总结"智能仓库"的主要技术特点与功能。

4-2-5　假设你想创业，请起草一份"众筹"融资的项目书。

4-2-6　结合自身的生活体会，举例说明你对"场景金融"的理解。

参 考 答 案

第 1 章

1-1　单选题

1-1-1　A)　　　1-1-2　C)　　　1-1-3　C)　　　1-1-4　C)　　　1-1-5　A)

1-1-6　B)　　　1-1-7　C)　　　1-1-8　D)　　　1-1-9　D)　　　1-1-10　A)

第 2 章

2-1　单选题

2-1-1　B)　　　2-1-2　A)　　　2-1-3　D)　　　2-1-4　D)　　　2-1-5　C)

2-1-6　A)　　　2-1-7　D)　　　2-1-8　B)　　　2-1-9　C)　　　2-1-10　A)

第 3 章

3-1　单选题

3-1-1　B)　　　3-1-2　D)　　　3-1-3　A)　　　3-1-4　D)　　　3-1-5　C)

3-1-6　B)　　　3-1-7　D)　　　3-1-8　C)　　　3-1-9　B)　　　3-1-10　A)

3-1-11　D)　　　3-1-12　A)　　　3-1-13　C)　　　3-1-14　D)　　　3-1-15　D)

3-1-16　A)　　　3-1-17　D)　　　3-1-18　C)　　　3-1-19　D)　　　3-1-20　D)

第 4 章

4-1　单选题

4-1-1　A)　　　4-1-2　B)　　　4-1-3　D)　　　4-1-4　A)　　　4-1-5　C)

4-1-6　C)　　　4-1-7　B)　　　4-1-8　D)　　　4-1-9　D)　　　4-1-10　C)

4-1-11　C)　　　4-1-12　C)　　　4-1-13　D)　　　4-1-14　C)　　　4-1-15　D)

4-1-16　A)　　　4-1-17　C)　　　4-1-18　D)　　　4-1-19　A)　　　4-1-20　B)

参考文献

[1] 腾讯科技频道. 跨界：开启互联网与传统产业融合新趋势[M]. 北京：机械工业出版社,2015.

[2] 陈光锋. 互联网思维——商业颠覆与重构[M]. 北京：机械工业出版社,2014.

[3] 杨正洪. 智慧城市：大数据、物联网和云计算之应用[M]. 北京：清华大学出版社,2014.

[4] 中国电信智慧城市研究组. 智慧城市之路：科学治理与城市个性[M]. 北京：电子工业出版社,2012.

[5] 辛国斌. 图解中国制造 2025[M]. 北京：人民邮电出版社,2017.

[6] 夏妍娜,等. 中国制造 2025 产业互联网开启新工业革命[M]. 北京：机械工业出版社,2016.

[7] 日本日经制造编辑部. 工业 4.0 之机器人与智能制造[M]. 张源,等译. 北京：东方出版社,2016.

[8] Jay Lee. 工业大数据：工业 4.0 时代的工业转型与价值创造[M]. 邱伯华,等译. 北京：机械工业出版社,2015.

[9] Otto Brauckmann. 智能制造：未来工业模式和业态的颠覆与重组[M]. 张潇,等译. 北京：机械工业出版社,2016.

[10] 樊会文,等. 2016—2017 年中国软件产业发展白皮书[M]. 北京：人民出版社,2017.

[11] 樊会文,等. 2016—2017 年中国大数据产业发展白皮书[M]. 北京：人民出版社,2017.

[12] 陈新河. 赢在大数据：中国大数据发展蓝皮书[M]. 北京：电子工业出版社,2017.

[13] 方兴东,等. 网络空间安全蓝皮书 2013—2014[M]. 北京：清华大学出版社,2015.

[14] 李东荣,等. 中国互联网金融发展报告(2016)[M]. 北京：社会科学文献出版社,2016.

[15] 杨保华,等. 区块链原理、设计与应用[M]. 北京：机械工业出版社,2017.

[16] 蔡自兴. 人工智能及其应用[M]. 北京：清华大学出版社,2016.

[17] 娄岩. 虚拟现实与增强现实技术概论[M]. 北京：清华大学出版社,2016.

[18] 陈根. 智能穿戴改变世界[M]. 北京：电子工业出版社,2014.

[19] Bo Begole. 普适计算及其商务应用[M]. 朱珍民,等译. 北京：机械工业出版社,2012.

[20] 赵永科. 深度学习[M]. 北京：电子工业出版社,2016.

[21] 张重生. 刷脸背后：人脸检测、人脸识别、人脸检索[M]. 北京：电子工业出版社,2017.

[22] 张明星,等. Android 智能穿戴设备开发：从入门到精通[M]. 北京：中国铁道出版社,2014.

[23] 任昱衡,等. 数据挖掘：你必须知道的 32 个经典案例[M]. 北京：电子工业出版社,2016.

[24] ITpro,等. 人工智能新时代：全球人工智能应用真实落地 50 例[M]. 杨洋,译. 北京：电子工业出版社,2018.

[25] 朱晨鸣,等. 5G：2020 后的移动通信[M]. 北京：人民邮电出版社,2016.

[26] 戴博,等. 窄带物联网(NB-IoT)标准与关键技术[M]. 北京：人民邮电出版社,2016.

[27] Martin Ford,等. 机器人时代：技术、工作与经济的未来[M]. 王吉美,等译. 北京：中信出版社,2015.

[28] 王喜文. 世界机器人未来大格局[M]. 北京：电子工业出版社,2016.

[29] 陈慧岩,等. 无人驾驶汽车概论[M]. 北京：北京理工大学出版社,2014.

[30] 王垒. 普适计算[M]. 北京：清华大学出版社,2014.

[31] 吴功宜,等. 物联网技术与应用[M]. 北京：机械工业出版社,2016.

[32] 吴功宜,等. 计算机网络高级教程[M]. 2 版. 北京：清华大学出版社,2015.